普通高等教育“十二五”规划教材·大学计算机

数据库原理及 SQL Server

主　编　沐光雨　庞丽艳

副主编　张大苗　王　帅

電子工業出版社

Publishing House of Electronics Industry

北京·BEIJING

内 容 简 介

本书贯彻理论与实践的理念，以培养学生数据库理论素质和数据库应用开发的综合实践能力为目的，以关系型数据库为核心，全面系统地阐述了数据库系统的基本理论、基本方法和基本技术。全书分为理论基础、应用技术和数据库应用系统开发案例三部分，主要内容包括数据库系统的概述、关系型数据库、数据库的标准语言 SQL、关系数据库规范化理论、数据库的控制与管理、数据库系统的设计、SQL Server 2005 数据库管理平台的使用技术及数据库应用系统开发案例。

本书重视数据库技术体系完整，突出理论与技术并重，合理安排章节内容，阐述简洁且通俗易懂，有助于读者快速掌握所学内容。本书既可作为高等院校计算机、信息管理及其相关专业的教材，又可用作为相关研究人员的参考书和工具书。

图书在版编目（CIP）数据

数据库原理及 SQL Server / 沐光雨，庞丽艳主编. —北京：电子工业出版社，2015.6

ISBN 978-7-121-26149-7

Ⅰ. ①数… Ⅱ. ①沐… ②庞… Ⅲ. ①关系数据库系统 Ⅳ. ①TP311.138

中国版本图书馆 CIP 数据核字（2015）第 112166 号

策划编辑：竺南直
责任编辑：郝黎明
印　　刷：北京季蜂印刷有限公司
装　　订：北京季蜂印刷有限公司
出版发行：电子工业出版社
　　　　　北京市海淀区万寿路 173 信箱　邮编　100036
开　　本：787×1 092　1/16　印张：16.25　字数：416 千字
版　　次：2015 年 6 月第 1 版
印　　次：2015 年 6 月第 1 次印刷
定　　价：35.00 元

凡所购买电子工业出版社图书有缺损问题，请向购买书店调换。若书店售缺，请与本社发行部联系，联系及邮购电话：（010）88254888。

质量投诉请发邮件至 zlts@phei.com.cn，盗版侵权举报请发邮件至 dbqq@phei.com.cn。

服务热线：（010）88258888。

前　言

本书是吉林省高等学校精品课《数据库原理及应用》项目，吉林财经大学《数据库原理及应用》教学范式改革项目及《数据库应用系统开发实训》创新性、综合性实践教学项目的研究成果之一，是作者多年来从事数据库课程教学实践与教学改革经验的结晶。

本书贯彻理论与实践的理念，以培养学生数据库理论素质和数据库应用开发的综合实践能力为目的，将整个教学内容分为三部分，具体内容如下：

第一部分是数据库的基本理论，主要包括数据库概念及发展，数据库模式，数据库管理系统的组成与主要功能，数据模型，关系型数据库理论，关系数据库的标准语言 SQL，数据库规范化理论，数据库的安全与控制机制，最后介绍了数据库的开发过程。

第二部分是数据库的实用技术。本书以 SQL Server 2005 为中心，主要介绍了 SQL Server 2005 安装、配置及管理器的基本知识，SQL Server 2005 数据库、数据表、视图、索引的基本操作及应用，Transact-SQL 编程的基本知识及利用 Transact-SQL 编写存储过程和触发器，Server 2005 数据库的安全控制操作技术。

第三部分是数据库应用系统开发案例。

本书由浅入深、循序渐进、理论与实践并重，力求让读者通过本书的学习，能够掌握数据库理论和数据库应用技术的基本知识，了解数据库系统开发的过程，并具有初步的数据库应用开发能力。本书既可作为高等院校计算机、信息管理及其相关专业的教材，又可作为相关研究人员的参考书和工具书。

本书第 1 章至第 4 章由沐光雨撰写，第 5 章至第 8 章由庞丽艳编写，张大苗完成案例部分第 12 章和第 13 章，第 9 章和第 10 章由王帅撰写，第 11 章由张慧敏、张池军、邱春艳参编完成。

本书的编写过程中我们参考了许多国内外的文献资料，并引用了一些好的例题，在此对相关的作者表示深深的谢意。

本书的编写得到了吉林财经大学管理信息与信息工程学院王丽敏院长的帮助，电子出版社的编辑给予的大力帮助和支持，在此对他们表示真诚的谢意。

由于时间仓促和作者水平有限，书中难免有不妥之处和遗漏之处，敬请学界同仁和读者批评指正。

编　者

2015 年 3 月

目　录

第1章 绪论

【学习目的与要求】

数据库技术是计算机领域中的重要技术之一，是数据管理的最新技术，目前已形成相当规模的理论体系和实用技术。本章主要讲述数据库的有关概念，要理解并熟练掌握数据库的定义，掌握数据库管理系统，了解数据库的发展和每个发展阶段的特点，理解数据库的模式。

数据库技术是20世纪60年代开始兴起的一门信息管理自动化的新兴学科，是计算机科学中的一个重要分支。随着计算机应用的不断发展，在计算机应用领域中，数据处理越来越占主导地位，数据库技术的应用也越来越广泛。数据库是数据管理的产物，数据管理是数据库的核心任务，内容包括对数据的分类、组织、编码、储存、检索和维护。随着计算机硬件和软件的发展，数据库技术也不断地发展。经过50年左右的发展，数据库技术已成为信息系统的核心和基础。目前，它已形成较为完整的理论体系和实用技术。

1.1 数据库的基本概念

数据库技术产生于20世纪60年代末70年代初，聚集了数据处理精华的思想，是管理信息最先进的工具。使用数据库方法管理数据，可以保证数据的安全性、完整性和共享性。在学习数据库知识之前，首先介绍一些数据库最常用的术语和基本概念。

1. 数据、信息及数据处理

（1）数据

数据（data）是描述事物的符号记录，也是数据库中存储的基本对象。数据不仅可以是数值，还可以是文字、图形、符号、声音和图像等。例如，描述一个学生的信息，可用一组数据表示出来。例如，王明，男，1992.12.19，江苏，信息管理与信息系统系。这些符号被赋予了特定的语义，具体描述了学生的特征，因此也就具有了传递信息的功能。

（2）信息

信息（information）是人们用来反映客观世界而记录下来可以鉴别的物理符号。ISO对信息的定义是信息是对人有用的，影响人们行为的数据。因此信息是具有一定含义的数据，是加工处理后的数据，是对决策有价值的数据。

信息与数据的关系可看做原材料和产品的关系。信息是向人们提供关于现实世界新的事实的知识，数据则是载荷信息的物理符号，两者缺一不可，但又有一定的区别。信息能更直接反映现实的概念，而数据则是信息的具体表现；信息不随载荷它的物理载体而改变，数据则不然，它在计算机化的信息系统中往往和计算机系统有关。两者也可不断转换。

（3）数据处理

数据处理（data processing）是利用相应的技术和设备对各种数据进行加工的过程。数据处理是对数据的采集、存储、检索、加工、变换和传输的过程。数据处理的基本目的是从大量的、可能是杂乱无章的、难以理解的数据中抽取并推导出对于某些特定的人们来说是有价值、有意义的数据。数据处理是系统工程和自动控制的基本环节，贯穿于社会生产和社会生活的各个领域。数据处理技术的发展及其应用的广度和深度，极大地影响着人类社会发展的进程。

2. 数据库

数据库（data base，DB）是一个长期存储在计算机内的、有组织的、可共享的、统一管理的数据集合。它是一个按数据结构来存储和管理数据的计算机软件系统。数据库的概念实际包括两层意思：① 数据库是一个实体，它是能够合理保管数据的仓库，用户在该仓库中存放要管理的事务数据，“数据”和“库”两个概念结合成为数据库；② 数据库是数据管理的新方法和技术，它更适合组织数据、更方便维护数据、更严密控制数据和更有效利用数据。

3. 数据库管理系统

数据库管理系统（database management system，DBMS）是一种操纵和管理数据库的系统软件，位于用户与操作系统之间（图 1.1），它是数据库系统的核心组成部分，用于建立、使用和维护数据库。它对数据库进行统一的管理和控制，以保证数据库的安全性和完整性。用户通过数据库管理系统访问数据库中的数据，数据库管理员也通过数据库管理系统进行数据库的维护工作。它可使多个应用程序和用户使用不同的方法，在同一时刻或不同时刻去建立、修改和查询数据库。数据库管理系统提供数据定义语言（data definition language，DDL）与数据操作语言（data manipulation language，DML），供用户定义数据库的模式结构与权限约束，实现对数据的追加、删除等操作。

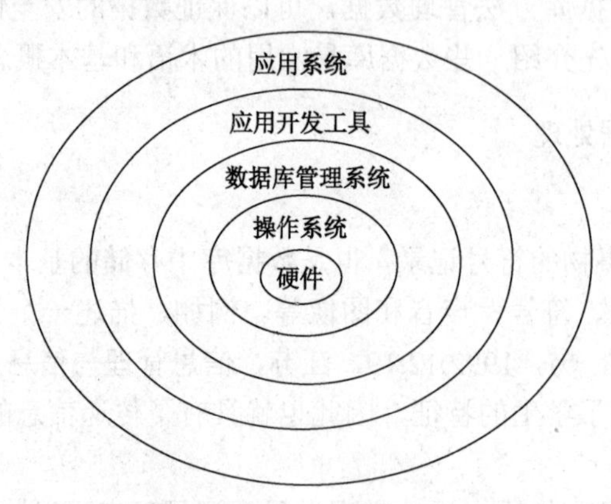

图 1.1 数据库管理系统在数据库系统中的地位

4. 数据库系统

数据库系统（data base system，DBS）通常由硬件、软件、数据库和数据管理员组成。其软件主要包括操作系统、各种宿主语言、实用程序及数据库管理系统。数据库由数据库管理系统统一管理，数据的插入、修改和检索均要通过数据库管理系统进行。数据管理员负责创建、监控和维护整个数据库，使数据能被任何有权使用的人有效使用。数据库管理员一般由业务水平较高、资历较深的人员担任。数据库系统如图 1.2 所示。

数据库系统的个体含义是指一个具体的数据库管理系统软件和用它建立起来的数据库；它的学科含义是指研究、开发、建立、维护和应用数据库系统所涉及的理论、方法、技术所构成的学科。在这一含义下，数据库系统是软件研究领域的一个重要分支，常称为数据库领域。

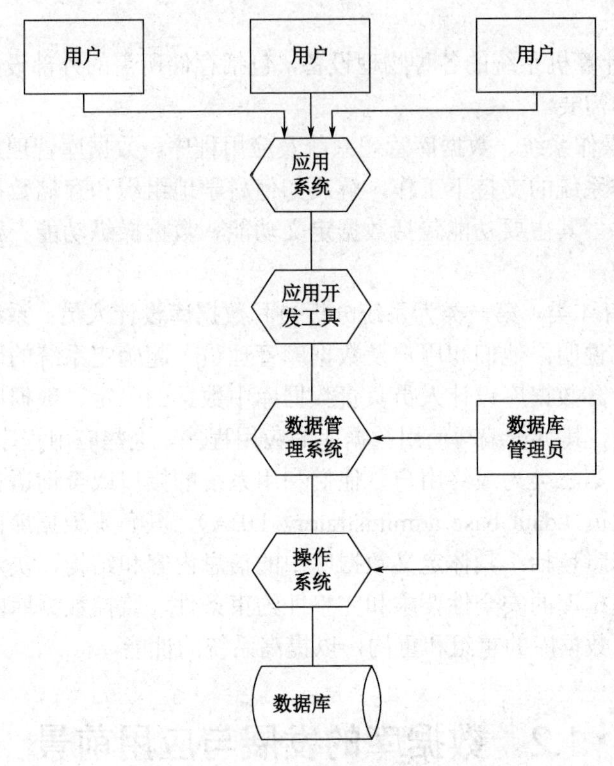

图 1.2 数据库系统

数据库系统是为适应数据处理的需要而发展起来的一种较为理想的数据处理的核心机构。计算机的高速处理能力和大容量存储器提供了实现数据管理自动化的条件。

数据库研究跨越于计算机应用、系统软件和理论研究 3 个领域，其中计算机应用促进新系统的研制开发，为新系统带来新的理论研究，而理论研究又对前两个领域起着指导作用。数据库系统的出现是计算机应用的一个里程碑，它使得计算机应用从以科学计算为主转向以数据处理为主，从而使计算机得以在各行各业乃至家庭中普遍使用。在它之前的文件系统虽然也能处理持久数据，但是文件系统不提供对任意部分数据的快速访问，而这对数据量不断增大的应用来说是至关重要的。为了实现对任意部分数据的快速访问，就要研究许多优化技术。这些优化技术往往很复杂，是普通用户难以实现的，所以就由系统软件（数据库管理系统）来完成，而提供给用户的是简单易用的数据库语言。由于对数据库的操作都由数据库管理系统完成，所以数据库就可以独立于具体的应用程序而存在，从而数据库又可以为多个用户所共享。因此，数据的独立性和共享性是数据库系统的重要特征。数据共享节省了大量人力物力，为数据库系统的广泛应用奠定了基础。数据库系统的出现使得普通用户能够方便地将日常数据存入计算机，并在需要的时候快速访问它们，从而使计算机走出科研机构进入各行各业、进入家庭。

数据库系统有大小之分，大型数据库系统有 SQL Server、Oracle、DB2 等，中小型数据库系统有 FoxPro、Access 等。

数据库系统一般由 4 个部分组成。

1）数据库：指长期存储在计算机内的、有组织、可共享的数据的集合。数据库中的数据按一定的数学模型组织、描述和存储，具有较小的冗余、较高的数据独立性和易扩展性，并可为各种用户共享。

2）硬件：构成计算机系统的各种物理设备，包括存储所需的外部设备。硬件的配置应满足整个数据库系统的需要。

3）软件：包括操作系统、数据库管理系统及应用程序。数据库管理系统是数据库系统的核心软件，是在操作系统的支持下工作，解决如何科学地组织和存储数据，如何高效获取和维护数据的系统软件。其主要功能包括数据定义功能、数据操纵功能、数据库的运行管理和数据库的建立与维护。

4）人员：主要有 4 类。第一类为系统分析员和数据库设计人员：系统分析员负责应用系统的需求分析和规范说明，他们和用户及数据库管理员一起确定系统的硬件配置，并参与数据库系统的概要设计。数据库设计人员负责数据库中数据的确定、数据库各级模式的设计。第二类为应用程序员，其负责编写使用数据库的应用程序。这些应用程序可对数据进行检索、建立、删除或修改。第三类为最终用户，他们利用系统的接口或查询语言访问数据库。第四类用户是数据库管理员（data base administrator，DBA），其负责数据库的总体信息控制。数据库管理员的具体职责包括：具体定义数据库中的信息内容和结构，决定数据库的存储结构和存取策略，定义数据库的安全性要求和完整性约束条件，监控数据库的使用和运行，负责数据库的性能改进、数据库的重组和重构，以提高系统的性能。

1.2 数据库的发展与应用前景

1.2.1 数据库的产生与发展

数据管理的水平是和计算机硬件、软件的发展相适应的。随着计算机技术的发展，人们的数据管理技术经历了 4 个阶段的发展：人工管理阶段；文件系统阶段；数据库系统阶段和高级数据库阶段。

1. 人工管理阶段

20 世纪 50 年代中期以前，人们运用常规的手段从事记录、存储和对数据加工，也就是利用纸张来记录和利用计算工具（算盘、计算机尺）来进行计算，并主要使用人的大脑来管理和利用这些数据。而早期的计算机主要用于数值计算，也无管理数据的软件，因此从计算机内记录的数据上来看，数据量小，数据无结构。用户直接管理，并且数据之间缺乏逻辑组织，数据仅依赖特定的应用，缺乏独立性。在硬件方面，计算机的外存储器（以下简称“外存”）只有磁带、卡片、纸带，没有磁盘等直接存取的存储设备，存储量非常小；在软件方面，没有操作系统，没有高级语言，数据处理的方式是批处理，即机器一次处理一批数据，直到运算完成为止，然后才能进行另外一批数据的处理，中间不能被打断，原因是此时的外存（如磁带、卡片等）只能顺序输入。人工管理阶段的数据具有以下几个特点。

1）数据不保存。由于当时计算机主要用于科学计算，数据保存上并不做特别要求，只是在计算某一个课题时将数据输入，用完就退出，对数据不做保存，有时对系统软件也是这样。

2）数据不具有独立性。数据是作为输入程序的组成部分，即程序和数据是一个不可分割的整体，数据和程序同时提供给计算机运算使用。对数据进行管理，就像现在的操作系统可以以目录、文件的形式管理数据。程序员不仅要知道数据的逻辑结构，也要规定数据的物理结构，程序员对存储结构、存取方法及输入输出的格式有绝对的控制权，要修改数据必须修改程序。例如，要对 100 组数据进行同样的运算，就要给计算机输入 100 个独立的程序，因为数据无法独立存在。

3）数据不共享。数据是面向应用的，一组数据对应一个程序。不同应用的数据之间是相互独立、彼此无关的，即使两个不同应用涉及相同的数据，也必须各自定义，无法相互利用，互相参照。数据不但高度冗余，而且不能共享。

4）由应用程序管理数据。数据没有专门的软件进行管理，需要应用程序自己进行管理，应用程序中要规定数据的逻辑结构和设计物理结构（包括存储结构、存取方法、输入和输出方式等），因此程序员负担很重。

综上所述，这一数据管理阶段为无管理阶段。以高校信息管理为例，人工管理阶段程序与数据文件的对应关系如图 1.3 所示。

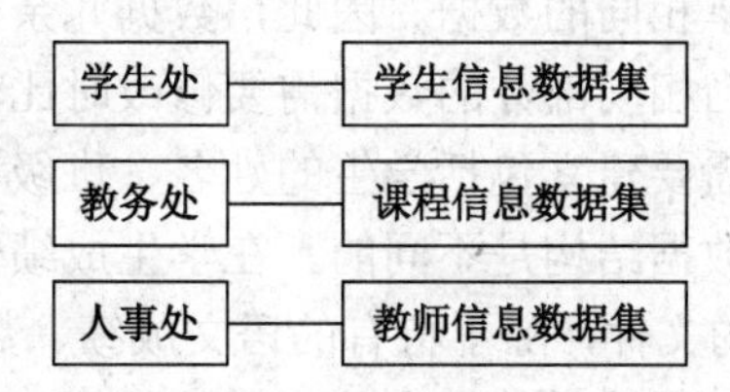

图 1.3　人工管理阶段程序与数据文件的对应关系

2. 文件系统阶段

20 世纪 50 年代后期到 60 年代中期，数据管理发展到文件系统阶段。此时的计算机不仅用于科学计算，还大量用于管理。外存有了磁盘等直接存取的存储设备。在软件方面，操作系统中已有了专门的数据管理软件，称为文件系统。从处理方式上讲，不仅有了文件批处理，而且能够联机实时处理，联机实时处理是指在需要的时候随时从存储设备中查询、修改或更新，因为操作系统的文件管理功能提供了这种可能。

这一阶段的数据管理技术得益于计算机的处理速度和存储能力的惊人提高，这一时期的数据处理系统是把计算机中的数据组织成相互独立的被命名的数据文件，并可按文件的名称来进行访问，对文件中的记录进行存取的数据管理技术。数据可以长期保存在计算机外存上，可以对数据进行反复处理，并支持文件的查询、修改、插入和删除等操作，这就是文件系统。以高校信息管理为例，文件系统阶段程序与数据文件的对应关系如图 1.4 所示。

文件系统阶段的特点如下。

1）数据长期保留。数据可以长期保留在外存上反复处理，即可以经常有查询、修改和删除等操作，所以计算机大量用于数据处理。

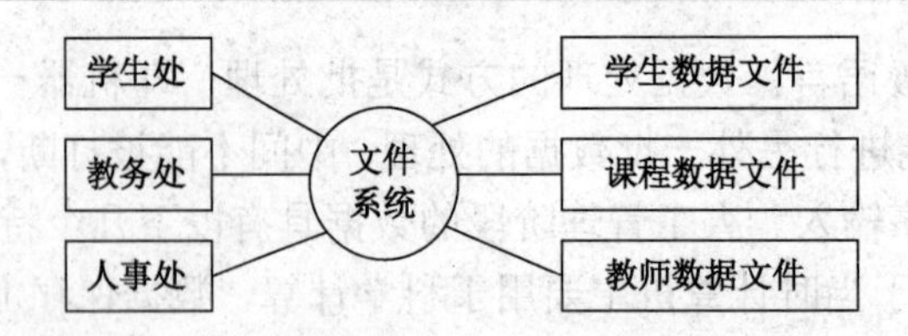

图 1.4　文件系统阶段程序与数据文件的对应关系

2）数据的独立性。由于有了操作系统，利用文件系统进行专门的数据管理，使得程序员可以集中精力在算法设计上，而不必过多地考虑细节。在保存数据时，只需给出保存指令，而不必所有的程序员都精心设计一套程序，控制计算机物理地实现保存数据。在读取数据时，只要给出文件名，而不必知道文件的具体存放地址。文件的逻辑结构和物理存储结构由系统进行转换，程序与数据有了一定的独立性。数据的改变不一定要引起程序的改变。例如，保存的文件中有 100 条记录，使用某一个查询程序，当文件中有 1000 条记录时，仍然使用保留的这一个查询程序。

3）可以实时处理。由于有了直接存取设备，也有了索引文件、链接存取文件、直接存取文件等，所以既可以采用顺序批处理，又可以采用实时处理方式。数据的存取以记录为基本单位。

虽然文件系统阶段比人工管理阶段有了很大的改进，但这种方法仍有很多缺点，主要如下所示。

1）数据共享性差，冗余度大。当不同的应用程序所需的数据有部分相同时，仍需建立各自的独立数据文件，而不能共享相同的数据。因此，数据冗余大，空间浪费严重。并且相同的数据重复存放，各自管理，当相同部分的数据需要修改时比较麻烦，稍有不慎，就造成数据的不一致。例如，学籍管理需要建立包括学生的姓名、班级、学号等数据的文件。这种逻辑结构和学生成绩管理所需的数据结构是不同的。在学生成绩管理系统中，进行学生成绩排列和统计，程序需要建立自己的文件，除了特有的语文成绩、数学成绩、平均成绩等数据外，还要有姓名、班级等与学籍管理系统的数据文件相同的数据。数据冗余是显而易见的，此外当有本校学生转学离开或外校学生转来时，两个文件都要修改，否则，就会出现有某个学生的成绩，却没有该学生学籍的情况，反之亦然。如果系统庞大，则会牵一发而动全身，一个微小的变动引起一连串的变动，利用计算机管理的规模越大，问题就越多，常常发生实际情况是这样，而从计算机中得到的信息却是另一回事的事件。

2）数据和程序缺乏足够的独立性。文件中的数据是面向特定应用的，文件之间是孤立的，不能反映现实世界事物之间的内在联系。例如，在上面的学籍文件与成绩文件之间没有任何联系，计算机无法知道两个文件中的哪两条记录是针对同一个人的。要对系统进行功能的改变是很困难的。在上面的例子中，要将学籍管理和成绩管理从两个应用合并成一个应用中，则需要修改原来的某一个数据文件的结构，增加新的字段，还需要修改程序，后果就是浪费时间和重复工作。此外，应用程序所用的高级语言的改变，也将影响到文件的数据结构。例如，BASIC 语言生成的文件，COBOL 语言就无法如同是自己的语言生成的文件一样顺利地使用。总之数据和程序之间缺乏足够的独立性是文件系统的一个大问题。

文件管理系统在数据量非常庞大的情况下，已经不能满足需要。美国在 20 世纪 60 年代进行阿波罗计划的研究。阿波罗飞船由约 200 万个零部件组成，分散在世界各地制造。为了掌握计划进度及协调工程进展，阿波罗计划的主要合约者罗克威尔（Rockwell）公司曾研制了一个计算机零件管理系统。系统共用了18盘磁带，虽然可以工作，但效率极低，维护困难。18盘磁带中的60%是冗余数据。这个系统一度成为实现阿波罗计划的最大障碍。应用的需要推动了技术的发展。文件管理系统面对大量数据时的困境促使人们去研究新的数据管理技术，数据库技术便应运而生。例如，最早的数据库管理系统之一IMS就是上述的罗克威尔公司在实现阿波罗计划中与IBM公司合作开发的，从而保证了阿波罗飞船1969年顺利登月。

3. 数据库系统阶段

20世纪60年代后期，计算机性能得到进一步提高，更重要的是出现了大容量磁盘，存储容量大大增加且价格下降。在此基础上，才有可能克服文件系统管理数据时的不足，从而满足和解决实际应用中多个用户、多个应用程序共享数据的要求，从而使数据能为尽可能多的应用程序服务，这就出现了像数据库这样的数据管理技术。数据库的特点是数据不再只针对某一个特定的应用，而是面向全组织，具有整体的结构性，共享性高，冗余度减小，具有一定的程序与数据之间的独立性，并且对数据进行统一的控制。以高校信息管理为例，数据库系统阶段程序与数据文件的对应关系如图1.5所示。

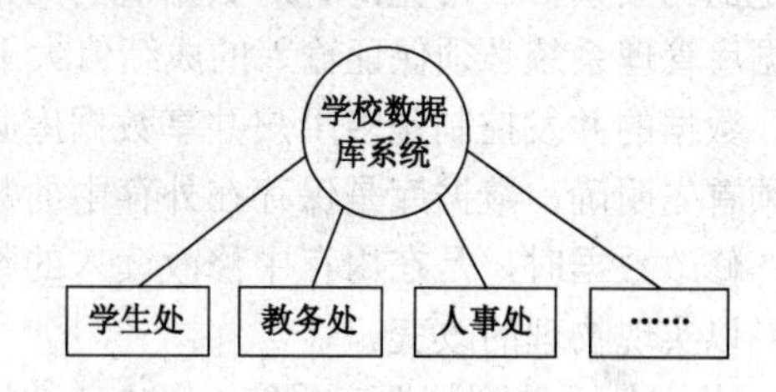

图1.5　数据库系统阶段程序与数据文件的对应关系

数据库系统的目标是解决数据冗余问题，实现数据独立性，实现数据共享并解决由于数据共享而带来的数据完整性、安全性及并发控制等一系列问题。为实现这一目标，数据库的运行必须有一个软件系统来控制，这个系统软件称为数据库管理系统。数据库管理系统将程序员进一步解脱出来，就像当初操作系统将程序员从直接控制物理读写中解脱出来一样。程序员此时不需要再考虑数据中的数据是不是因为改动而造成不一致，也不用担心由于应用功能的扩充，而导致程序重写和数据结构重新变动。在这一阶段，数据管理具有下面的优点。

1）数据结构化。数据结构化是数据库系统与文件系统的根本区别。在文件系统中，相互独立的文件的记录内部是有结构的，传统文件的最简单形式是等长同格式的记录集合。这样就可以节省许多储存空间。数据的结构化是数据库的主要特征之一。这是数据库与文件系统的根本区别。至于这种结构化是如何实现的，则与数据库系统采用的数据模型有关，后面会有较详细的描述。

2）数据共享性高，冗余度小，易扩充。数据库从整体的观点来看待和描述数据，数据不再是面向某一应用，而是面向整个系统。这样就减小了数据的冗余，节约了存储空间，缩短了存取时间，避免了数据之间的不相容和不一致。对数据库的应用可以很灵活，面向不同的应用，且存取相应的数据库的子集。当应用需求改变或增加时，只要重新选择数据子集或者加上一部分数据，便可以满足更多更新的要求，也就是保证了系统的易扩充性。

3）数据独立性高。数据库提供数据的存储结构与逻辑结构之间的映像或转换功能，使得当数据的物理存储结构改变时，数据的逻辑结构可以不变，从而程序也不用改变。这就是数据与程序的物理独立性。也就是说，程序面向逻辑数据结构，不去考虑物理的数据存放形式。数据库可以保证数据的物理改变不引起逻辑结构的改变。

数据库还提供了数据的总体逻辑结构与某类应用所涉及的局部逻辑结构之间的映像或转

换功能。当总体的逻辑结构改变时，局部逻辑结构可以通过这种映像的转换保持不变，从而程序也不用改变，这就是数据与程序的逻辑独立性。举例来讲，在进行学生成绩管理时，姓名等数据来自于数据的学籍部分，成绩来自于数据的成绩部分，经过映像组成局部的学生成绩，由数据库维持这种映像。当总体逻辑结构改变时，如学籍和成绩数据的结构发生了变化，数据库为这种改变建立一种新的映像，就可以保证局部数据——学生数据的逻辑结构不变，程序是面向这个局部数据的，所以程序就无须改变。

4）统一的数据管理和控制功能，包括数据的安全性控制、数据的完整性控制及并发控制、数据库恢复。数据库是多用户共享的数据资源，对数据库的使用经常是并发的。为保证数据的安全可靠和正确有效，数据库管理系统必须提供一定的功能来保证。

数据库的安全性是指防止非法用户非法使用数据库而提供的保护。例如，不是学校的成员不允许使用学生管理系统，学生允许读取成绩但不允许修改成绩等。

数据的完整性是指数据的正确性和兼容性。数据库管理系统必须保证数据库的数据满足规定的约束条件，常见的有对数据值的约束条件。例如，在建立上面的例子中的数据库时，数据库管理系统必须保证输入的成绩值大于 0，否则，系统将发出警告。

数据的并发控制是多用户共享数据库必须解决的问题。要说明并发操作对数据的影响，必须首先明确，数据库是保存在外存中的数据资源，而用户对数据库的操作是先读入内存操作，修改数据时，是在内存中修改读入的数据副本，然后再将这个副本写回到储存的数据库中，以实现物理的改变。

从文件系统到数据库系统，标志着数据管理技术质的飞跃。20 世纪 80 年代后不仅在大、中型计算机上实现并应用了数据管理的数据库技术，如 Oracle、Sybase、Informix 等，在微型计算机上也可使用数据库管理软件，如常见的 Access、FoxPro 等软件，使数据库技术得到广泛应用和普及。上述 3 个阶段数据管理技术比较如表 1.1 所示。

表 1.1　3 个阶段数据管理技术比较

	人 工 管 理	文 件 管 理	数据库管理
应用背景	科学计算	科学计算、管理	大规模管理
硬件背景	无直接存储存取设备	磁盘、磁鼓	大容量磁盘
软件背景	没有操作系统	有文件系统	有数据库管理系统
处理方式	批处理	联机实时处理、批处理	联机实时处理、分布处理、批处理
数据的管理者	用户（程序员）	文件系统	数据库系统
数据的针对者	特定应用程序	面向某一应用	面向整性应用
数据的共享性	无共享	共享差，冗余大	共享好，冗余小
数据的独立性	无独立性	独立性差	独立性好
数据的结构化	无结构	记录有结构，整体无结构	整体结构化
数据控制能力	应用程序自己控制	应用程序自己控制	由数据库管理系统提供数据安全性、完整性、并发控制和恢复能力

4. 高级数据库阶段

20 世纪 80 年代以来关系数据库理论日趋完善，逐步取代网状和层次数据库占领了市场，并向更高阶段发展。目前数据库技术已成为计算机领域中最重要的技术之一，它是软件科学中的一个独立分支，正在朝分布式数据库、数据库机、知识库系统、多媒体数据库方向发展。

特别是现在的数据仓库和数据挖掘技术的发展，大大推动了数据库向智能化和大容量化的发展趋势，充分发挥了数据库的作用。

1.2.2　数据库的应用前景

数据、计算机硬件和数据库应用，这三者推动着数据库技术与系统的发展。数据库要管理的数据的复杂度和数据量都在迅速增长；计算机硬件平台的发展仍在继续；数据库应用迅速向深度、广度扩展。尤其是互联网的出现，极大地改变了数据库的应用环境，向数据库领域提出了前所未有的技术挑战。这些因素的变化推动着数据库技术的进步，出现了一批新的数据库技术，如Web数据库技术、并行数据库技术、数据仓库与联机分析技术、数据挖掘与商务智能技术、内容管理技术、海量数据管理技术等。

1.3　数据库管理系统

1.3.1　数据库管理系统的主要功能

目前有许多数据库产品，如Oracle、Sybase、Informix、Microsoft SQL Server、Microsoft Access、Visual FoxPro等，其各有自己独特的功能，在数据库市场上占有一席之地。随着新型数据模型及数据管理实现技术的推进，可以预期数据库管理系统软件的性能还将更新和完善，应用领域也将进一步拓宽。但是，不管是功能强大的大型数据库管理系统还是功能相对弱小的数据库管理系统，每个数据库管理系统都应该具有如下主要功能。

（1）数据定义

数据库管理系统提供数据定义语言，供用户定义数据库的三级模式结构、两级映像及完整性约束和保密限制等约束。数据定义语言主要用于建立、修改数据库的库结构。数据定义语言所描述的库结构仅仅给出了数据库的框架，数据库的框架信息被存放在数据字典（data dictionary）中。

（2）数据操作

数据库管理系统提供数据操作语言，供用户实现对数据的追加、删除、更新、查询等操作。

（3）数据库的运行管理

数据库的运行管理功能是数据库管理系统的运行控制、管理功能，包括多用户环境下的并发控制、安全性检查和存取限制控制、完整性检查和执行、运行日志的组织管理、事务的管理和自动恢复，即保证事务的原子性。这些功能保证了数据库系统的正常运行。

（4）数据组织、存储与管理

数据库管理系统要分类组织、存储和管理各种数据，包括数据字典、用户数据、存取路径等，需要确定以何种文件结构和存取方式在存储级上组织这些数据，如何实现数据之间的联系。数据组织和存储的基本目标是提高存储空间利用率，选择合适的存取方法提高存取效率。

（5）数据库的保护

数据库中的数据是信息社会的战略资源，所以数据的保护至关重要。数据库管理系统对数据库的保护通过 4 个方面来实现：数据库的恢复、数据库的并发控制、数据库的完整性控制、数据库安全性控制。数据库管理系统的其他保护功能还有系统缓冲区的管理及数据存储的某些自适应调节机制等。

（6）数据库的维护

这一部分包括数据库的数据载入、转换、转储、数据库的重组合重构及性能监控等功能，这些功能分别由各个使用程序来完成。

（7）通信

数据库管理系统具有与操作系统的联机处理、分时系统及远程作业输入的相关接口，负责处理数据的传送。对网络环境下的数据库系统，还应该包括数据库管理系统与网络中其他软件系统的通信功能及数据库之间的互操作功能。

1.3.2 数据库管理系统的组成

按照功能划分，数据库管理系统通常由以下 6 个部分组成。

（1）模式翻译

模式翻译提供数据定义语言，用它书写的数据库模式被翻译为内部表示，数据库的逻辑结构、完整性约束和物理储存结构保存在内部的数据字典中。数据库的各种数据操作（如查找、修改、插入和删除等）和数据库的维护管理都是以数据库模式为依据的。

（2）应用程序的编译

应用程序的编译把包含着访问数据库语句的应用程序，编译成在数据库管理系统支持下可运行的目标程序。

（3）交互式查询

交互式查询提供易使用的交互式查询语言，如 SQL。数据库管理系统负责执行查询命令，并将查询结果显示在屏幕上。

（4）数据的组织与存取

数据的组织与存取提供数据在外部储存设备上的物理组织与存取方法。

（5）事务运行管理

事务运行管理提供事务运行管理及运行日志，事务运行的安全性监控和数据完整性检查，事务的并发控制及系统恢复等功能。

（6）数据库的维护

数据库的维护为数据库管理员提供软件支持，包括数据安全控制、完整性保障、数据库备份、数据库重组及性能监控等维护工具。

基于关系模型的数据库管理系统已日臻完善，并已作为商品化软件广泛应用于各行各业。

1.4 数据库系统

考察数据库系统的结构可以有多种不同的层次或不同的角度。

从数据库管理系统的角度看，数据库系统通常采用三级模式结构，这是数据库系统内部的体系结构。

从数据库最终用户角度看，数据库系统的结构分为单用户结构、主从式结构、分布式结构、客户/服务器结构和浏览器/应用服务器/数据库服务器等结构，这是数据库系统外部的体系结构。

1.4.1　数据库系统的三级模式

人们为数据库设计了一个严谨的体系结构，数据库领域公认的标准结构是三级模式结构，它包括外模式、概念模式、内模式，有效地组织、管理数据，提高了数据库的逻辑独立性和物理独立性。用户级对应外模式、概念级对应概念模式、物理级对应内模式，使不同级别的用户对数据库形成不同的视图。

在数据模型中有记录型（type）和记录值（value）的概念。记录型指对某一类数据的结构和属性的描述，如学生（学号、姓名、性别、系名、年龄）表示了一个记录型。而记录值是记录型的一个具体赋值，如（99001、王明、男、计算机、19）表示了一个记录值。

模式（schema）是数据库中全体数据的逻辑结构和特征的描述，它仅仅涉及类型的描述，而不涉及具体的值。模式的一个具体值称为模式的一个实例（instance）。同一个模式可以有很多实例。模式是相对稳定的，实例是相对变动的，因为数据库中的数据总在不断地更新。模式反映的是数据的结构及其联系，而实例反映的是数据库某一时刻的状态。

实际的数据库管理系统产品种类很多，它们支持不同的数据模型，使用不同的数据库语言，建立在不同的操作系统之上，数据的存储结构也各不相同。但是无论什么模型的数据库系统，它们在体系结构上具有相同的性质，即采用三维模式结构并提供两级映像功能。

数据库系统的三维模式结构是指数据库系统由外模式、概念模式和内模式三级构成，如图 1.6 所示。

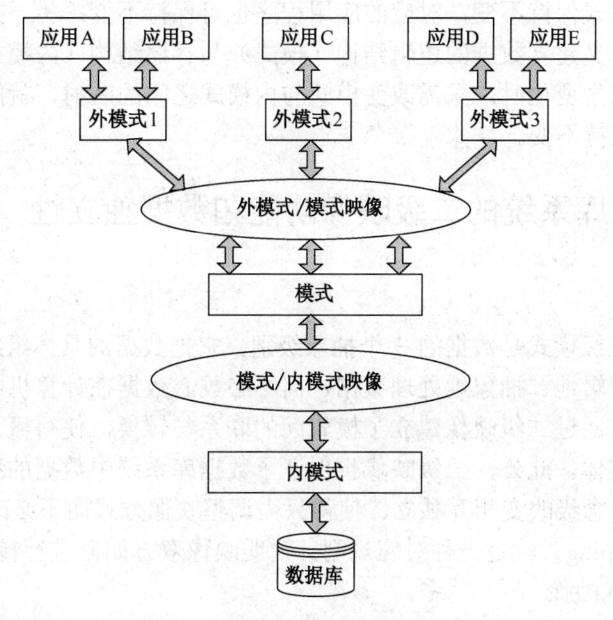

图 1.6　数据库系统的三维模式结构

1. 外模式

外模式也称用户模式，它是数据库用户能够看见和使用的局部数据的逻辑结构和特征的描述，是数据库用户的数据视图，是与某一应用有关的数据的逻辑表示。外模式通常是模式的子集。一个数据库可以有多个外模式。应用程序都是和外模式打交道的。外模式是保证数据库安全性的一个有力措施。每个用户只能看见和访问所对应的外模式中的数据，数据库中的其余数据对用户来说是不可见的。

2. 模式

模式也称逻辑模式或概念模式，是数据库中全体数据的逻辑结构和特征的描述，是所有用户的公共数据视图。模式实际上是数据库数据在逻辑级上的视图。一个数据库只有一个模式。定义模式时不仅要定义数据的逻辑结构，而且要定义数据之间的联系，定义与数据有关的安全性、完整性要求。

3. 内模式

内模式也称存储模式，一个数据库只有一个内模式。它是数据物理结构和存储方式的描述，是数据在数据库内部的表示方式。例如，记录的存储方式是顺序结构存储还是 B 树结构存储；索引按什么方式组织；数据是否压缩，是否加密；数据的存储记录结构有何规定等。

数据库的三级模式是数据库在 3 个层次上的抽象，使用户能够逻辑地、抽象地处理数据而不必关心数据在计算机中的物理表示和存储。实际上，对于一个数据库系统而言，物理级数据库是客观存在的，它是进行数据库操作的基础；概念级数据库中不过是物理数据库的一种逻辑的、抽象的描述（即模式）；用户级数据库则是用户与数据库的接口，它是概念级数据库的一个子集（外模式）。

用户应用程序根据外模式进行数据操作，通过外模式与模式之间的映射，定义和建立某个外模式与模式间的对应关系，将外模式与模式联系起来，当模式发生改变时，只要改变其映射，就可以使外模式保持不变，对应的应用程序也可保持不变；另一方面，通过模式与内模式之间的映射，定义建立数据的逻辑结构（模式）与存储结构（内模式）间的对应关系，当数据的存储结构发生变化时，只需改变模式与内模式之间的映射，就能保持模式不变，因此应用程序也可以保持不变。

1.4.2 数据库系统的二级映像功能和数据独立性

1. 二级映像

数据库系统的三级模式是数据的 3 个抽象级别，它把数据的具体组织留给数据库管理系统管理，使用户能逻辑地、抽象地处理数据，而不必关心数据在计算机中的具体表示方式与存储方式。同时，它通过二级映像建立了模式间的联系与转换，使得概念模式与外模式也能通过映像而获得其实体。此外，二级映像也保证了数据库系统中数据的独立性，即数据的物理组织改变与逻辑概念级改变相互独立，使得只需调整映像方式而不必改变用户模式。

所谓映像（mapping）就是一种对应规则，说明映像双方如何进行转换。

（1）外模式/模式映像

外模式/模式映像定义了外模式与模式之间的映像关系。由于外模式和模式的数据结构可能不一致，即记录类型、字段类型的命名和组成可能不同，因此需要这个映像说明外部记录和概念之间的对应性。

通过外模式与模式之间的映像把描述局部逻辑结构的外模式与描述全局逻辑结构的模式联系起来。由于一个模式与多个外模式对应，因此，对于每个外模式都有一个外模式/模式映像用于描述该外模式与模式之间的对应关系。外模式/模式映像通常放在外模式中描述。

有了外模式/模式映像，当模式改变时，如增加新的属性、修改属性的类，外模式/模式映像做相应的改变，使外模式保持不变，则以外模式为依据的应用就不会受到影响，从而保证了数据与程序之间的逻辑独立性，也就是数据的逻辑独立性。

（2）模式/内模式映像

模式/内模式映像定义了内模式与模式之间的映像关系。例如，说明逻辑记录和字段在内部是如何表示的。该映像定义通常包含在模式描述中。

通过模式与内模式之间的映像把描述全局逻辑结构的模式与描述物理联系起来。由于数据库只有一个模式，也只有一个内模式，因此，模式/内模式映像也只有一个，通常就放在内模式中描述。

有了模式/内模式映像，当内模式改变时，如存储设备或存储方式有所改变，只要对模式/内模式映像做相应的改变，使模式保持不变，则应用程序就不会受到影响，从而保证了数据与程序之间的物理独立性，也就是数据的物理独立性。

从上面的介绍可以看出，由于有两层映像，在内模式发生变化，甚至模式发生变化时，都可以使外模式在最大限度上保持不变。由于应用程序是在外模式所描述的数据结构的基础上编写的，外模式的稳定性就保证了应用程序的稳定性。而这正是数据库结构采用三层模式、两层映像为系统提供了高度的数据独立性所得到的结果。

2. 数据独立性

数据独立性是指应用程序和数据库的数据结构之间相互独立，不受影响。数据独立性分为物理独立性和逻辑独立性。

（1）物理独立性

物理独立性是指用户的应用程序与存储在磁盘上的数据库中数据是相互独立的，即数据在磁盘上怎样存储由数据库管理系统管理，用户程序不需要了解，应用程序要处理的只是数据的逻辑结构，这样当数据的物理存储改变时，应用程序不必改变。

（2）逻辑独立性

逻辑独立性是指用户的应用程序与数据库的逻辑结构是相互独立的，即当数据的逻辑结构改变时，用户程序也可以不变。

1.4.3　数据库系统的体系结构

从最终用户角度来看，数据库系统分为单用户结构、主从式结构、分布式结构和客户/服务器结构等。

1. 单用户结构

单用户结构的数据库系统运行于单台计算机上。整个数据库系统（包括应用程序、数据库管理系统、数据）都装在一台计算机上，某时间段仅为一个用户所独占，且不同计算机之间不能共享数据，如图 1.7 所示。

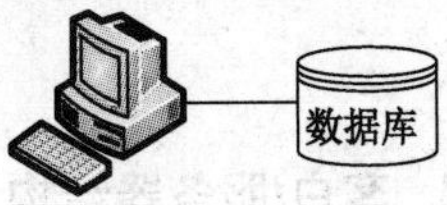

数据库

图 1.7　单用户结构的数据库系统

2. 主从式结构

主从式结构的数据库系统是指一个主机带多个终端的

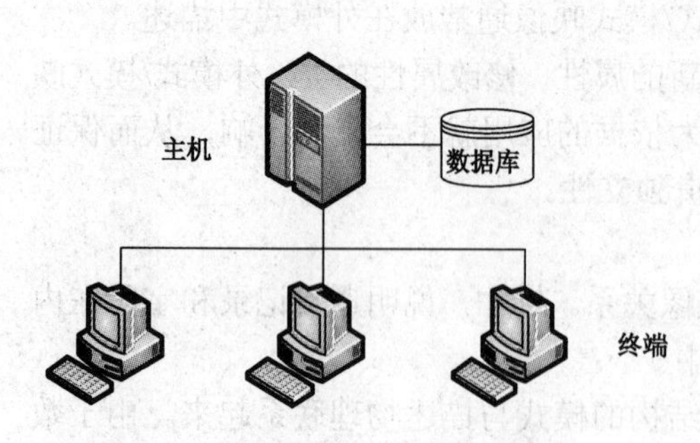

图 1.8　主从式结构的数据库系统

多用户数据库系统，如图 1.8 所示。在这种结构中，数据库系统（包括应用程序、数据库管理系统、数据）都集中存放在主机上，所有处理任务都由主机来完成，各个用户通过主机的终端并发地存取、使用数据库，共享数据资源。主从式数据库系统中的主机是一个通用计算机，既执行数据库管理系统功能又执行应用程序。

主从式结构的数据库系统的特点是数据集中、处理任务集中。其优点是数据易于管理和维护，缺点是主机的任务可能会过于繁重，从而使系统性能大幅度下降；当主机出现故障时，整个系统都不能使用，因此系统的可靠性不高。

3. 分布式结构

分布式结构的数据库系统指数据库中的数据在逻辑上是一个整体，但物理地分布在计算机网络的不同结点上，如图 1.9 所示。网络中的每个结点都可以独立处理本地数据库中的数据，执行局部应用；也可以同时存取或处理多个异地数据库中的数据，执行全局应用。分布式结构的数据库系统是计算机网络发展的必然产物，它适应了地理上分散的团体或组织对数据库应用、远程共享的需求。

分布式结构数据库系统是以网络为平台的数据库系统，数据分布对用户是透明的。分布式结构的特点是数据分布、处理任务也分布。其优点是充分共享、高效地使用远程资源，各结点又能独立自治；缺点是数据的分布给数据的处理、管理及维护带来了困难。

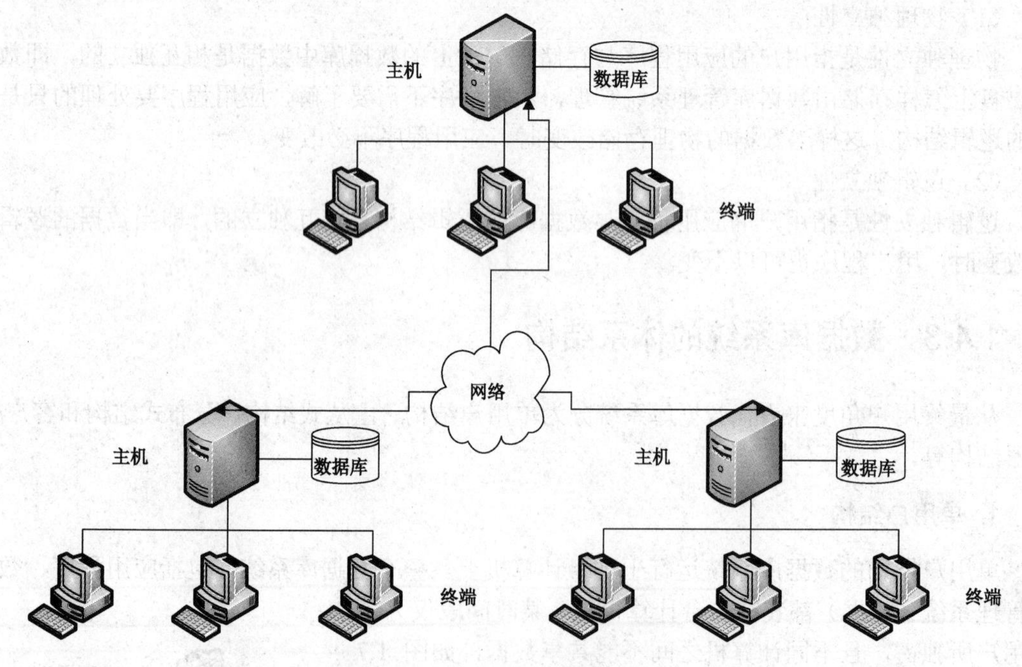

图 1.9　分布式结构的数据库系统

4. 客户/服务器结构

随着工作站功能的增强和广泛使用，人们开始把数据库管理系统功能和应用分开，网络中某些结点上的计算机专门用于存放数据库和执行数据库管理系统功能，称为数据库服务器，简称服务器。其他结点上的计算机安装数据库管理系统的外围应用开发工具，支持用户的交互与应用，称为客户机，这就是客户/服务器结构的数据库系统，如图 1.10 所示。目前主要有两种模式：客户/服务器模式（client/server，C/S）和浏览器/服务器模式（browser/server，B/S）。

客户/服务器结构数据库系统的优点是显著提高了系统的性能、吞吐量和负载能力。客户/服务器结构数据库往往更加开放，有多种不同的硬件和软件平台及更加灵活的数据库应用开发工具，应用程序具有更强的可移植性，同时也可以减少软件维护开销；缺点是服务器主机的任务重，交互数据频率高。

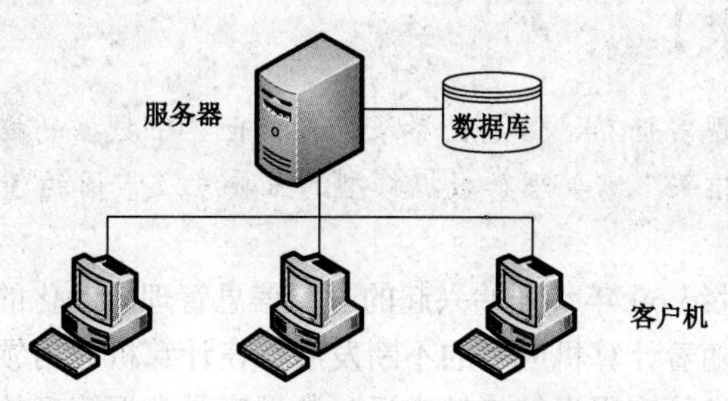

图 1.10　客户/服务器结构的数据库

第 2 章　数据模型

【学习目的与要求】

本章主要介绍了现实世界、信息世界及计算机世界中数据的描述方式和数据模型，为后续内容建立一个框架。需要理解数据模型的三要素及常用的 3 种数据模型。

数据库技术是 20 世纪 60 年代开始兴起的一门信息管理自动化的新兴学科，是计算机科学中的一个重要分支。随着计算机应用的不断发展，在计算机应用领域中，数据处理越来越占主导地位，数据库技术的应用也越来越广泛。数据库是数据管理的产物。数据管理是数据库的核心任务，内容包括对数据的分类、组织、编码、储存、检索和维护。随着计算机硬件和软件的发展，数据库技术也不断地发展。经过 50 年左右的发展，数据库技术已成为信息系统的核心和基础。目前，它已形成较为完整的理论体系和实用技术。

2.1　现实世界的数据描述

2.1.1　数据描述

在计算机进行数据处理的过程中，数据的表示要经历 3 个阶段，即现实世界、信息世界和计算机世界的数据描述。

1. 现实世界

现实世界是指客观存在的世界中的事实及其联系。在这一阶段要对现实世界的信息进行收集、分类，并抽象成信息世界的描述形式，然后再将其描述转换成计算机世界中的数据描述。

现实世界的数据就是客观存在的各种报表、图表和查询格式等原始数据。计算机只能处理数据，所以首先要解决的问题是按用户的观点对数据和信息建模，即抽取数据库技术所研究的数据，分门别类，综合出系统所需要的数据。

2. 信息世界

信息世界是现实世界在人们头脑中的反映，人们用符号、文字记录下来。在信息世界中，数据库常用的术语是实体、实体集、属性和码。

1）实体：客观存在并可以相互区别的事物称为实体，如教师、学生、课程等。同一类实体的集合称为实体集。

2）属性：描述实体的特性称为属性，属性的具体取值称为属性值。

3）实体标识符：能够唯一地标识实体集中的每个实体的属性或属性集，称为实体标识符，也称为关键字或主码。

4）联系：实体集之间的对应关系称为联系。联系分为两种：一种是实体内部各属性之间的联系；另一种是实体之间的联系。实体之间的联系有 3 种：一对一联系，一对多联系和多对多联系。

5）实体-联系方法：实体-联系方法称为 E-R 方法，该方法使用图形方式描述实体之间的联系。

3. 计算机世界

计算机世界是按计算机系统的观点对数据建模。计算机世界中数据描述的术语有字段、记录、文件和记录码等。

1）字段：标记实体属性的命名单位。例如，用“书号、书名、作者、出版社、日期”5 个属性描述书的特性，对应有 5 个字段。

2）记录：是字段的有序集合。一般情况下，一条记录描述一个实体。例如，“CF1001，Management Information system，Wang Beixing, Electronic Industry Press，2013-8”描述的是一个实体，对应一条记录。

3）记录码：是唯一标识文件中每条记录的字段或字段集。

4）文件：是同一类记录的汇集。例如，所有学生构成了学生实体集，而所有学生记录组成了学生文件。

5）记录型：是记录的结构定义。

以上 3 个阶段的关系如图 2.1 所示。

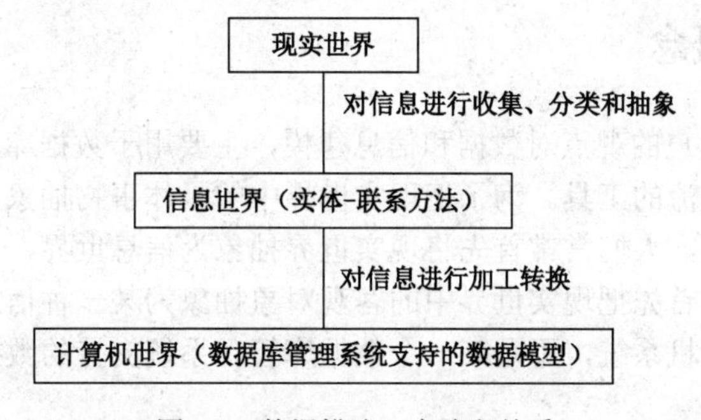

图 2.1　数据描述 3 个阶段关系

2.1.2　数据模型

数据模型是客观事物及其联系的数据描述。数据模型应具有描述数据和数据联系两方面功能。描述数据就是指出模型中包含哪些记录类型，并对记录类型进行命名；指明各个记录类型由哪些数据构成，并对数据项进行命名，每个数据项均需指明其数据类型和取值范围。数据联系就是指出各个不同记录间所存在的联系和联系方式。

一般而言，数据模型是严格定义的一组概念的集合，这些概念精确地描述了系统的静态特征（数据结构）、动态特征（数据操作）和完整性约束条件，这就是数据模型的三要素。

1. 数据结构

数据结构是所研究的对象类型的集合。这些对象是数据库的组成成分，数据结构指对象和对象间联系的表达和实现，是对系统静态特征的描述，包括两个方面。

1）数据本身：类型、内容、性质，如关系模型中的域、属性、关系等。

2）数据之间的联系：数据之间是如何相互关联的，如关系模型中的主码、外码联系等。

数据结构是数据模型的基础，数据操作和约束都建立在数据结构上。不同的数据结构具有不同的操作和约束。

2. 数据操作

对数据库中对象的实例允许执行的操作集合，主要指检索和更新（插入、删除、修改）两类操作。数据模型必须定义这些操作的确切含义、操作符号、操作规则（如优先级）及实现操作的语言。操作规则有优先级别等，数据操作是对系统动态特性的描述。数据模型中的数据操作主要描述在相应的数据结构上的操作类型和操作方式。

3. 完整性约束条件

它是一组完整性规则的集合。也就是说，对于具体的应用数据必须遵循特定的语义约束条件，以保证数据的正确、有效和相容。例如，某高校人事管理中，要求在职的男教师的年龄必须大于等于 18 岁小于等于 60 岁，讲师的基本工资不能低于 4500 元，每名教师只能隶属于一个部门，这些要求可以通过建立数据的约束条件来实现。

2.2 概念数据模型

2.2.1 基本概念

概念模型是按照用户的观点对数据和信息建模，主要用于数据库设计，它是用户和数据库设计人员之间进行交流的工具。为了把现实世界中的具体事物抽象、组织为某一数据库管理系统支持的数据模型，人们常常首先将现实世界抽象为信息世界，然后将信息世界转换为机器世界。也就是说，首先把现实世界中的客观对象抽象为某一种信息结构，这种信息结构并不依赖于具体的计算机系统，不是某一个数据库管理系统支持的数据模型，而是概念级的模型，称为概念模型。

概念数据模型是面向用户、面向现实世界的数据模型，是与数据库管理系统无关的。它主要用来描述一个单位的概念化结构。采用概念数据模型，数据库设计人员可以在设计的开始阶段，把主要精力用于了解和描述现实世界上，而把涉及数据库管理系统的一些技术性的问题推迟到设计阶段去考虑。

由于概念模型用于信息世界构建模型，是现实世界到信息世界的第一层抽象，是用户与数据库设计人员之间进行交流的语言，因此概念模型一方面应该具有较强的语义表达能力，能够方便、直接地表达应用中的各种语义知识，另一方面它还应该简单、清晰，易于用户理解。

然而不同的人对同一个场景进行研究，可能提炼出来的概念模型都不一样，这是受主观认识影响的一个过程。然而，概念模型的质量对整个系统的影响至关紧要。一般来说，构建概念模型的过程与程序员的关系并不大。最适合进行这项活动的人，应该是那些有较深资历的领域专家，也可以是熟悉自身业务流程的客户代表。

1. 概念模型的基本概念

概念模型涉及的基本概念主要有实体、属性、域、码、实体型和实体集。

1）实体（entity）：客观存在并可以相互区别的事物称为实体。实体可以是具体的人、事、物，也可以是抽象的概念或联系。一个人是一个实体，一个组织也可以看做一个实体。实体不是某一个具体事物，而是自然界所有事物的统称。实体可以是有形的，也可以是无形的。例如，数据库表中一行的数据，某个学生的学号、姓名、年龄、性别等，就对应一个实体，也称之为一条记录。

2）属性（attribute）：实体所具有的某一特性称为属性。一个实体可以由若干个属性来刻画。例如，学生的学号、姓名、年龄、性别就构成了学生实体的属性。

3）域（domain）：某个属性值范围。例如，成绩的域为 0～100，学生性别的域值为“男”或者“女”。

4）码（key）：唯一标识实体的一组属性集。例如，学号唯一标识学生，学号为学生实体的码。

5）实体型（entity type）：具有相同属性的实体所具有的共同特征，用实体名和属性名集来表示，相当于数据结构。例如，学生（学号、姓名、性别、出生年月、专业班级）是一个实体型。

6）实体集（entity set）：同型实体的集合，相当于记录体。例如，全体学生为一个实体集。

7）联系（relationship）：实体与实体之间的关系。实体内部的联系通常是指组成实体的各属性之间的联系。实体之间的联系通常是指不同实体之间的联系。

2. 概念模型中的基本关系

实体间一对一、一对多和多对多 3 类基本关系是概念模型的基础，也就是说，在概念模型中主要解决的问题仍然是实体之间的联系。

1）一对一（1 : 1）

对于实体集 A 中的每一个实体，实体集 B 中至多有一个（可能没有）与之联系，反之一样，称实体集 A 与实体集 B 是一对一的联系。

2）一对多（1 : n）

对于实体集 A 中的每一个实体，实体集 B 中有 n(n>=0)个实体与之联系，反之对于实体集 B 中的每一个实体，实体集 A 中至多有一个与之联系，称实体集 A 与实体集 B 是一对多的联系。

3）多对多（m : n）

对于实体集 A 中的每一个实体，实体集 B 中有 n(n>=0)个实体与之联系，反之对于实体集 B 中的每一个实体，实体集 A 中有 m(m>=0)个与之联系，称实体集 A 与实体集 B 是多对多的联系。

两个以上实体集也存在 1 : 1、1 : n、m : n 的联系。

定义：若实体集 E_1，E_2，…，E_N 存在联系，对于实体集 E_j（j=1，2，…，i−1，i+1，…，n）中的给定实体，最多只和 E_i 中的一个实体相联系，则说 E_i 与 E_1，E_2，…，E_i-1，E_i+1，…，E_n 之间的联系是一对多。

2.2.2 实体-联系模型

概念模型的表示方法很多，如 E-R、UML 等。在 1976 年，P.P.S.Chen 提出了实体—联系（entity-relationship approach）模型，简称 E-R 模型，E-R 图提供了表示实体型、属性和联系的方法。

- 实体型：用矩形表示，矩形框内写明实体名。
- 属性：用椭圆形表示，并用无向边将其与相应的实体联系起来。
- 联系：用菱形框表示，同时在无向边注释联系的类型（1：1，1：m，m：n）。

联系与实体不是严格区分开来的，联系本身也是一种实体型，也可以有属性。如果一个联系具有属性，则这些属性也要用无向边与该联系链接起来。例如，对于处方，当描述医生与病人之间的关系时处方可以描述为联系；当描述为药房与病人的关系时，可以认为处方是病人的属性，其联系为发药。

1. 实体及属性图

例如，学生实体具有学号、姓名、性别、年龄、院系等属性，其 E-R 图如图 2.2 所示。

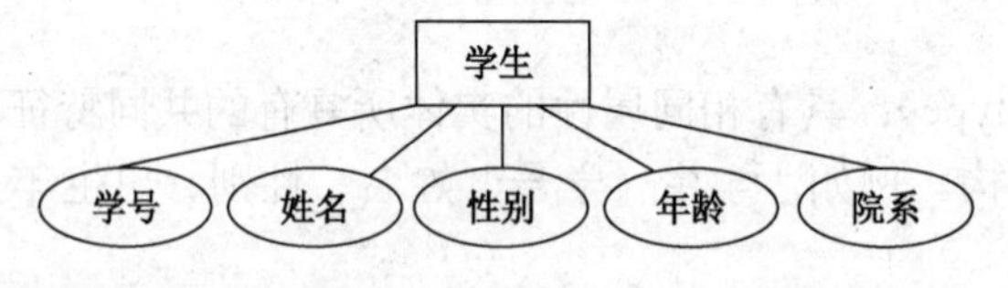

图 2.2 实体及 E-R 图

2. 实体与实体之间的联系图

实体联系分为 3 种，即实体内部之间的联系为一元联系，两个实体之间的联系为二元联系，多个实体之间的联系为多元联系。我们重点讲解二元联系。

（1）一对一（1：1）

实体集 A 与实体集 B 之间 1：1 的联系如图 2.3 所示。例如，实体集“学院”与实体集“院长”之间的联系就是 1：1 的联系。因为一个学院只有一位院长，而且一位院长只能领导一个学院。“学院”与“院长”之间的联系如图 2.4 所示。

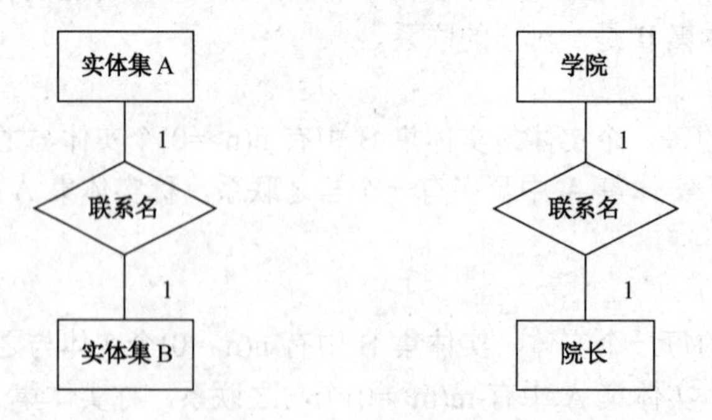

图 2.3 1：1 联系图　　图 2.4 学院与院长 1：1 联系

（2）一对多（1：n）

实体集 A 与实体集 B 之间 1：n 的联系如图 2.5 所示。例如，实体集“班级”与实体集“学生”之间的联系就是 1：n 的联系。因为一个班级可以有多名学生，而每名学生只能在一个班级中学习。“班级”与“学生”之间的联系如图 2.6 所示。

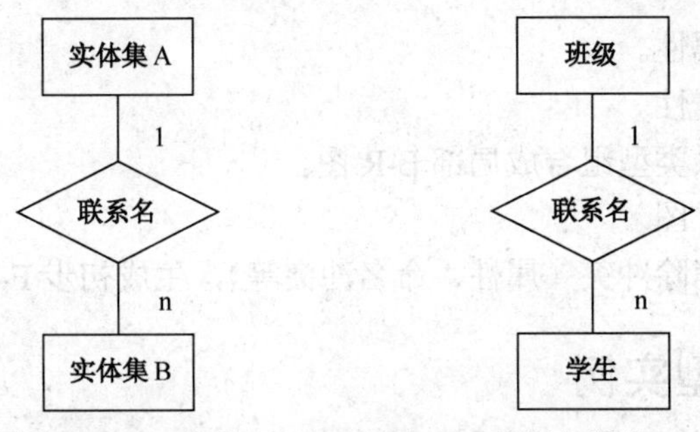

图 2.5　1 : n 联系　　　图 2.6　班级与学生 1 : n 联系

（3）多对多（m : n）

实体集 A 与实体集 B 之间 m : n 的联系如图 2.7 所示。例如，实体集“学生”与实体集“课程”之间的联系就是 m : n 的联系。因为一名学生可以同时选修多门课程，而每门课程可以同时有多名学生选修。“学生”与“课程”之间的联系如图 2.8 所示。

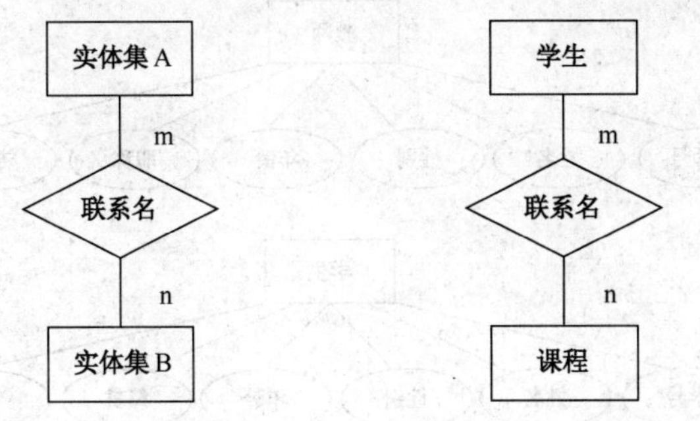

图 2.7　m : n 联系图　　　图 2.8　学生与课程 m : n 联系

3．两个以上实体之间的联系图

例如，实体集“课程”与实体集“教师”和实体集“参考书”之间的联系就是一对多，而实体集“教师”和实体集“参考书”之间的联系就是多对多。图 2.9 所示给出 3 个实体之间的联系。

4．同一实体之间的联系图

例如，同一实体集“学生”与“学生”间的联系如图 2.10 所示。

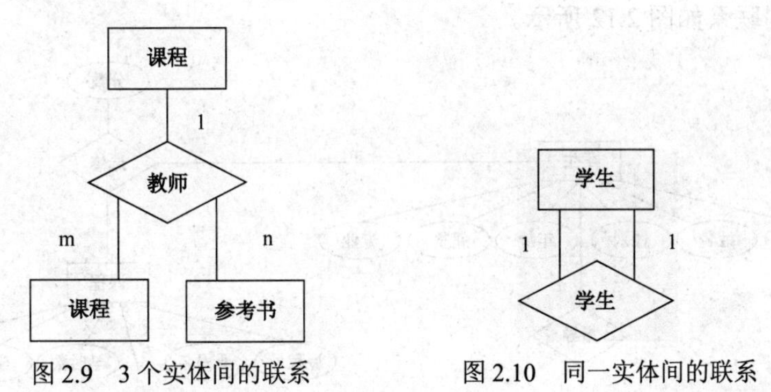

图 2.9　3 个实体间的联系　　　图 2.10　同一实体间的联系

5．E-R 图的设计原则

E-R 图的设计原则为先局部后综合，具体设计步骤如下。

（1）设计局部 E-R 图

- 确定实体类型及属性。
- 确定联系类型及属性。
- 把实体类型和联系类型组合成局部 E-R 图。

（2）综合成全局 E-R 图

合并局部 E-R 图，消除冲突（属性、命名冲突等），生成初步 E-R 图。

2.2.3 概念模型实例

【例 2.1】建立某学校计算机系的教学管理 E-R 图，并回答以下问题：（1）有哪些实体？（2）实体间有哪些联系？各联系是什么类型？（3）若实体的属性太多，如何简化 E-R 图？

1）涉及的实体及属性。

本题涉及的实体及属性表示如图 2.11 所示。

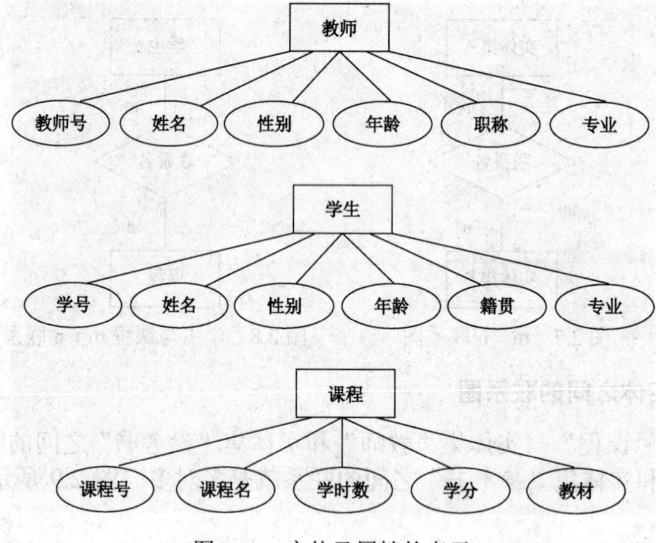

图 2.11　实体及属性的表示

2）实体间的联系。

实体间的联系如图 2.12 所示。

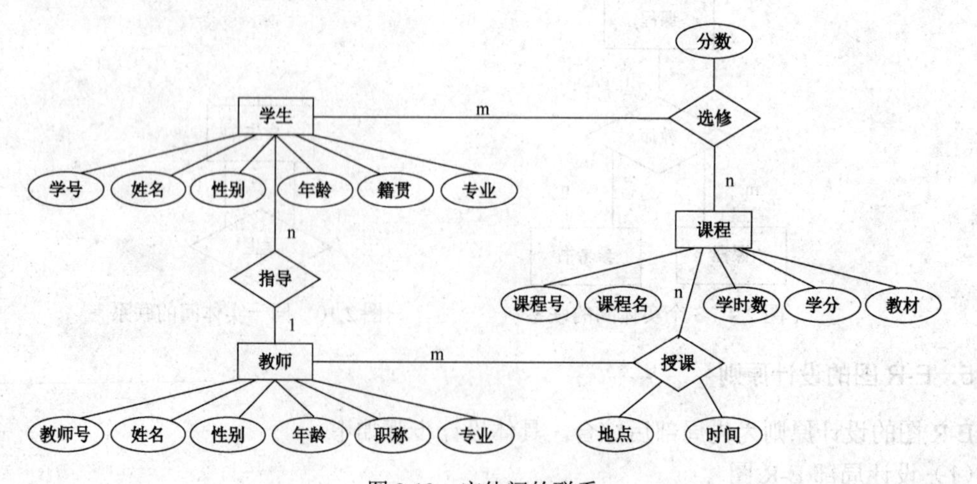

图 2.12　实体间的联系

3）若实体的属性太多，如何简化 E-R 图？

简化的 E-R 图只画实体间的联系，但要画联系上的属性，而实体及属性用另一个图表示。本题简化的 E-R 图如图 2.13 所示。

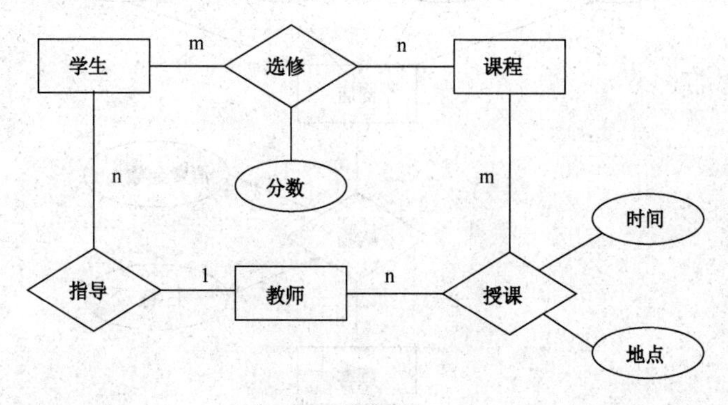

图 2.13　简化的 E-R 图

【例 2.2】假设有商店和顾客两个实体，商店属性包含商店编号、商店名称、地址、电话。顾客属性包含顾客编号、姓名、地址、年龄、性别。假设一个商店有多个顾客购物，一个顾客可以到多个商店购物，顾客每一次去商店购物有一个消费金额和日期。试画出 E-R 图，并注明属性和联系类型。

1）确定实体类型及属性。

实体已知为商店和顾客，如图 2.14 所示。

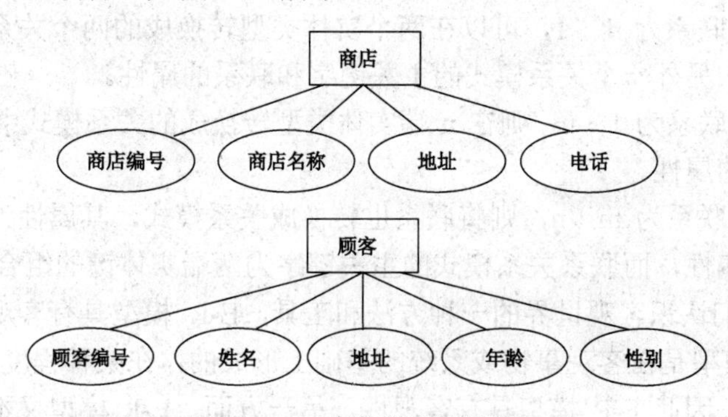

图 2.14　实体类型及属性

2）确定联系类型及属性。

商店与顾客的联系为 m：n，联系的属性有两项为消费金额和日期，联系的名称为购物，如图 2.15 所示。

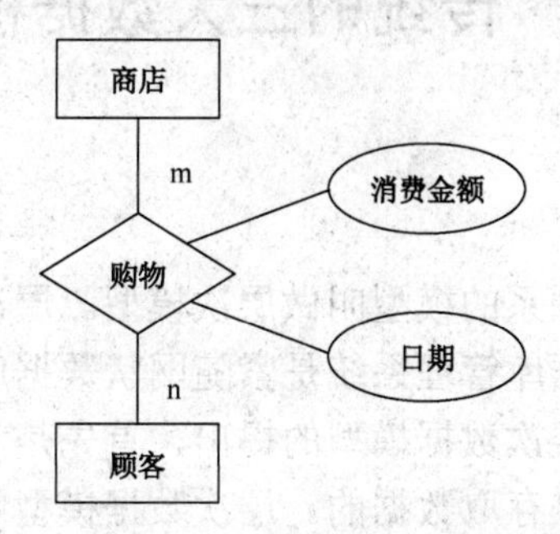

图 2.15　联系类型及属性

3）把实体类型和联系类型组成 E-R 图，如图 2.16 所示。

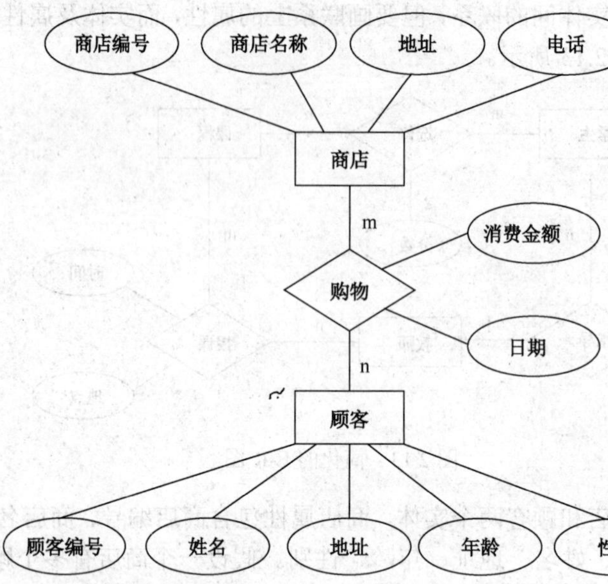

图 2.16　E-R 图

通过以上例题，可以推导出二元联系的转换规则，即 E-R 图如何转换成关系模式。

1）若实体间的联系为 1 : 1，可以在两个实体类型转换成的两个关系模式中任意一个关系模式的属性中加入另外一个关系模式的主关键字和联系的属性。

2）若实体间的联系为 1 : n，则在 n 端实体类型转换成的关系模式中加入 1 端实体类型的主关键字和联系的属性。

3）若实体间的联系为 m : n，则将联系也转换成关系模式，其属性为两端实体的主关键字加入联系自己的属性，而联系关系模式的主关键字为两端实体键的组合。

E-R 模型是人们认识客观世界的一种方法和工具，E-R 模型具有客观性和主观性两重含义。一方面，E-R 模型是在客观事物或系统的基础上形成的，在某种程度上反映了客观现实，反映了用户的需求，因此 E-R 模型具有客观性。另一方面，E-R 模型又不等同于客观事物的本身，它往往反映事物的某一方面，至于选取哪个方面或哪个属性，如何表达则决定于观察者本身的目的与状态，从这个意义上来说，E-R 模型又具有主观性。

2.3　传统的三大数据模型

2.3.1　层次模型

用树形结构表示实体之间联系的模型叫做层次模型。层次模型是最早用于商品数据库管理系统的数据模型。层次型数据库管理系统是紧随网状数据库模型而出现的。现实世界中很多事物是按层次组织起来的。层次数据模型的提出，首先是为了模拟这种按层次组织起来的事物。层次数据库也是按记录来存取数据的。层次数据模型中最基本的数据关系是基本层次关系，它代表两个记录型之间一对多的关系，也叫做双亲子女关系。数据库中有且仅有一个记录型无双亲，称为根结点。其他记录型有且仅有一个双亲。在层次模型中从一个结点到其双亲的映射是唯一的，所以对每一个记录型（除根结点外）只需要指出它的双亲，就可以表示出层次模型的整体结构。最著名、最典型的层次数据库系统是于 1969 年由 IBM 公司开发的 IMS（information management system），这是 IBM 公司研制的最早的大型数据库系统程序产品。从 20 世纪 60 年代末产生起，如今已经发展到 IMSV6，提供群集、N 路数据共享、消息队列共享等先进特性的支持。

1. 层次模型的数据结构

（1）层次模型的定义

在数据库中定义满足下面两个条件的基本层次联系的集合称为层次模型。

- 有且仅有一个结点没有双亲，该结点称为根结点。
- 除根结点以外的其他结点有且仅有一个双亲结点。

在层次模型中，同一双亲的子女结点称为兄弟结点，没有子女结点的结点称为叶结点。在图 2.17 中，R2 和 R3 为兄弟结点，它们的双亲结点是 R1。R4 和 R5 为兄弟结点，它们的双亲结点是 R2。

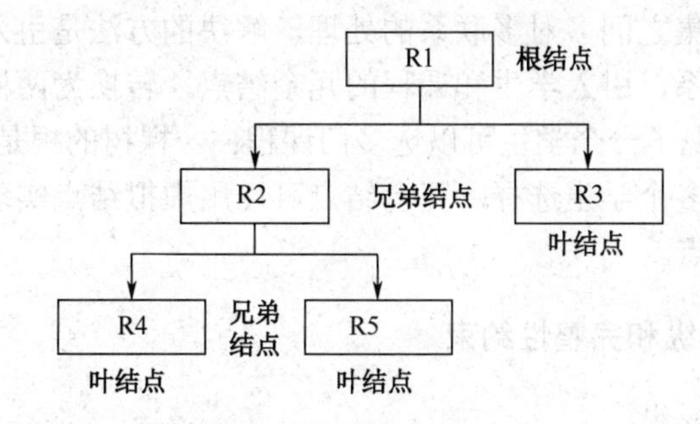

图 2.17　层次模型示例

（2）层次模型的结构特点

- 结点的双亲是唯一的。
- 只能直接处理一对多的实体联系。
- 每个记录类型可以定义一个排序字段，也称码字段。
- 任何记录值只有按其路径查看时，才能显出它的全部意义。
- 没有一个子女记录值能够脱离双亲记录值而存在。

图 2.18 是教师学生层次模型的示例，图 2.19 是教师学生层次模型的一个值。

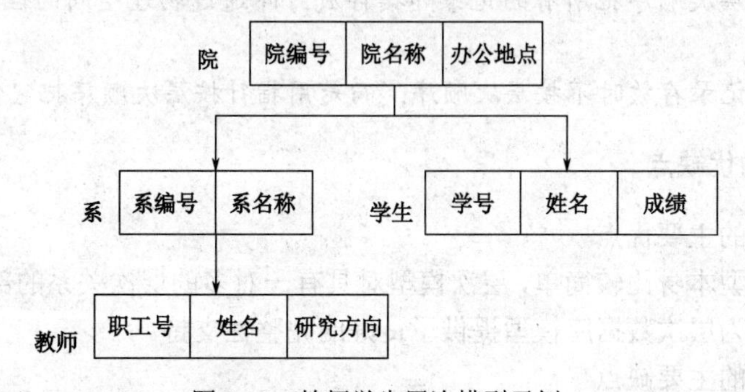

图 2.18　教师学生层次模型示例

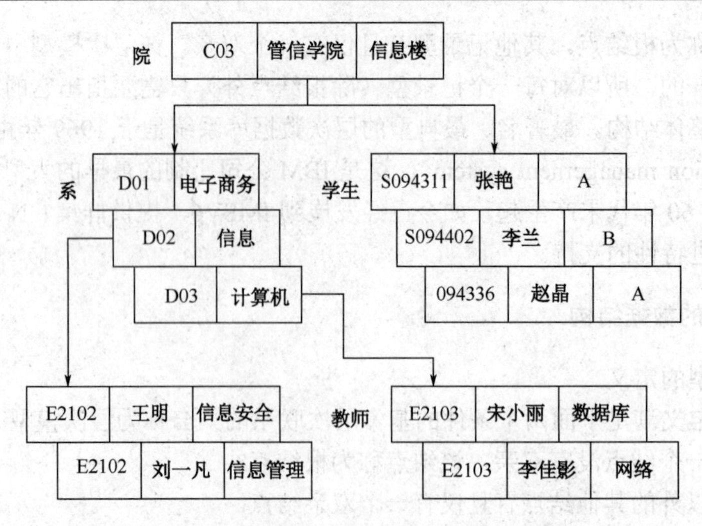

图 2.19　教师学生层次模型示例的一个值

2. 多对多联系在层次模型中的表示

关于层次模型中实体集之间多对多联系的处理，解决的方法是引入冗余结点。例如，学生和课程之间的多对多联系，引入学生和课程的冗余结点，转换为两棵树。一棵树的根是学生，子结点是课程，它表现了一个学生可以选多门课程；一棵树的根是课程，子结点是学生，它反映了一门课程可以被多个学生选择。冗余结点可以用虚拟结点实现，在冗余结点处仅存放一个指针，指向实际结点。

3. 层次模型的数据操纵和完整性约束

（1）层次模型的数据操纵

层次模型的数据操纵包括插入、查询、更新和删除。

（2）层次模型的完整性约束

- 无相应的双亲结点值就不能插入子女结点值。
- 如果删除双亲结点值，则相应的子女结点值也被删除。
- 更新操作时，应更新所有相应记录，以保证数据的一致性。

4. 层次模型的存储结构

层次模型的物理存储有两种实现方法：顺序法和指针法。

顺序法：按照层次顺序把所有的记录邻接存放，即通过物理空间的位置相邻来实现层次顺序。

指针法：各个记录存放时不按层次顺序，而是用指针按层次顺序把它们链接起来。

5. 层次模型的优缺点

（1）层次模型的主要优点

层次数据库模型本身比较简单，层次模型对具有一对多的层次关系的部门描述非常自然、直观，容易理解，为层次数据库模型提供了良好的完整性支持。

（2）层次模型的主要缺点

在现实世界中有很多非层次性的联系，如多对多的联系，一个结点具有多个父结点等，层次模型表示这类联系的方法很笨拙，对于插入和删除操作的限制比较多，查询子结点必须经过父结点，由于结构严密，层次命令趋于程序化。

（3）层次模型所受的限制

- 层次模型的树是有序树（层次顺序）。对任意一个结点的所有子树都规定了先后次序这种限制隐含了对数据库存取路径的控制。
- 树中父子结点之间只存在一种联系，因此，对树中的任一结点，只有一条自根结点到达它的路径。
- 不能直接表示多对多的联系。
- 树结点中任何记录的属性只能是不可再分的简单数据类型。

2.3.2　网状模型

在现实世界中，事物之间的联系更多的是非层次关系，用层次模型表示非树形结构是很不直接的，网状模型则可以克服这一弊病。典型的网状数据库系统是 DBTG 系统，亦称 CODASYL 系统，其 20 世纪 70 年代被推出，是由 DBTG 提出的一个系统方案，奠定了数据库系统的基本概念、方法和技术。目前，流行的实际系统有 Cullinet Software Inc.公司的 IDMS、Univac 公司的 DMS1100、Honeywell 公司的 IDS/2 和 HP 公司的 IMAGE。

1. 网状模型的数据结构

（1）网状模型的定义

网状模型是一个网络。在数据库中，满足以下两个条件的数据模型称为网状模型。

- 允许一个以上的结点无父结点。
- 一个结点可以有多于一个的父结点。
- 从以上定义看出，网状模型构成了比层次结构复杂的网状结构。网状模型示例如图 2.20 所示。

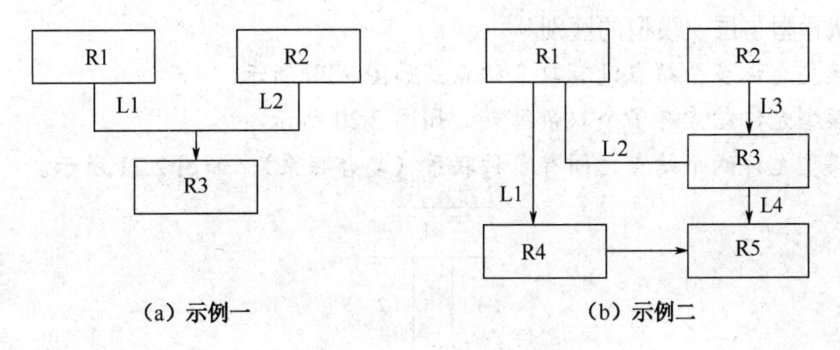

图 2.20　网状模型示例

（2）网状模型的表示方法

网状模型的表示方法与层次模型是相同的，都用数据结构，由数据项、记录、系组成。

- 数据项：最小的数据单元。
- 记录：数据项的有序集合，描述实体。
- 系：描述记录之间一对多的联系。

其中双亲记录为首记录，子女记录为属记录，系必须命名，写在首记录指向属记录的连线旁。系型和系值简称为系。

系型：是唯一的首记录型和若干个相关联的属记录型的集合，表示首记录和属记录之间一对多的关系。

系值：为系型的一个实例。

系特点：一个首记录值属于（决定）这个系的一个系值。一个属记录值最多属于这个系的一个系值。

系不能表示记录之间多对多联系，必须引进一个链接记录，将其转化为两个或多个一对多的联系。

例如，S（学生）记录和 C（课程）记录，为得到学生成绩，引进两个系。

S-SC 系：以 S 为首记录，SC 为属记录，构成某个学生的成绩单。

C-SC 系：以 C 为首记录，SC 为属记录，构成某门课程的成绩单。

每个 SC 记录仅属于 S-SC 系的一个系值。每个 SC 记录仅属于 C-SC 系的一个系值。

在 DBTG 系统允许一个记录可以作为几个系的属记录型。例如，在 S、C、SC 中，SC 记录既是 S-SC 系的属记录型，又是 C-SC 系的属记录型。

一个记录型可以作为几个系的首记录型。例如，图 2.20（a）中，R1 既是 L1 的首记录型，又是 L2 的首记录型。

一个记录既可以是一个系的首记录型，又可以是另一个系的属记录型。

例如，图 2.20（b）中，R3 既是 L3 的属记录型，又是 L4 的首记录型。

一个记录型既可以是一个系的首记录型，又是同一系的属记录型，如领导与职员关系。

两个记录型之间允许有多个系，如图 2.22 中父母与子女的关系。

（3）网状模型的结构特点

- 只能直接处理一对多的实体联系。
- 每个记录类型定义一个排序字段，也称为码字段。
- 任何记录值只有按其路径查看时，才能显出它的全部意义。

（4）网状模型与层次模型的区别

- 网状模型允许多个结点没有双亲结点，如图 2.20 所示。
- 网状模型允许结点有多个双亲结点，如图 2.20 所示。
- 网状模型允许两个结点之间有多种联系（复合联系），如图 2.21 所示。

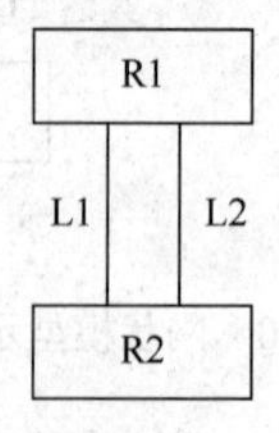

图 2.21　网状模型两结点多种联系示例

- 网状模型可以更直接地描述现实世界，如图 2.22 所示。
- 层次模型实际上是网状模型的一个特例。

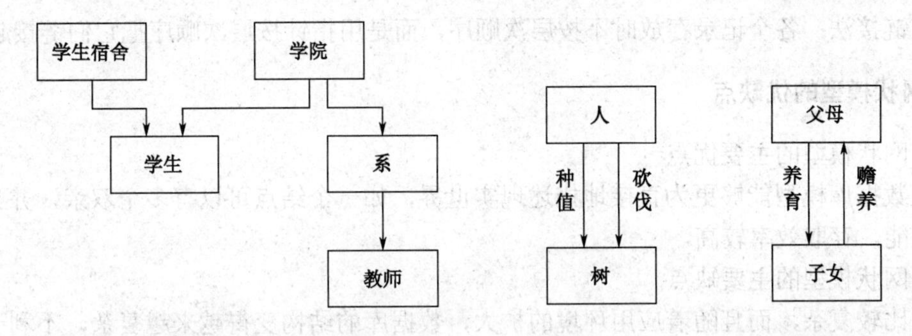

图 2.22　网状模型实例

2. 多对多联系在网状模型中的表示

用网状模型间接表示多对多联系，方法是将多对多联系直接分解成一对多联系。

3. 网状模型的数据操纵和完整性约束

（1）网状模型的数据操纵

网状模型的数据操纵包括插入、查询、更新和删除。

（2）网状模型的完整性约束

1）支持记录码的概念，码即唯一标识记录的数据项的集合。例如，学生记录中学号是码，因此数据库中不允许学生记录中学号出现重复值。

2）保证一个联系中首记录与属记录之间是一对多联系。

3）可以支持首记录和属记录之间某些约束关系（如参照完整性）。为了实现参照完整性，DBTG 系统必须定义属籍类别，即定义一个系中属记录值进入和离开系值的原则。

① 加入类别。

自动的：属记录存入数据库自动成为某一个系值的属记录。

手工的：由程序员用 connect 语句将属记录加入某一个系值属记录中。

② 移出类别

固定的：当属记录加入系值后不允许移出，既不允许用 disconnect 移出，又不允许用 reconnect 从一个系移向另一个系。

必需的：当属记录加入系值后只能在本系中移向另一个系。

随意的：可任意取消，但是属记录在数据库中仍存在，程序员不能通过首记录寻找到该属记录，当记录被删除时，自动从它所加入的所有系中移走，同时从物理数据库中删除。

一个记录型的属籍类别是上面两种加入方式和 3 种移出方式的任意组合。引入属籍类别的概念，是描述首记录和属记录之间关系的约束条件。

4. 网状模型的存储结构

网状模型的物理存储有 4 种实现方法：单向链接法、双向链接法、环向链接法和向首链接法。此外还有其他实现方法，如指引元阵列法、二进制阵列法、索引法等依具体系统不同而不同。

单向链接法：按照层次顺序把所有的记录邻接存放，即通过物理空间的位置相邻来实现层次顺序。

双向链接法：各个记录存放时不按层次顺序，而是用指针按层次顺序把它们链接起来。

5. 网状模型的优缺点

（1）网状模型的主要优点

网状数据库模型能够更为直接地描述现实世界，如一个结点可以有多个双亲，并且具有良好的性能，存取效率较高。

（2）网状模型的主要缺点

结构比较复杂，而且随着应用环境的扩大，数据库的结构变得越来越复杂，不利于最终用户掌握；数据定义语言、数据操作语言复杂，用户不容易使用；另外由于记录之间的联系是通过存取路径实现的，记录类型联系变动后涉及链接指针的调整，扩充和维护都比较复杂。

2.3.3 关系模型

关系模型是最重要的一种数据模型，也是主要采用的数据模型。1970 年，美国 IBM 公司 San Jose 研究室的研究员 E.F.Codd 首次提出了数据库系统的关系模型，开创了数据库的关系方法和关系数据理论的研究，为数据库技术奠定了理论基础。由于 E.F.Codd 的杰出工作，他于 1981 年获得了 ACM 图灵奖。

关系数据库采用关系模型作为数据的组织方式。关系数据库因其严格的数学理论、使用简单灵活、数据独立性强等特点，而被公认为最有前途的一种数据库管理系统。它的发展十分迅速，目前已成为占据主导地位的数据库管理系统。自 20 世纪 80 年代以来，作为商品推出的数据库管理系统几乎都是关系型的，如 Oracle、Sybase、Informix、Visual FoxPro、MySQL、SQL Server 等。

1. 关系模型的数据结构

（1）关系模型的定义

关系模型的数据结构非常单一。在关系模型中，现实世界的实体及实体间的各种联系均用关系来表示。在用户看来，关系模型中数据的逻辑结构是一张二维数据表。它由行和列组成。在数据库中，满足下列条件的二维表称为关系模型。

- 每一列中的分量是类型相同的数据。
- 列的顺序可以是任意的。
- 行的顺序可以是任意的。
- 表中的分量是不可再分割的最小数据项，即表中不允许有子表。
- 表中的任意两行不能完全相同。

如表 2.1 所示，学生登记表即为关系模型。

表 2.1　学生登记表

学　号	姓　　名	年　龄	性　别	院　　名	系　　名
2013134903	尹婷婷	19	女	管信学院	信息系
2013138023	杨海云	18	女	会计学院	审计系
2013136915	徐国军	19	男	工商学院	人力资源系
⋮	⋮	⋮	⋮	⋮	⋮

（2）关系模型的术语

关系（relation）：一个关系对应通常说的一张表。

元组（tuple）：表中的一行即为一个元组。

属性（attribute）：表中的一列即为一个属性，给每一个属性命名一个名称即属性名。

主码（key）：表中的某个属性组，它可以唯一确定一个元组。

域（domain）：属性的取值范围。

分量：元组中的一个属性值。

关系模式：对关系的描述，如关系名（属性 1，属性 2，…，属性 n），学生（学号，姓名，年龄，性别，院，系）。

2. 实体及实体间的联系表示方法

- 实体型：直接用关系（表）表示。
- 属性：用属性名表示。
- 一对一联系：隐含在实体对应的关系中。
- 一对多联系：隐含在实体对应的关系中。
- 多对多联系：直接用关系表示。

【例 2.3】系、系主任、系与系主任之间是一对一联系。

【例 2.4】学生、系、系与学生之间的一对多联系如下。

学生（学号，姓名，年龄，性别，院，系）

系（系号，系名，办公地点，系主任）

【例 2.5】学生、课程、学生与课程之间的多对多联系如下。

学生（学号，姓名，年龄，性别，院，系）

课程（课程号，课程名，学分）

选修（学号，课程号，成绩）

关系必须是规范化的，要满足一定的规范条件。最基本的规范条件是，关系的每一个分量必须是一个不可分的数据项。另外，关系模型中不允许表中还有表。表 2.2 就不符合关系模型的要求，因为它表中还有表。

表 2.2　工资表（表中有表）实例

职工号	姓　名	职　称	工　资			扣　除		实　发
			基本工资	津　贴	职　务	房　租	水　电	
86051	陈平	讲师	1500	1200	50	300	100	2350
⋮	⋮	⋮	⋮	⋮	⋮	⋮	⋮	⋮

在关系模型中，关系术语和一般表格的术语对比如表 2.3 所示。

表 2.3　术语对比

关 系 术 语	一般表格的术语
关系名	表名
关系模式	表头（表格的描述）
关系	（一张）二维表

续表

关 系 术 语	一般表格的术语
元组	记录或行
属性	列
属性名	列名
属性值	列值
分量	一条记录中的一个列值
非规范关系	表中有表（大表中嵌有小表）

3. 关系模型的数据操作和完整性约束

（1）关系模型的数据操作

关系模型中常用的关系操作包括选择（select）、投影（project）、链接（join）、除（divide）、并（union）、交（intersection）、差（difference）等查询（query）操作和增加（insert）、删除（delete）、修改（update）操作两大部分。查询的表达能力是其中最重要的部分。

关系操作的特点是集合操作方式，即操作的对象和操作结果都是关系，即若干元组的集合。这种操作方式也称为一次一集合（set-at-a-time）的方式。相应地，非关系数据模型的数据操作方式则为一次一记录（record-at-a-time）的方式。

早期的关系操作能力通常用代数方式或逻辑方式来表示，分别称为关系代数和关系演算。关系代数是用对关系的运算来表达查询要求的方式。关系演算是用谓词来表达查询要求的方式。关系演算又可按谓词变元的不同分为元组关系演算和域关系演算。关系代数、元组关系演算和域关系演算 3 种语言在表达能力上是完全等价的。

关系代数、元组关系演算和域关系演算均是抽象的查询语言，这些抽象的语言与具体的数据库管理系统中实现的实际语言并不完全一样。但它们能用于评估实际系统中查询语言能力的标准或基础。实际的查询语言除了提供关系代数或关系演算的功能外，还提供了许多附加功能，如集函数、关系赋值、算数运算等。

关系语言是一种高度非过程化的语言，用户不必请求数据库管理员为其建立特殊的存取路径，存取路径的选择由数据库管理系统的优化机制来完成，此外，用户不必求助于循环结构就可以完成数据操作。

（2）关系模型的完整性约束

关系模型允许定义 3 类完整性约束：实体完整性、参照完整性和用户定义的完整性。其中实体完整性和参照完整性是关系模型必须满足的完整性约束条件，体现了具体领域中的语义约束。

实体完整性规则：若属性 A 是基本关系 R 的主属性，则属性 A 不能取空值。实体完整性规则规定基本关系的所有主属性都不能取空值，而不仅是主码整体不能取空值。

- 实体完整性规则是针对基本关系而言的。一个基本表通常对应现实世界的一个实体集。例如，学生关系对应于学生的集合。
- 现实世界中的实体是可区分的，即它们具有某种唯一性标志。
- 相应地，关系模型中以主码作为唯一性标志。
- 主码中的属性即主属性不能取空值。所谓空值就是“不知道”或“无意义”的值。如果主属性取空值，就说明存在某个不可标识的实体，即存在不可区分的实体。这与上面现实世界中的实体是可区分的观点相矛盾，因此这个规则称为实体完整性。

参照完整性规则：若属性（或属性组）F 是基本关系 R 的外码，它对于基本关系 S 的主码 K 相对应（基本关系 R 和 S 不一定是不同的关系），则对于 R 中的每个元组在 F 上的值必须为或者取空值（F 的每个属性值均为空值），或者等于 S 中某个元组的主码值。

用户定义的完整性就是针对某一具体关系数据库的约束条件。它反映某一具体应用所涉及的数据必须满足的语义要求。例如，某个属性必须取唯一值、某些属性值之间应满足一定的函数关系、某个属性的取值范围在 0～100 之间等。关系模型应提供定义和检验这类完整性的机制，以便于用统一的系统的方法处理它们，而不要由应用程序承担这一功能。

4. 关系模型的存储结构

关系模型的物理存储有以下实现方法：有的表以文件形式存储，有的数据库管理系统中一个表对应中一个操作系统文件，有的数据库管理系统自己设计文件结构。

5. 关系模型的优缺点

（1）关系模型的主要优点

关系模型建立在严格的数学概念的基础上，概念单一，数据结构简单、清晰，用户易懂易用。实体和各类联系都用关系来表示，对数据的检索结果也是关系。另外，关系模型的存取路径对用户是透明的，程序员不用关心具体的存取过程，减轻了程序员的工作负担，具有较好的数据独立性和安全保密性，同时也简化了程序员的工作和数据库开发建立的工作。

（2）关系模型的主要缺点

关系模型也有一些缺点，在某些实际应用中，关系模型的查询效率有时不如层次模型和网状模型。为了提高查询的效率，有时需要对查询进行一些特别的优化，这样导致增加了开发数据库管理系统的难度。

第 3 章　关系数据库

【学习目的与要求】

本章主要介绍关系模型的基本概念，掌握关系模型的构成，理解关系代数的两类运算以及关系代数的两类演算语言。

关系模型是目前最常用的一种数据模型。关系数据库系统采用关系模型作为数据的组织方式。

1970 年，美国 IBM 公司的研究员 E.F.Codd 首次提出了数据系统的关系数据模型，发表了题为“大型共享数据银行数据的关系模型”（A Relation Model of Data for Large Shared Data Banks），在文中解释了关系模型，定义了某些关系代数运算，研究了数据的函数相关性，定义了关系的第三范式，从而开创了数据库的关系方法和数据规范化理论的研究，他为此获得了 1981 年的图灵奖。此后许多人把研究方向转到关系方法上，陆续出现了关系数据库系统。

1977 年 IBM 公司研制的关系数据库的代表 System R 开始运行，其后又进行了不断改进和扩充，出现了基于 System R 的数据库系统 SQL/DB。20 世纪 80 年代以来，计算机厂商新推出的数据库管理系统几乎都支持关系模型，非关系系统的产品也都加上了关系接口。数据库领域当前的研究工作也都以关系方法为基础。关系数据库已成为目前应用最广泛的数据库系统。例如，现在广泛使用的小型数据库系统 FoxPro、Access，大型数据库系统 Oracle、Informix、Sybase、SQL Server 等都是关系数据库系统。

与层次模型和网状模型相比，关系模型的概念简单、清晰，并且具有严格的数据基础，形成了关系数据理论，操作也直观、容易，因此易学易用。无论是数据库的设计和建立，还是数据库的使用和维护，都比非关系模型时代简便得多。

关系数据库系统是支持关系模型的数据库系统。第 2 章初步介绍了关系模型和关系模型的一些基本术语，本章将详细讲解关系模型。按照数据模型的 3 个要素，关系模型由关系数据结构、关系操作集合和关系完整性约束 3 部分构成。另外还将介绍关系代数。

3.1　关系数据结构

关系模型由关系数据结构、关系操作集合和关系完整性约束 3 部分组成。

3.1.1　关系的定义

在关系模型中，现实世界的实体及实体间的各种联系均用关系来表示。在用户看来，关系模型中数据的逻辑结构是一张二维表，由行和列组成。如表 3.1 所示，即为关系模型表示的学生基本信息。

表 3.1　学生基本信息 Student

学号 Sno	姓名 Sname	性别 Ssex	年龄 Sage	所在专业 Sdept
1402001	李伟	男	21	IS
1402002	杨云	女	20	IS
1402003	徐国军	男	20	EC
1402005	张东	男	19	EC
1402011	朱婷婷	女	21	CS
1402012	宋玲	女	18	CS

- 关系：一个关系对应通常说的一张表。
- 属性：表中的一列即为一个属性。
- 域：属性的取值范围。
- 元组：表中的一行即为一个元组。
- 码：表中的某个属性组，它可以唯一确定一个元组。
- 分量：元组中的一个属性值。
- 关系模式：对关系的描述，一般表示为关系名（属性 1，属性 2，…，属性 n）。

3.1.2　基本关系的性质

1）关系中列的顺序可以任意交换。

2）一列下的各个值必须来自同一个域，是同一类型的数据。

3）每一列都必须有不同的名称，但每一列下面的值可以取自同一个域。

4）关系中每一列必须都是原子的，即是一个确定的值，而不是值的集合。

5）任意两行不能全等。

3.1.3　关系模式

在关系数据库中，关系模式是型，关系是值。关系模式是对关系的描述，一个关系模式至少应该从以下 3 方面对关系进行描述。

1）元组集合的结构，其中有属性构成、属性来自的域和属性与域之间的映像关系。

2）元组语义及完整性约束条件。

3）属性间的数据依赖关系集合。

定义 3.1　关系模式是对关系的描述，它可以形式化地表示为

R（U，D，DOM，F）

R 表示关系名；U 表示组成该关系的属性名集合；D 为属性组 U 中属性所来自的域；DOM 表示属性向域的映像集合；F 则表示属性间的数据依赖关系集合。

关系模式通常可以简记为 R(U)或 $R(A_1, A_2, A_3, >\cdots, A_n)$，其中 $A_1, A_2, A_3, \cdots, A_n$ 为属性名，而域名及属性向域的映像常常直接说明为属性的类型、长度。

【例 3.1】表 3.2 是学生信息关系 Student，关系中的属性包括 Sno（学号）、Sname（姓名）、

Sage（年龄）、Ssex（性别）、Sdept（所在专业）。

这个关系可以表示为 Student（Sno，Sname，Sage，Ssex，Sdept）

表 3.2 学生信息关系 Student

Sno	Sname	Ssex	Sage	Sdept
1402001	李伟	男	21	IS
1402002	杨云	女	20	IS
1402003	徐国军	男	20	EC
1402005	张东	男	19	EC
1402011	朱婷婷	女	21	CS
1402012	宋玲	女	18	CS

表 3.3 是 Student 关系的属性及相关说明，其中属性的类型、长度体现了域名及属性向域的映像。

表 3.3 Student 属性

属 性	说 明	数 据 类 型
Sno	学号	字符串，长度为 10
Sname	姓名	字符串，长度为 20
Sage	年龄	整型
Ssex	性别	字符串，长度为 10
Sdept	所在专业	字符串，长度为 10

3.1.4 关系数据库

定义 3.2 关系数据库指在一个给定的应用领域中所有关系的集合。

关系数据库有型和值之分。

关系数据库就是基于关系数据模型的数据库，而关系数据库模式是关系数据库中一组关系模式的集合。

关系数据库模式是对关系数据库结构的描述，或者说是对关系数据库框架的描述，它包括若干域的定义及在这些域上定义的若干关系模式。

3.2 关系模型的形式化定义

关系模型的数据结构是一个“二维表框架”组成的集合，每个二维表又可称为关系，所以关系模型是“关系框架”的集合。

1. 域（domain）

定义 3.3 域是一组具有相同数据类型的值的集合。

例如，自然数、整数、实数、长度小于 20 字节的字符串集合、{0、1}、{男、女}、信管系所有学生的姓名，都可以是域。

2. 笛卡儿积（cartesian product）

定义 3.4 给定一组域 D_1，D_2，…，D_n，这些域中可以有相同的。D_1，D_2，…，D_n 的笛卡儿积为

$$D_1 \times D_2 \times \cdots \times D_n = \{(d_1, d_2, \cdots, d_n) \mid d_i \in D_i, i = 1, 2, \cdots, n\}$$

其中每一个元素（d_1，d_2，…，d_n）叫做一个 n 元组（n-tuple）或简称元组（tuple）。元素中的每一个值 d_i 叫做一个分量（component）。

若为有限集，其基数（cardinal number）为 m_i，则 $D_1 \times D_2 \times \cdots \times D_n$ 的基数 M 为

$$M = \prod_{i-}^{n} m_i$$

笛卡儿积可表示为一个二维表。表中的每行对应一个元组，表中的每列对应一个域。

【例 3.2】 给出 3 个域：A=姓名={李平，王雪}，B=性别={男，女}，C=年龄={20，19}，则集合 A、B、C 的笛卡儿积为

A×B×C={（李平，男，20），（李平，男，19），（李平，女，20），（李平，女，19），（王雪，男，20），（王雪，男，19），（王雪，女，20），（王雪，女，19）}。

其中（李平，男，20）、（王雪，女，19）等都是元组。李平、王雪、男、20 等都是分量。该笛卡儿积的基数为 2×2×2＝8，也就是说，A×B×C 一共有 2×2×2＝8 个元组。这 8 个元组可列成一张二维表（表 3.4）。

表 3.4 A、B、C 的笛卡儿积

A	B	C
李平	男	20
李平	男	19
李平	女	20
李平	女	19
王雪	男	20
王雪	男	19
王雪	女	20
王雪	女	19

3. 关系（relation）

定义 3.5 $D_1 \times D_2 \times \cdots \times D_n$ 的子集叫做在域 D_1，D_2，…，D_n 上的关系，表示为

$$R(D_1, D_2, \cdots, D_n)$$

这里 R 表示关系的名称，n 是关系的目或度（degree）。关系中的每个元素是关系中的元组，通常用 t 表示。

当 n=l 时，称该关系为单元关系（unary relation）。

当 n=2 时，称该关系为二元关系（binary relation）。

由于关系是笛卡儿积的有限子集，所以关系也是一张二维表，该表的每行对应一个元组，每列对应一个域。关系中域可以相同，所以为了加以区分，为每列起一个名字，称为属性（attribute）。n 目关系必有 n 个属性。

定义 3.6 （关系的第一种定义）定义在域 D_1，D_2，…，D_n（不要求完全相异）上的关系由关系头和关系体组成。

关系头：由属性名 A_1，A_2，…，A_n 组成的集合，每一个属性 A_i 对应于一个域 D_i，它是对关系结构的描述，也称关系模式，关系模式定义后是相对稳定的，除非对它重新定义。关系模式定义为 R（A_1，A_2，…，A_n），其中 R 为关系名，A_1，A_2，…，A_n 为关系 R 的属性。

关系体：随时间变化的 n 元组的集合，n 元组中每个分量 d_i 取自于属性 A_i 相关联的唯一的一个域 D_i。

【例 3.3】 表 3.5 是学生选课结果关系 Scourse，关系中的属性包括 Sno（学号）、Sname（姓名）、Class（班级编号）、Cno（课程名称）和 Cgrade（课程成绩）。

表 3.5　学生选课结果关系 Scourse

Sno	Sname	Class	Cno	Cname	Cgrade
1402001	李平	1147	1	数据库原理	80
1402002	王雪	1248	4	数据结构	100
1402003	尹婷婷	1349	5	计算机网络	91
1402004	赵恒	1349	3	计算机网络	92

设 D_1= Sno={S01,S02,S03,S04}

D_2= Sname={李平，王雪，尹婷婷，赵恒}

D_3= Class={1147，1248，1349}

D_4= Cname ={数据库原理，数据结构，计算机网络}

D_5= Cgrade={80 100 91 92}

在关系中，表头是由各个属性组成的，代表着关系模式，是不随时间而变化的，是相对稳定的。表体是各个元组组成的，代表着数据库当前的状态，随时间而发生变化。通常只有笛卡儿积的子集，才能反映现实时间，才有实际意义。

定义 3.7　*若关系中的某一属性组的值能唯一标识一个元组，则称该属性组为候选码（candidate key）。*

若一个关系有多个候选码，则选定其中一个为主码（primary key）。

主码的属性称为主属性（Prime attribute）。

不包含在任何候选码中的属性称为非码属性（Non-key attribute）。

在最简单的情况下，候选码只包含一个属性。在最极端的情况下，关系模式的所有属性组是这个关系模式的候选码，称为全码（All-key）。

在关系模型中实体及实体间的联系都是用关系来描述的，因此可能存在着关系与关系间的引用。

设 F 是基本关系 R 的一个或一组属性，但不是关系 R 的码。如果 F 与基本关系 S 的主码相对应，则称 F 是基本关系 R 的外码（Foreign key），基本关系 R 称为参照关系（Referencing Relation），基本关系 S 称为被参照关系（Referenced Relation）或目标关系（Target Relation）。

【例 3.4】 表 3.6 是学生信息关系 Student，该关系中的属性包括 Sno（学号）、Sname（姓名）、Sage（年龄）、Ssex（性别）、Sdept（所在专业）和 Class（班级编号）；表 3.7 是班级关系 Class，该关系中的属性包括 CL（班级编号）、Mname（班长姓名）、Cdept（专业）、Dno（系编号）。

表 3.6　学生信息关系 Student

Sno	Sname	Sdept	Sage	Ssex	Class
1402001	严成昊	计算机	22	男	1320
1402002	宋转	信管	21	女	1248
1402003	尹婷婷	信管	20	女	1349
1402004	赵恒	电商	20	男	1349

表 3.7　班级关系 Class

Class	Mname	Cdept	Dno
1320	严成昊	计算机	1401
1248	徐国栋	信管	1402
1349	李月	信管	1402
1217	刘石	电商	1403

一个学生只能对应一个学号，一个学生只能属于一个系并且只能有一个年龄、性别和姓名，但是不同的学生在同一个系可以有相同的年龄、性别和姓名。由此可知学号这个属性可以唯一地表示学生这个元组，则 Sno 可以作为 Student 关系的主码。

Student 表中的 Class 不是关系 Student 的码，可作为 Class 表中的主码 CL，则称 Class 是 Student 的外码，Student 为参照关系，Class 为被参照关系或目标关系。

关系可以有 3 种类型：基本关系（通常又称为基本表或基表）、查询表和视图表。基本表是实际存在的表，它是实际存储数据的逻辑表示。查询表是查询结果对应的表。视图表是由基本表或其他视图表导出的表，是虚表，不对应实际存储的数据。

在关系形式化定义下，关系的性质可以表述如下。

1）关系中属性的顺序是无关紧要的，即列的顺序可以任意交换（引用属性名，而不使用属性的绝对位置，使用了属性名后取消了元组分量的有序性）。交换时，应连同属性名一起交换，否则将得到不同的关系。

【例 3.5】 关系 Scourse 做如下交换时，无任何影响，如表 3.8 所示。

表 3.8　关系 Scourse

Sno	Sname	Class	Cname	Cgrade
1402001	王雪	1248	数据结构	80
1402002	赵恒	1349	计算机网络	100
1402003	李平	1147	数据库原理	91
1402012	尹婷婷	1349	计算机网络	92

而做如下交换时，不交换属性名，只交换属性列中的值，则得到不同的关系，如表 3.9 所示。

表 3.9　做完交换后的结果

Sno	Sname	Class	Cname	Cgrade
1402001	1147	李平	数据库原理	80
1402002	1248	王雪	数据结构	100
1402003	1349	尹婷婷	计算机网络	91
1402012	1349	赵恒	计算机网络	92

2）同一属性名下的各个属性值必须来自同一个域，是同一类型的数据（职业属性下面就应该是教师工人等，不能是男人和女人）。

3）关系中各个属性必须有不同的名称，不同的属性可来自同一个域，即它们的分量可以取自同一个域。

【例 3.6】有表 3.10 中的关系，职业与兼职是两个不同的属性，但它们取自同一个域职业＝{教师，工人，辅导员}。

表 3.10　例 3.6 表

name	age	position	part-time job
李四	25	教师	辅导员
王旭	24	教师	工人
王婷	28	工人	辅导员
赵恒	21	辅导员	工人

4）关系中每一分量必须是不可分的数据项，或者说所有属性值都是原子的，即是一个确定的值，而不是值的集合。属性值可以为空值，表示“未知”或“不可使用”，即不可“表中有表”。满足此条件的关系称为规范化关系，否则称为非规范化关系。

【例 3.7】在表 3.11 中，院系含有学院、专业两项，出现了“表中有表”的现象，则为非规范化关系，而把院系分成学院、专业两列，将其规范化，如表 3.12 所示。

表 3.11　非规范化关系

Sno	Sname	Sinstitution		Sage	Ssex
		Sinst	Sdept		
S01	严成昊	管信	计算机	22	男
S02	宋转	管信	信管	21	女
S03	尹婷婷	管信	信管	20	女
S04	赵恒	管信	电商	20	男

表 3.12　规范化关系

Sno	Sname	Sinst	Sdept	Sage	Ssex
S01	严成昊	管信	计算机	22	男
S02	宋转	管信	信管	21	女
S03	尹婷婷	管信	信管	20	女
S04	赵恒	管信	电商	20	男

5）任意两个元组不能全等。两个元组可以有部分属性值是相同的，但是绝对不能有两个元组全等。

3.3　关系模型的完整性约束

关系模式的完整性约束是指随着时间的变化，关系中元组的值发生改变时应该满足的一些约束条件，这些约束条件实际上是现实世界的要求。

关系模型中有 3 类完整性约束：实体完整性，参照完整性和用户定义完整性。其中实体完整性和参照完整性被称为关系的两个不变性，是关系模型必须满足的约束条件。

3.3.1 实体完整性

定义 3.8　实体完整性是对关系中元组的唯一性约束，即对主码的约束，关系中的主码不能是空值且不能有相同值。若属性 A 是基本关系 R 的主属性，则属性 A 不能取空值或相同的值。

实体完整性规则是针对基本关系而言的。一个基本表通常对应现实世界的一个实体集。现实世界中的实体是可区分的，即它们具有某种唯一性标识。与之对应的关系模型中以主码作为唯一性标识。若主属性取空值或存在相同的值，就说明存在不可标识的实体，对应现实世界中的实体也就不可区分了，很明显这种结果是错误的。因此这个规则称为实体完整性。

注意：实体完整性规则规定基本关系的所有主属性都不能取空值，而不仅是主码整体不能取空值。例如，选修（学号，课程号，成绩），“学号、课程号”为主码，则学号和课程号两个属性都不能取空值。

【例 3.8】表 3.13 是课程关系表，其中包含属性课程号（Cno），课程名（Cname），选修课（Cpno）、学分（Ccredit）。

表 3.13　课程关系表

Cno	Cname	Cpno	Ccredit
101	数据库原理	105	3
101	计算机网络		3
103	管理信息系统	101	4
104	操作系统	106	2
105	数据结构	107	3
106	C 语言设计		4
Null	Java 程序设计	106	4
108	DB_Design		3

在该关系中，Cno 为主码，但是（101　数据库原理　105　3）和（101　计算机网络　3）两个元组的主码都为 101，并且有元组（Null Java 程序设计 106　4）的主码为 Null。因此该关系不符合实体完整性约束。

3.3.2 参照完整性

定义 3.9　参照完整性是对外码的约束，关系中的外码必须是另一个关系的主码有效值或空值（Null）。若属性（或属性组）F 是基本关系 R 的外码，它与基本关系 S 的主码相对应（基本关系 R 和 S 不一定是不同的关系），则对于 R 中每个元组在 F 上的值必须为空值（F 的每个属性值均为空值）或者等于 S 中某个元组的主码值。

【例 3.9】例 3.4 中 Student 表中的 Class 是 Student 的外码，Student 为参照关系，Class 为被参照关系或目标关系。

Student 表中的 Class 只能取两类值。

1）空值，表示尚未给该学生分配班级。

2）非空值，这时该值必须是 Class 关系中某个元组的 Class 值，表示该学生不可能分配一个不存在的班级。

【例 3.10】例 3.3 中学生选课结果关系 Scourse 关系中的属性 Sno 与 Student 关系的主码 Sno 相对应，Cno 与课程关系的主码 Cno 相对应。

Sno 和 Cno 是 Scourse 关系的外码。

Sno 和 Cno 可能的取值如下。

1）Scourse 关系中的主属性，不能取空值。

2）只能取相应被参照关系中已经存在的主码值。

【例 3.11】有如表 3.14 所示的关系，其中各属性如下：Sno（学号）、Sname（姓名）、Sdept（所在专业）、Sage（年龄）、Ssex（性别）、Mno（班长）。

表 3.14 例 3.11 表

Sno	Sname	Ssex	Sage	Sdept	Mno
1402001	李伟	男	21	IS	1402005
1402002	杨云	女	20	IS	1402005
1402003	徐国军	男	20	EC	1402005
1402005	张东	男	19	EC	1402005
1402011	朱婷婷	女	21	CS	1402005
1402012	宋玲	女	18	CS	1402005

Mno 与本身的主码 Sno 相对应，Mno 是外码。该关系既是参照关系又是被参照关系。

Mno 作为外码，其属性值可以取两类值。

1）空值，表示该学生所在班级尚未选出班长。

2）非空值，该值必须是本关系中某个元组的学号值。

注意：参照关系表的外码，必须参照被参照关系表的主码，因此在数据录入时：插入数据时必须先插入被参照关系表，然后插入参照关系表的相关记录；删除数据时必须先删除参照关系表，然后删除被参照关系表的相关记录。

3.3.3 用户定义完整性

定义 3.10 用户定义完整性是指用户自行定义的删除、更新、插入约束，是针对某一具体关系数据库的约束条件，反映某一具体应用所涉及的数据必须满足的语义要求。

关系模型应提供定义和检验这类完整性的机制，以便用统一的、系统的方法处理它们，而不要由应用程序承担这一功能。

【例 3.12】如表 3.15 所示，为 Student 关系添加用户定义完整性如下。

表 3.15 例 3.12 表

属　性	说　明	数据类型	用户定义完整性
Sno	学号	字符串，长度为 10	—
Sname	姓名	字符串，长度为 20	不能为空值
Sage	年龄	整型	20～25 岁之间
Ssex	性别	字符串，长度为 10	“男”或“女”
Sdept	专业	字符串，长度为 10	—

3.4　关系代数

关系模型给出了关系操作的能力，关系模型中常用的关系操作包括选择（select）、投影（project）、链接（join）、除（divide）、并（union）、交（intersection）、差（difference）等查询（query）操作和增加（insert）、删除（delete）、修改（update）操作两大部分。查询操作是最主要的部分。

关系操作的特点是集合操作方式，即操作的对象和结果都是集合。这种操作方式也称为一次一集合（set-at-a-time）的方式。相应地，非关系数据模型的数据操作方式则为一次一记录（record-at-a-time）的方式。关系语言是一种高度非过程化的语言，用户不必请求数据库管理员为其建立特殊的存取路径，存取路径的选择由数据库管理系统的优化机制来完成。

早期的关系操作有关系代数和关系演算两大类。关系代数是用对关系的运算来表达查询要求的方式。关系演算是用谓词来表达查询要求的方式。关系演算又可按谓词变元的基本对象是元组变量还是域变量分为元组关系演算和域关系演算。关系代数、元组关系演算和域关系演算 3 种语言在表达能力上是完全等价的。实际的查询语言除了提供关系代数或关系演算的功能外，还提供了许多附加功能，如集函数、关系赋值、算术运算等。

目前应用最广的是介于关系代数和关系演算之间的 SQL（structural query language）。SQL 不仅具有丰富的查询功能，而且具有数据定义和数据控制功能，是集查询、DDL、DML 和 DCL 于一体的关系数据语言。它充分体现了关系数据语言的特点和优点，是关系数据库的标准语言。

因此，关系数据语言可以分为 3 类：关系代数语言、关系演算语言、介于关系代数和关系演算之间的 SQL。这些关系数据语言的共同特点是语言具有完备的表达能力，是非过程化的集合操作语言，功能强，能够嵌入高级语言中使用。

关系代数是一种抽象的查询语言，是作为研究关系数据库的数学工具，是数据库原理和计算机数据库应用的基础。

关系代数的运算对象是关系，运算结果也为关系。

关系代数所运用到的运算符包括集合运算符、专门的关系运算符、算术比较符和逻辑运算符，如表 3.16 所示。

表 3.16　关系代数运算符

运算符		含义	运算符		含义
集合运算符	∪ − ∩ ×	并 差 交 笛卡儿积	比较运算符	> ≥ < ≤ = <>	大于 大于等于 小于 小于等于 等于 不等于
专门的关系运算符	σ π ⋈ ÷	选择 投影 链接 除	逻辑运算符	¬ ∧ ∨	非 与 或

关系代数的运算可分为传统的集合运算和专门的关系运算。

3.4.1 传统的集合运算

传统的集合运算是二目运算，包括并、差、交、乘积 4 种运算。

（1）并

设关系 R 和 S 是同一关系模式（两个关系都有 n 个属性相应的属性取自同一个域）下的关系，则 R 和 S 的并是由属于 R 或属于 S 的元组组成的集合，记作：

$$R \bigcup S=\{t \mid t \in R \vee t \in S\}$$

如果 R 和 S 有重复的元组，则只保留一个。

【例 3.13】某学院计算机系和信息管理系开设不同的课程，求该学院开设的全部课程。操作时首先把表 3.17 和表 3.18 内容合并为一个表（表 3.19），再在一个表中进行统计，即求计算机系∪信息管理系。

3.17 计算机系

Cno	Cname	Cpno	Ccredit
102	计算机网络		3
104	操作系统	106	2
106	C 语言设计		4
107	Java 程序设计	106	4

表 3.18 信息管理系

Cno	Cname	Cpno	Ccredit
101	数据库原理	105	3
103	管理信息系统	101	4
105	数据结构	107	3
108	DB_Design		3

表 3.19 计算机系∪信息管理系

Cno	Cname	Cpno	Ccredit
101	数据库原理	105	3
102	计算机网络		3
103	管理信息系统	101	4
104	操作系统	106	2
105	数据结构	107	3
106	C 语言设计		4
107	Java 程序设计	106	4
108	DB_Design		3

在进行并操作时，如有完全同的元组应只保留一个。

（2）差

设关系 R 和 S 是同一关系模式（两个关系都有 n 个属性相应的属性取自同一个域）下的

关系，则 R 和 S 的差是由属于 R 但不属于 S 的元组组成的集合，记作：

$$R-S=\{t|t\in R\vee t\notin S\}$$

【例 3.14】要将成绩表中有关“数学”科目的元组删除，即求成绩表＝成绩表 1－成绩表 2，如表 3.20～表 3.22 所示。

表 3.20　成绩表 1

Sno	Cno	Cgrade
1	数学	80
1	英语	85
1	政治	90
2	数学	85
2	英语	80
2	政治	90

表 3.21　成绩表 2

Sno	Cno	Cgrade
1	数学	80
2	数学	85

表 3.22　成绩表 1－成绩 2

Sno	Cno	Cgrade
1	英语	85
1	政治	90
2	英语	80
2	政治	90

（3）交

设关系 R 和 S 是同一关系模式（两个关系都有 n 个属性相应的属性取自同一个域）下的关系，则 R 和 S 的交是由属于 R 又属于 S 的元组组成的集合，记作：

$$R\cap S=\{t|t\in R\wedge t\in S\}$$

【例 3.15】在输入学生成绩时，为保证数据正确，常让两人重复输入成绩数据，形成两个成绩文件。由于两人同时对同一学生成绩输入出错而且输入的错误数据完全一样的概率几乎为 0，因此认为，两人输入数据一致的部分是准确的，即求成绩 1∩成绩 2，其结果被认为是正确的，如表 3.23～表 3.25 所示。

表 3.23　成绩表 1

Sno	Cno	Cgrade
1	数学	80
1	英语	85
1	政治	90
2	数学	85
2	英语	80
2	政治	90

表 3.24　成绩表 2

Sno	Cno	Cgrade
1	数学	80
1	英语	85
1	政治	92
2	数学	85
2	英语	80
2	政治	90

表 3.25　成绩表 1∩成绩 2

Sno	Cno	Cgrade
1	数学	80
1	英语	85
2	数学	85
2	英语	80
2	政治	90

交和差运算之间存在如下关系：$R\cap S = R-(R-S)=S-(S-R)$

（4）乘积

设关系 R 有 m 个属性、i 个元组；关系 S 有 n 个属性、j 个元组，则关系 R 和 S 的乘积是个有（m+n）个属性的元组集合。每个元组的前 r 个分量来自关系 R 的一个元组，后 s 个分量来自 S 的一个元组，且元组的数目有 i×j 个。乘积运算又称广义笛卡儿积，记作：

$$R \times S = \{t \mid t = \langle t^m, t^n \rangle \wedge t^m \in R \wedge t^n \in S\}$$

注意：

1）做乘积运算时，可从 R 的第一个元组开始，一次与 S 的每一个元组组合，然后，对 R 的下一个元组进行同样的操作，直至 R 的最后一个元组也进行完同样的操作为止，即可得到 R×S 的全部元组。

2）虽然在表示上，我们把关系 R 的属性放在前面，把关系 S 的属性放在后面，链接成一个有序结构的元组，但在实际的关系操作中，属性间的前后交换次序是无关的。

3）乘积运算得出的新关系将数据库的多个孤立的关系表联系在了一起。

4）由于 R 和 S 中可能存在相同的属性名，笛卡儿积运算时需要在属性上附加该属性所来自的关系名称。

【例 3.16】 关系 R 和 S 如表 3.26 和表 3.27 所示，则 R 和 S 的乘积运算 R×S 如表 3.28 所示。

表 3.26　关系 R

A	B	C
b	2	d
b	3	b
c	2	d
d	3	b

表 3.27　关系 S

A	B	C
a	3	c
b	2	d
e	5	f

表 3.28　R×S

R.A	R.B	R.C	S.A	S.B	S.C
b	2	d	a	3	c
b	2	d	b	2	d
b	2	d	e	5	f
b	3	b	a	3	c
b	3	b	b	2	d
b	3	b	e	5	f
c	2	d	a	3	c
c	2	d	b	2	d
c	2	d	e	5	f
d	3	b	a	3	c
d	3	b	b	2	d
d	3	b	e	5	f

3.4.2　专门的关系运算

在关系的运算中，由于关系数据结构的特殊性，在关系代数中除了需要一般的集合运算外，还需要一些专门的关系运算。

专门的关系运算包括 4 种运算，即选择（σ）、投影（∏）、链接（⋈）和除法（÷），是关系数据库数据维护、查询、统计等操作的基础。

（1）选择

选择运算是在关系 R 中选择满足条件 F 的所有元组组成的一个关系，记作：

$$\sigma_F(R) = \{t \mid t \in R \wedge F(t) = \text{true}\}$$

其中，F 表示选择条件，选择条件可以是由比较运算符构成的简单表达式，比较运算符对两个关系中具有相同含义的属性或常数进行比较，也可以是由逻辑运算符构成的复杂表达式。它是一个逻辑表达式，取值为“true”或“false”。F 的基本形式为

$$X_1\theta Y_1[\varphi X_2\theta Y_2]\cdots$$

θ 表示比较运算符，它可以是＜、＜=、=、＜＞、＞=、＞；X_1，Y_1 等是属性名或简单函数。属性名也可以用它在关系中从左到右的序号来代替；Φ表示逻辑运算符，它可以是 Or（或∨）、And（与∧）、Not（非¬）；[ ]表示任选项，即[ ]中的部分可以要，也可以不要；…表示上述格式可以重复下去。

选择运算是单目运算，即运算的对象仅有一个关系。选择运算不会改变参与运算关系的关系模式，它只是根据给定的条件从所给的关系中找出符合条件的元组。实际上，选择是从行的角度进行的水平运算，是一种将大关系分割为较小关系的工具。其运算表示如图 3.1 所示。

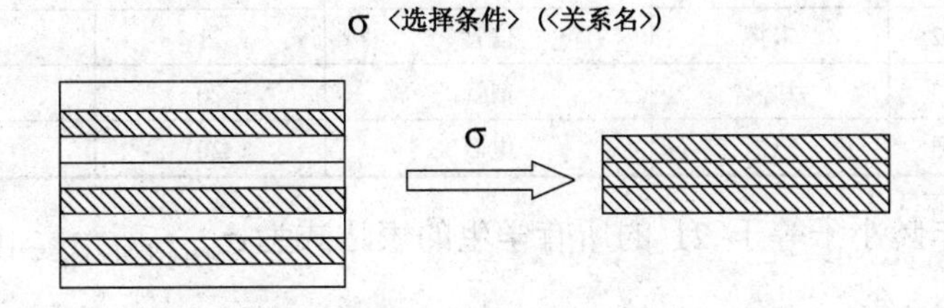

图 3.1　运算表示

【例 3.17】设关系 R 和 S 如表 3.26 和表 3.27 所示，求：

1）R 关系中属性 A 为 b 且属性 B 小于 3 的所有元组。

2）S 关系中属性 B 大于 3 或属性 C 不等于 c 的所有元组。

解答：1）R 关系中属性 A 为 b 且属性 B 小于 3 的所有元组表达式为：$\sigma_{A='b'\wedge B<3}(R)$ 或 $\sigma_{[1]='b'\wedge[2]<3}(R)$，结果如表 3.29 所示。

2）S 关系中属性 B 大于 3 或属性 C 不等于 c 的所有元组表达式为：$\sigma_{B>3\vee C\neq'c'}(S)$ 或 $\sigma_{[2]>3\vee[3]\neq'c'}(S)$ 的结果如表 3.30 所示。

表 3.29　结果一

A	B	C
b	2	d

表 3.30　结果二

A	B	C
b	2	d
e	5	f

【例 3.18】表 3.31 为学生信息关系 Student，求：

1）信管专业的所有学生。

2）年龄小于等于 21 的所有学生。

3）信管专业年龄小于等于 21 的所有学生。

表 3.31　学生信息关系 Student

Sno	Sname	Sdept	Sage	Ssex
1402001	严成昊	计算机	22	男
1402002	宋转	信管	21	女
1402003	尹婷婷	信管	20	女
1402005	赵恒	电商	20	男

解答：1）信管专业的所有学生的表达式为$\sigma_{Sdept='信管'}(Student)$，结果如表 3.32 所示。

表 3.32 结果一

Sno	Sname	Sdept	Sage	Ssex
1402002	宋转	信管	21	女
1402003	尹婷婷	信管	20	女

2）年龄小于等于 21 的所有学生的表达式为$\sigma_{Sage\leqslant 21}(Student)$，结果如表 3.33 所示。

表 3.33 结果二

Sno	Sname	Sdept	Sage	Ssex
1402002	宋转	信管	21	女
1402003	尹婷婷	信管	20	女
1402005	赵恒	电商	20	男

3）信管专业年龄小于等于 21 的所有学生的表达式为$\sigma_{Sdept='信管'\wedge Sage\leqslant 21}(Student)$，结果如表 3.34 所示。

表 3.34 结果三

Sno	Sname	Sdept	Sage	Ssex
1402002	宋转	信管	21	女
1402003	尹婷婷	信管	20	女

（2）投影

投影运算是从一个关系中，选取某些属性（列），并对这些属性重新排列，最后从得出的结果中删除重复的行，从而得到一个新的关系。选取各个属性时不受关系中属性顺序的约束。

设 R 是 n 元关系，R 在其分量 A_{i1}，A_{i2}，…，A_{im} (m≤n；i1，i2，…，im 为 1～m 之间的整数，可不连续)上的投影操作定义为

$$\pi_{i1,i2,\cdots,im} = \{t|t =< t_{i1}, t_{i2}\cdots, t_{im} > t_1,\cdots,t_{i1},t_{i2}\cdots,t_{im},\cdots,tn > \in R\}$$

即取出所有元组在特定分量 A_{i1}，A_{i2}，…，A_{im} 上的值。

投影操作也是单目运算，它是从列的角度进行的垂直分解运算，可以改变关系中列的顺序，与选择一样也是一种分割关系的工具。投影操作表示如图 3.2 所示。

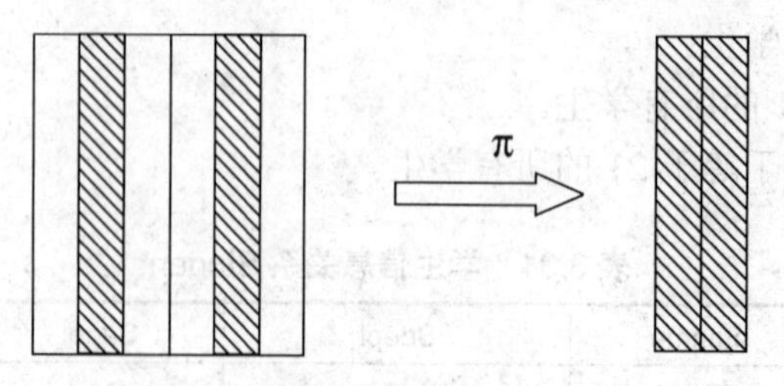

图 3.2 投影操作

【例 3.19】设关系 R 和 S 如表 3.26 和表 3.27 所示，求：

1）关系 R 中属性 A 和 C 的投影。

2）关系 S 中属性 B 和 C 的投影。

解答：1）关系 R 中属性 A 和 C 的投影表达式为 $\pi_{A,C}(R)$。结果如表 3.35 所示。

2）关系 S 中属性 B 和 C 的投影表达式为 $\pi_{C,B}(S)$。结果如表 3.36 所示。

表 3.35　结果一

A	C
b	d
b	b
c	d
d	b

表 3.36　结果二

C	B
c	3
d	2
f	5

【例 3.20】表 3.30 为学生信息关系 Student，求：

1）现有关系中的所有专业和班级。

2）所有学生的姓名、年龄和性别。

解答：1）现有关系中的所有专业表达式为 $\pi_{Sdept,class}$(Student)，结果如表 3.37 所示。

2）所有学生的姓名，年龄和性别表达式为 $\pi_{Sname,Ssex,Sage}$(Student)，结果如表 3.38 所示。

表 3.37　结果一

Sdept
计算机
信管
信管
电商

表 3.38　结果二

Sname	Sage	Ssex
严成昊	22	男
宋转	21	女
尹婷婷	20	女
赵恒	20	男

（3）链接

链接是从两个关系的广义笛卡儿积中选取属性间满足一定条件的元组。链接又称 θ 链接，记作：

$$R \underset{A\theta B}{\bowtie} S=\{t|t=<t_r,t_s>\wedge t_r\in R\wedge t_s\in S\wedge t_r[A]\theta t_s[B]\}=\sigma_{A\theta B}(R\times S)$$

其中，A 和 B 分别是 R 和 S 上个数相等且可比的属性组（名称可不相同）。AθB 作为比较公式 F，F 的一般形式为 $F_1\wedge F_2\wedge\cdots\wedge F_n$，每个 F_i 是形为 $t_r[A_i]\theta t_s[B_j]$ 的公式。对于链接条件的重要限制是条件表达式中所包含的对应属性必须来自同一个属性域，否则是非法的，即属性的类型必须相同。

链接操作的具体步骤：若 R 有 m 个元组，此运算就是用 R 的第 p 个元组的 A 属性集的各个值与 S 的 B 属性集从头至尾依次做 θ 比较。每当满足这一比较运算时，就把 S 中该属性值的元组接在 R 的第 p 个元组的右边，构成新关系的一个元组。反之，当不满足这一比较运算时就继续做 S 关系 B 属性集的下一次比较。这样，当 p 从 1 遍历到 m 时，就得到了新关系的全部元组。新关系的属性集取名方法同乘积运算一样。链接操作表示如图 3.3 所示。

笛卡儿积与链接操作都是对两个关系中的元组进行组合；区别在于前者操作结果包含两个关系中的所有元组，链接操作结果仅包含那些满足条件的元组。如果没有链接条件或无条件链接，则链接与笛卡儿积的操作结果相同。

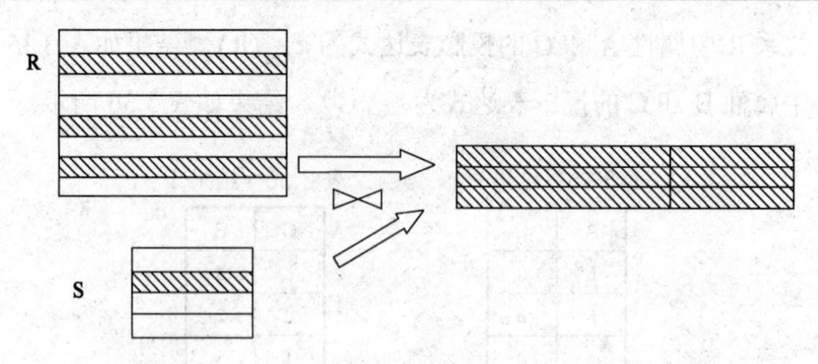

图 3.3　链接操作

链接运算中有两种最为重要也最为常用的链接，一种是等值链接，另一种是自然链接。

1）等值链接：θ 为“＝”的链接运算称为等值链接。即指从关系 R 与 S 的广义笛卡儿积中选取 A、B 属性值相等的那些元组，等值链接可以表示为

$$R \underset{A=B}{\bowtie} S = \{ t|t=< t_r, t_s > \wedge t_r \in R \wedge t_s \in S \wedge t_r[A] = t_s[B]$$

等值链接是条件链接的一种特例。

2）自然链接：通常将不包含冗余属性的等值链接称为自然链接，自然链接是一种特殊的等值链接，自然链接中两个关系中进行比较的分量必须是相同的属性组，在结果中把重复的属性列去掉。自然链接必须保证 R 和 S 具有相同的属性组 B。自然链接可以表示为

$$R \bowtie S = \{ t|t=< t_r, t_s > \wedge t_r \in R \wedge t_s \in S \wedge t_r[B] = t_s[B]$$

关系的自然链接操作是最常用的一种链接，也是关系数据库中最重要的一种操作。

【例 3.20】 设关系 R 和 S 如表 3.12（a）、（b）所示，计算：

1）关系 R 与关系 S 在条件 R.B<S.C 下的链接。

2）关系 R 与关系 S 在条件 R.A=S.B 的等值链接。

解答：1）关系 R 与关系 S 在条件 R.B<S.B 下的链接表达式为 $R \underset{R.B<S.C}{\bowtie} S$，结果如表 3.39 所示。

表 3.39　结果一

R.A	R.B	R.C	S.A	S.B	S.C
b	2	D	a	3	c
b	2	D	e	5	f
b	3	B	e	5	f
c	2	d	a	3	c
c	2	d	e	5	f
d	3	b	e	5	f

2）关系 R 与关系 S 的等值链接的表达式为 $R \underset{R.A<S.B}{\bowtie} S \; R \underset{A=B}{\bowtie} S$，结果如表 3.40 所示。

表 3.40　结果二

R.A	R.B	R.C	S.A	S.B	S.C
c	2	D	a	3	c
d	3	B	b	2	d

【例 3.21】 设关系 R 和 S 如表 3.41 和表 3.42 所示，求 R 和 S 的自然链接。

表 3.41　关系 R

B	E
b_1	3
b_2	7
b_3	10
b_3	2
b_5	2

表 3.42　关系 S

A	B	C
01	b_1	5
02	b_2	6
03	b_3	10
04	b_4	12

解答： R 和 S 的自然链接表达式为 $R \bowtie S$，结果如表 3.43 所示。

表 3.43　结果

A	B	C	E
01	b_1	5	3
02	b_2	6	7
04	b_3	10	10
08	b_3	10	2

第 4 章　关系数据库的标准语言 SQL

【学习目的与要求】

SQL 即结构化查询语言，是关系数据库的标准语言。SQL 是一种通用的、功能极强的关系数据库语言。其功能不仅仅是查询。这一章将详细介绍标准 SQL 的基本命令及其使用方法。

SQL 是一种通用的、功能极强的关系数据库语言，也是一种极其重要的关系数据库操作语言，它的影响已经超出数据库领域，得到其他领域的重视和采用，如人工智能领域的数据检索，第四代软件开发工具中嵌入 SQL 等。

本章将详细介绍 SQL 的基本命令和使用方法，并进一步描述关系数据库的基本概念。

4.1　SQL 概述

SQL 由 Boyce 和 Chamberlin 在 1974 年提出，1986 年 10 月由美国国家标准局（ANSI）通过的数据库语言美国标准。接着，国际标准化组织（ISO）颁布了 SQL 正式国际标准。1989 年 4 月，ISO 提出了具有完整性特征的 SQL 89 标准，1992 年 11 月又公布了 SQL 92 标准。SQL 标准自公布以来，随着数据库技术的发展不断发展，不断丰富。

SQL 成为国际标准语言以后，各个数据库厂家纷纷推出各自的 SQL 软件或与 SQL 接口的软件。这就使大多数数据库均可用 SQL 作为共同的数据存取语言和标准接口，使不同数据库系统之间的互操作有了共同的基础。SQL 成为了数据库领域中的主流语言。

4.1.1　SQL 的特点

SQL 是高级的非过程化编程语言，它允许用户在高层数据结构上工作。它不要求用户指定对数据的存放方法，也不需要用户了解其具体的数据存放方式，是一个综合的、功能极强、同时又简单易学的语言。它的主要特点包括 5 个方面。

1. 综合统一

数据库系统的主要功能都是通过数据库支持的数据语言来实现的。

非关系模型（层次模型、网状模型）的数据语言一般都分为模式数据定义语言（schema data definition language，模式 DDL）、外模式数据定义语言（subschema data definition language，外模式 DDL 或子模式 DDL）、数据存储有关的描述语言（data storage description language，DSDL）和数据操作语言，分别用于模式、外模式、内模式的定义和数据的存取与处置。但是当用户数据库投入运行后，若需要修改模式，就必须停止现有数据库的运行，转储数据，修改模式并编译后再重装数据库，过程十分繁琐。

而 SQL 集数据定义语言、数据操纵语言、数据控制语言的功能于一体，风格综合统一，使其可以独立完成数据库生命周期中的全部活动，包括定义关系模式、建立数据库、插入数据、查询及更新数据、重构及维护数据库，对数据库进行安全性、完整性控制等，这就为数据库应用系统的开发提供了良好的环境。特别是当数据库系统投入运行后，用户还可根据需要随时逐步地修改模式，同时不影响数据库的正常运行，使系统具有良好的可扩展性。

2. 高度非过程化

非关系数据模型的数据操作语言是面向过程的语言，必须指定存取路径完成某项请求。而用 SQL 进行数据操作，无须了解存取路径，只需提出“做什么”，而无须指明“怎么做”，存取路径的选择及 SQL 的操作过程由系统自动完成。这样就减轻了用户的负担，并且有利于提高数据独立性。

3. 面向集合的操作方式

非关系数据模型采用面向记录的操作方式，操作对象是一条记录。而 SQL 采用集合操作方式，不仅操作对象、查找结果可以是元组的集合，而且一次插入、删除、更新操作的对象也可以是元组的集合。

4. 以同一种语法结构提供多种使用方式

SQL 既是自含式语言，又是嵌入式语言。

作为自含式语言，SQL 能够独立用于联机交互的使用方式，用户可以在终端键盘上直接键入 SQL 命令对数据库进行操作；作为嵌入式语言，SQL 语句能够嵌入到高级语言（如 C、C++、COBOL、Java）程序中，供程序员设计程序时使用。并且在两种不同的使用方式下，SQL 的语法结构也是基本一致的。这种以统一的语法结构提供多种不同使用方式的做法，使得 SQL 的使用更加灵活与方便。

5. 语言简洁，易学易用

SQL 的功能极强，设计巧妙。它的语言接近英语，并且十分简洁，完成核心功能只用了 9 个动词，因此容易学习与使用。SQL 动词如表 4.1 所示。

表 4.1　SQL 动词

SQL 功能	SQL 动词
数据查询	SELECT
数据定义	CREATE、DROP、ALTER
数据操纵	INSERT、UPDATE、DELETE
数据控制	GRANT、REVOKE

4.1.2　SQL 对关系数据库模式的支持

支持 SQL 的 R 数据库管理系统同样支持关系数据库三级模式结构。其中外模式对应于视图（view）和部分基本表（base table），模式对应于基本表，内模式对应于存储文件（stored file），如图 4.1 所示。

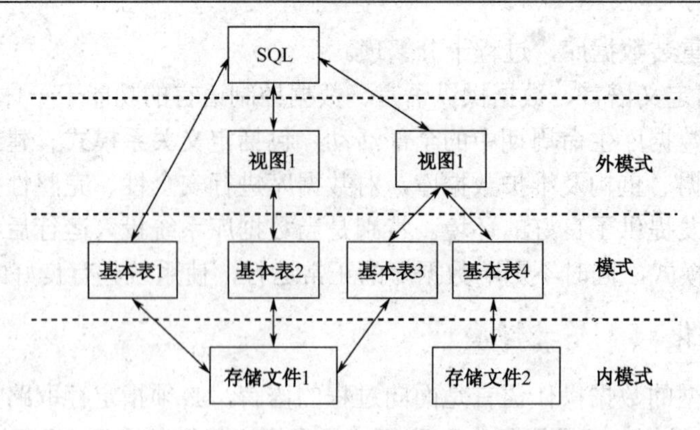

图 4.1　SQL 对关系数据库模式的支持

基本表和视图一样都是关系，用户可以用 SQL 对基本表和视图进行查询或其他操作。

基本表是本身独立存在的表，在 SQL 中一个关系对应一个基本表，一个或多个基本表对应一个存储文件，一个表可以带若干索引，索引也存放在存储文件中。

存储文件的逻辑结构组成了关系数据库的内模式。存储文件的物理结构是任意的，且对用户是透明的。

视图是从一个或几个基本表导出的表。它本身不独立存储在数据库中，即数据库中只存放视图的定义，而不存放视图对应的数据，这些数据仍存放在导出视图的基本表中，因此视图是一个虚表。视图的概念与基本表等同，用户可以在视图上再定义视图。

本书下面部分将逐一介绍各 SQL 语句的功能和格式。但各个 R 数据库管理系统产品在实现标准 SQL 时各有差别，与 SQL 标准的符合程度也不相同，一般在 85%以上。因此，具体使用某个 R 数据库管理系统产品时，还应参阅系统所提供的有关手册。

4.2　SQL 的数据类型

关系模型中每一个属性来自一个域，属性的取值必须是域中的值。在 SQL 中域的概念用数据类型来实现。

数据库表按行和列来存储数据，在创建表时将涉及定义数据类型，数据类型决定了每个列存储数据的范围。为一个列选择数据类型时，应选择允许所期望存储的所有数据值的一个数据类型，同时使所需空间量最小。使用一个恰当的长度、适合的数据类型有利于数据校验及更好地利用存储空间，并提升数据库性能。

SQL 提供的一些主要数据类型如表 4.2 所示。要注意，不同的数据库管理系统中支持的数据类型不完全相同。

表 4.2　数据类型

数 据 类 型	含　义
CHAR(n)	长度为 n 的定长字符串
VARCHAR(n)	最大长度为 n 的变长字符串
INT	长整数（也可以写为 INTEGER）
SMALLINT	短整数
NUMERIC(p，d)	定点数，由 p 位数字（不包括符号、小数点）组成，小数后面有 d 位数字

续表

数 据 类 型	含　义
REAL	取决于机器精度的浮点数
Double Precision	取决于机器精度的双精度浮点数
FLOAT(n)	浮点数，精度至少为 n 位数字
DATE	日期，包含年、月、日，格式为 YYYY-MM-DD
TIME	时间，包含一日的时、分、秒，格式为 HH:MM:SS

一个属性选用哪种数据类型要根据实际情况来决定。

4.3　SQL 的数据定义功能

本节采用学生-课程数据库作为例子讲解 SQL 的数据定义、数据操纵、数据查询及数据控制语句的具体应用。

首先，需要定义一个学生-课程模式 S-C，学生-课程数据库中包含学生表、课程表、学生选课表 3 个表，详细定义见 4.3.1 中的例 4.1、例 4.2、例 4.3。

- 学生表：Student（Sno,Sname,Ssex,Sage,Sdept）
- 课程表：Course（Cno,Cname,Cpno,Ccredit）
- 学生选课表：SC(Sno,Cno,Cgrade)

其中，关系的主码加下划线表示。3 个表中的数据示例如表 4.3～表 4.5 所示。

表 4.3　学生表

学号（Sno）	姓名（Sname）	性别（Ssex）	年龄（Sage）	所在系（Sdept）
1402001	李伟	男	21	IS
1402002	杨云	女	20	IS
1402003	徐国军	男	20	EC
1402005	张东	男	19	EC
1402011	朱婷婷	女	21	CS
1402012	宋玲	女	18	CS

表 4.4　课程表

课程号（Cno）	课程名（Cname）	选修课（Cpno）	学分（Ccredit）
101	数据库原理	105	3
102	计算机网络		3
103	管理信息系统	101	4
104	操作系统	106	2
105	数据结构	107	3
106	C 语言设计		4
107	Java 程序设计	106	4
108	DB_Design		3

表 4.5　学生选课表

学号（Sno）	课程号（Cno）	成绩（Cgrade）
1402001	101	80
1402001	102	100
1402001	103	91
1402012	102	92
1402012	103	86

关系数据库系统支持三级模式结构，其模式、外模式和内模式中的基本对象有表、视图和索引。因此 SQL 的数据定义功能包括模式定义、表定义、视图和索引的定义，如表 4.6 所示。

表 4.6　SQL 的数据定义功能语句

操 作 对 象	操 作 方 式		
	创　建	删　除	修　改
模式 SCHEMA	CREATE SCHEMA	DROP SCHEMA	
表　TABLE	CREATE TABLE	DROP TABLE	ALTER TABLE
视图 VIEW	CREATE VIEW	DROP VIEW	
索引 INDEX	CREATE INDEX	DROP INDEX	

视图是基于基本表的虚表，索引是依附于基本表的，因此，SQL 通常不提供修改模式定义、修改视图定义、修改索引定义的操作。用户如果想修改这些对象，只能先将它们删除，然后再重建。本节将介绍如何定义和修改基本表。

4.3.1　定义基本表结构

建立好数据库后重要的一步就是定义一些数据库基本表。SQL 使用 CREATE TABLE 语句定义基本表，其基本格式如下。

```
CREATE TABLE<表名>(<列名><数据类型>[列级完整性约束条件]
                  [，<列名><数据类型>[列级完整性约束条件]]
                  …
                  [，<表级完整性约束条件>]);
```

其中<表名>是定义的基本表的名称，它可以由一个或多个属性组成。

建表的同时通常还可以定义与该表有关的完整性约束条件，这些完整性约束条件会存入系统的数据字典中，当用户操作表中数据时，由 R 数据库管理系统自动检查该操作是否违背这些完整性约束条件。注意，如果完整性约束条件只涉及该表的一个属性列，则既可以定义在列级，又可以定义在表级；如果涉及该表的多个属性列，则必须定义为表级完整性约束条件。

常用完整性约束条件包含主码约束（PRIMARY KEY）、唯一性约束（UNIQUE）、非空值约束（NOT NULL）、参照完整性约束（FOREIGN KEY）等。

【例 4.1】建立一个“学生”表 Student，由学号（Sno）、姓名（Sname）、性别（Ssex）、年龄（Sage）、专业（Sdept）5 个属性组成。其中 Sno 为主码。

```
CREATE TABLE Student
  (Sno CHAR(9) PRIMARY KEY,         /*列级完整性约束条件，Sno是主码*/
```

```
    Sname CHAR(20) UNIQUE,            /*姓名取唯一值*/
    Ssex CHAR(2),
    Sage SMALLINT,
    Sdept CHAR(20)
   );
```

系统执行上面的 CREATE TABLE 语句后，就在数据库中建立一个新的空“学生”表 Student，同时将有关“学生”表的定义及有关约束条件存放在系统的数据字典中。

【例 4.2】建立一个“课程”表 Course，由课程号（Cno）、课程名（Cname）、选修课（Cpno）、学分（Ccredit）4 个属性组成。其中 Cno 为主码。

```
  CREATE TABLE Course
   (Cno CHAR(4) PRIMARY KEY,        /*列级完整性约束条件，Cno是主码*/
    Cname CHAR(40),
    Cpno CHAR(4),
    Ccredit SMALLINT,
    FOREIGN KEY (Cpno) REFERENCES Course(Cno)
    /*表级完整性约束条件，Cpno是外码，被参照表是Course,被参照列是Cno*/
   );
```

例 4.2 说明参照表和被参照表可以是同一个表，即表本身。

【例 4.3】建立一个学生选课表 SC。

```
  CREATE TABLE SC
   (Sno CHAR(9),
    Cno CHAR(4),
    Cgrade SMALLINT,
    PRIMARY KEY(Sno, Cno),
          /*主码由两个属性构成，必须作为表级完整性进行定义*/
    FOREIGN KEY (Sno) REFERENCES Student(Sno),
          /*表级完整性约束条件，Sno是外码，被参照表是Student*/
    FOREIGN KEY (Cno) REFERENCES Course(Cno),
          /*表级完整性约束条件，Cno是外码，被参照表是Course*/
   );
```

该例注意，如果完整性约束条件涉及该表的多个属性列，则必须定义为表级完整性约束条件。

4.3.2　修改基本表

SQL 用 ALTER TABLE 语句修改基本表，其基本格式如下。

```
  ALTER TABLE<表名>
  [ADD<新列名><数据类型>[完整性约束]]
  [DROP<完整性约束名>]
  [ALTER COLUMN<列名><数据类型>];
```

其中<表名>是要修改的基本表，ADD 子句用于增加新列和新的完整性约束条件，DROP 子句用于删除指定的完整性约束条件，ALTER COLUMN 子句用于修改原有的列定义，包括修改列名和数据类型。

【例 4.4】向 Student 表增加“入校日期”列，其数据类型为日期型。

```
  ALTER TABLE Student ADD Scome DATE;
```

注意，不论基本表中原来是否已有数据，新增加的列一律为空值。

【例 4.5】将年龄的数据类型由字符型改为整数。

```
ALTER TABLE Student ALTER COLUMN Sage INT;
```

注意，修改原有的列定义有可能会破坏已有数据。

【例 4.6】增加课程名称必须取唯一值的约束条件。

```
ALTER TABLE Course ADD UNIQUE(Cname);
```

【例 4.7】删除课程名称必须取唯一值的约束条件。

```
ALTER TABLE Course DROP UNIQUE(Cname);
```

4.3.3 删除基本表

当某个基本表不再需要时，可以使用 DROP TABLE 语句删除它。其一般格式如下。

```
DROP TABLE<表名> [RESTRICT|CASCADE];
```

若选择 RESTRICT，则该表的删除是有限制条件的。想要删除的基本表不能被其他表的 CHECK、FOREIGN KEY 等约束引用，不能有视图，不能有触发器，不能有存储过程或函数等。如果存在这些依赖该表的对象，则此表不能被删除。缺省情况下是 RESTRICT。

若选择 CASCADE，则该表的删除是没有限制条件的。在删除基本表的同时，相关的依赖对象都将被一起删除。

【例 4.8】删除 Course 表。

```
DROP TABLE Course CASCADE;
```

本例中基本表定义一旦被删除，不仅表中的数据和此表的定义将被删除，而且此表上建立的索引、视图、触发器等有关对象一般也都将被删除。因此执行删除基本表的操作一定要格外小心。

【例 4.9】若需要删除的表上建有视图，选择 RESTRICT 时表不能删除；选择 CASCADE 时可以删除表，同时视图也自动被删除。

```
CREATE VIEW IS_Student              /*在Student表上建立视图*/
AS
SELECT Sno,Sname,Sage
FROM Student
WHERE Sdept='IS';

DROP TABLE Student RESTRICT;        /*删除Student表*/
—ERROR:cannot drop table Student because other objects depend on it
               /*系统返回错误信息，存在依赖该表的对象，此表不能被删除*/
DROP TABLE Student CASCADE          /*删除Student表*/
—NOTICE:drop cascade to view IS_Student
                                    /*系统返回提示，表和表上的视图被删除*/
SELECT * FROM IS_Student;
—ERROR:relation “IS_Student” does not exist
```

注意，不同数据库产品在遵循 SQL 标准的基础上，具体实现细节和处理策略会与标准有差别。有的系统（如 Oracle）删除基本表后，建立在此表上的视图定义仍然保留在数据词典中，但是在用户引用时就报错。

4.4　SQL 的查询语句

数据库的核心操作就是数据查询，本节将主要讲解 SQL 的查询语句。SQL 提供了 SELECT 语句进行数据库的查询，该语句具有灵活的使用方式和丰富的功能，既可以完成简单的单表查询，又可以完成复杂的链接查询和嵌套查询。其一般格式如下。

```
SELECT [ALL|DISTINCT] <目标列表达式> [,<目标列表达式>]…
FROM <表名或视图名> [,<表名或视图名>]…
[WHERE <条件表达式>]
[GROUP BY <列名1> [HAVING <条件表达式>]]
[ORDER BY<列名2>[ASC| DESC]];
```

整个 SELECT 语句的含义是，根据 WHERE 子句的条件表达式，从 FROM 子句指定的基本表或视图中找出满足条件的元组，再按 SELECT 子句中的目标列表达式，选出元组中的属性值形成结果表。

SELECT 子句：指定要显示的属性列。

FROM 子句：指定查询对象（基本表或视图)。

WHERE 子句：指定查询条件。

GROUP BY 子句：对查询结果按指定列的值分组，该属性列值相等的元组为一个组。通常会在每组中作用集函数。

HAVING 短语：筛选出只有满足指定条件的组。

ORDER BY 子句：对查询结果表按指定列值的升序或降序排序。

4.4.1　单表查询

单表查询是指仅涉及一个表的查询。

1. 选择表中的若干列

选择表中的全部列或部分列，这就是关系代数的投影运算。

（1）查询指定列

用户一般情况下只对表中的一部分属性列感兴趣，这时可以在 SELECT 子句的<目标列表达式>中指定要查询的属性列。

【例 4.10】查询 Student 表全体学生的学号、姓名、年龄。

```
SELECT Sno,Sname,Sage
FROM Student;
```

输出结果如下。

Sno	Sname	Sage
1402001	李伟	21
1402002	杨云	20
1402003	徐国军	20
1402005	张东	19
1402011	朱婷婷	21
1402012	宋玲	18

本例的执行过程可以是这样的：从 Student 表中取出一个元组，取出该元组在属性 Sno、Sname 和 Sage 上的值，形成一个新的元组作为输出。然后对 Student 表中的所有元组做相同

的处理，最后形成一个结果关系作为输出。

【例 4.11】查询 Student 表全体学生的所在系、姓名、学号。

```
SELECT Sdept,Sname,Sno
FROM Student;
```

<目标列表达式>中各个列的先后顺序可以与表中的顺序不一致，用户可以根据应用的需要改变列的显示顺序。本例中先列出所在系，再列出姓名和学号。

（2）查询全部列

要将表中的所有属性列都显示出来，可以有两种方法：一种方法就是在 SELECT 关键字后面列出所有列名；如果列的显示顺序与其在基表中的顺序相同，另一种方法也可以简单地将<目标列表达式>指定为*。

【例 4.12】查询 Student 表全体学生的详细记录。

```
SELECT *
FROM Student;
```

查询等价于:

```
SELECT Sno,Sname,Ssex,Sage,Sdept
FROM Student;
```

（3）查询经过计算的值

SELECT 子句的<目标列表达式>不仅可以是表中的属性列，也可以是算术表达式，还可以是字符串常量、函数、列别名等。

【例 4.13】查询 Student 表全体学生的姓名及其出生年份。

```
SELECT Sname,2014-Sage
FROM Student;
```

查询结果中第 2 列不是一个列名而是一个计算表达式，是用当时的年份（假设为 2014 年）减去学生的年龄。这样，所得的即是学生的出生年份。输出结果如下。

```
Sname     2014-Sage
李伟        1993
杨云        1994
徐国军      1994
张东        1995
朱婷婷      1993
宋玲        1996
```

【例 4.14】查询全体学生的姓名、出生年份和所在系，要求用小写字母表示所在系名。

```
SELECT Sname,'Year of Birth:',2014-Sage,LOWER(Sdept)
FROM Student;
```

输出结果如下：

```
Sname    'Year of Birth:'  2014-Sage   LOWER(Sdept)
李伟       Year of Birth:     1993         is
杨云       Year of Birth:     1994         is
徐国军     Year of Birth:     1994         ec
张东       Year of Birth:     1995         ec
朱婷婷     Year of Birth:     1993         cs
宋玲       Year of Birth:     1996         cs
```

对于含算术表达式、常量、函数名的目标列表达式，用户可以通过指定别名来改变查询结果的列标题。例如例 4.14，可以定义如下列别名。

```
SELECT Sname NAME,'Year of Birth: ' BIRTH,2014-Sage BIRTHDAY,
       LOWER(Sdept) DEPARTMENT
FROM Student;
```

输出结果如下，

```
Sname           BIRTH          BIRTHDAY     DEPARTMENT
李伟      Year of Birth:      1993          is
杨云      Year of Birth:      1994          is
徐国军    Year of Birth:      1994          ec
张东      Year of Birth:      1995          ec
朱婷婷    Year of Birth:      1993          cs
宋玲      Year of Birth:      1996          cs
```

2. 选择表中的若干元组

（1）消除取值重复的行

两个本来并不完全相同的元组，投影到指定的某些列上后，可能变成相同的行了，这时可以用 DISTINCT 消除它们。如果没有指定 DISTINCT 关键词，则缺省为 ALL，即保留结果表中取值重复的行。

【例 4.15】查询选修了课程的学生学号。

```
SELECT Sno
FROM SC;
```

等价于

```
SELECT ALL Sno
FROM SC
```

输出结果如下，

```
  Sno
1402001
1402001
1402001
1402012
1402012
```

该查询结果里包含了许多重复的行。如果想去掉结果表中的重复行，必须指定 DISTINCT 关键词。

```
SELECT DISTINCT Sno
FROM SC;
```

输出结果如下，

```
  Sno
1402001
1402012
```

注意，DISTINCT 短语的作用范围是所有目标列。

【例 4.16】查询选修课程的各种成绩。

错误的写法：

```
SELECT DISTINCT Cno,DISTINCT Cgrade
FROM SC;
```

正确的写法：

```
SELECT DISTINCT Cno,Cgrade
```

```
FROM SC;
```

（2）查询满足条件的元组

查询满足指定条件的元组可以通过 WHERE 子句实现。WHERE 子句常用的查询条件如表 4.7 所示。

表 4.7　WHERE 子句常用的查询条件

查询条件	使用的谓词
比较	=、<、>、<=、>=、!=、<>、!>、!<、NOT+以上运算符的组合
确定范围	BETWEEN…AND…，NOT BETWEEN…AND…
确定集合	IN、NOT IN
字符匹配	LIKE、NOT LIKE
空值	IS NULL、IS NOT NULL
多重条件	AND、OR、NOT

1）比较大小。在 WHERE 子句的<比较条件>中使用的比较运算符一般包括=（等于）、>（大于）、<（小于）、>=（大于等于）、<=（小于等于）、!= 或 <>（不等于）、!>（不大于）、!<（不小于）。

逻辑运算符 NOT 也可与比较运算符同用。

【例 4.17】查询所有年龄在 21 岁以下的学生姓名及其年龄。

```
SELECT Sname,Sage
FROM Student
WHERE Sage < 21;
```

或

```
SELECT Sname,Sage
FROM Student
WHERE NOT Sage >= 21;
```

【例 4.18】查询考试成绩得过 100 分的学生的学号和课程号。

```
SELECT DISTINCT Sno,Cno
FROM SC
WHERE Cgrade=100;
```

这里使用了 DISTINCT 短语，当一个学生有多门课程满分时，他的学号也只列一次。

2）确定范围。使用谓词 BETWEEN…AND…和 NOT BETWEEN…AND…可以用来查找属性值在（或不在）指定范围内的元组，其中 BETWEEN 后是范围的下限（即低值），AND 后是范围的上限（即高值）。

【例 4.19】查询年龄在 18～20 岁（包括 18 岁和 20 岁）之间的学生的姓名和年龄。

```
SELECT Sname,Sage
FROM Student
WHERE Sage BETWEEN 18 AND 20;
```

【例 4.20】查询年龄不在 20～23 岁之间的学生的姓名和年龄。

```
SELECT Sname,Sage
FROM Student
WHERE Sage NOT BETWEEN 20 AND 23;
```

3）确定集合。使用谓词 IN <值表>、NOT IN <值表>查找属性值属于或不属于指定集合的元组。值表是用逗号分隔的一组取值。

【例 4.21】查询信息系（IS）、电子商务系（EC）和计算机系（CS）学生的姓名和性别。

```
SELECT Sname,Ssex
FROM Student
WHERE Sdept IN ( 'IS','EC','CS' );
```

【例 4.22】查询既不是信息系（IS），又不是计算机系（CS）学生的姓名和性别。

```
SELECT Sname,Ssex
FROM Student
WHERE Sdept NOT IN ( 'IS','CS' );
```

此例查询结果即为电子商务系的学生的姓名和性别。

4）字符串匹配。谓词 LIKE 可以用来进行字符串的匹配。其含义是查找指定的属性列值与<匹配串>相匹配的元组。其一般格式如下。

```
[NOT] LIKE'<匹配串>' [ESCAPE'<换码字符>']
```

<匹配串>是指定匹配模板，匹配模板可以是固定字符串或含通配符的字符串。<匹配串>可以是一个完整的字符串，也可以含有通配符%和_。其中：%（百分号）代表任意长度（长度可以为 0）的字符串。例如 a%b 表示以 a 开头，以 b 结尾的任意长度的字符串。如 aaaab，addgfb，ab 等都满足该匹配串；_（下划线）代表任意单个字符。例如，a_h 表示以 a 开头，以 b 结尾的长度为 3 的任意字符串。如 acb、afh 等都满足该匹配串。

当匹配模板为固定字符串时，即不含通配符时，可以用=运算符取代 LIKE 谓词，用 != 或<>（不等于）运算符取代 NOT LIKE 谓词。

当用户要查询的字符串本身就含有%或_时，要使用 ESCAPE'<换码字符>' 短语对通配符进行转义。

下列的匹配模板为固定字符串。

【例 4.23】查询学号为 1402001 的学生的详细情况。

```
SELECT *
FROM Student
WHERE Sno LIKE '1402001';
```

等价于：

```
SELECT *
FROM Student
WHERE Sno = '1402001';
```

下列的匹配模板为含通配符的字符串。

【例 4.24】查询所有姓李的学生的姓名、学号和性别。

```
SELECT Sname,Sno,Ssex
FROM Student
WHERE Sname LIKE '李%';
```

【例 4.25】查询姓“李”且全名为两个汉字的学生的姓名、学号和性别。

```
SELECT Sname,Sno,Ssex
FROM Student
WHERE Sname LIKE '李_';
```

注意，数据库字符集为 ASCII 时，一个汉字需要两个_，字符集为 GBK 时，只需要一个_。

【例 4.26】查询名字中第 2 个字为“伟”字的学生的姓名和学号。

```
SELECT Sname,Sno
FROM Student
WHERE Sname LIKE '_伟%';
```

【例 4.27】查询所有不姓“李”的学生姓名和学号。

```
SELECT Sname,Sno
FROM Student
WHERE Sname NOT LIKE '李%';
```

下例使用换码字符将通配符转义为普通字符。

【例 4.28】查询“DB_Design”课程的课程号和学分。

```
SELECT Cno,Ccredit
FROM Course
WHERE Cname LIKE 'DB\_Design'  ESCAPE '\';
```

换码字符 ESCAPE '\' 表示“\”为换码字符，匹配串中紧跟在“\”后面的字符“_”不再具有通配符的含义，而转义为普通的“_”字符。

【例 4.29】查询以 " DB_ " 开头，且倒数第 2 个字符为 g 的课程的详细情况。

```
SELECT *
FROM Course
WHERE Cname LIKE 'DB\_%g_' ESCAPE '\';
```

此例的匹配串为“DB_%g _”,第一个“_”前面有换码字符“\”，所以它被转义为普通的“_”字符。而“g”后面的“_”前面没有换码字符，所以它仍作为通配符使用。

5）涉及空值的查询。涉及空值的查询使用谓词 IS NULL 或 IS NOT NULL，“IS NULL”不能用“= NULL”代替。

【例 4.30】某些学生选修课程后没有参加考试，所以有选课记录，但没有考试成绩。查询缺少成绩的学生的学号和相应的课程号。

```
SELECT Sno,Cno
FROM SC
WHERE Cgrade IS NULL;        /*分数是空值*/
```

【例 4.31】查询所有有成绩的学生学号和课程号。

```
SELECT Sno,Cno
FROM SC
WHERE Cgrade IS NOT NULL;
```

6）多重条件查询。逻辑运算符 AND 和 OR 都可以用来联结多个查询条件。AND 的优先级高于 OR，但用户也可以用括号来改变优先级。前面所讲的 IN 谓词实际上也是多个 OR 运算符的缩写，可以用 OR 运算符改写。

【例 4.32】查询信息系（IS）、电子商务系（EC）和计算机系（CS）学生的姓名和性别。

```
SELECT Sname,Ssex
FROM Student
WHERE Sdept IN ( 'IS ', 'EC ','CS ');
```

可改写为：

```
SELECT Sname,Ssex
FROM Student
WHERE Sdept= 'IS ' OR Sdept= ' EC ' OR Sdept= 'CS ';
```

【例 4.33】查询年龄在 20～23 岁（包括 20 岁和 23 岁）之间的学生的姓名、系别和年龄。

```
SELECT Sname,Sdept,Sage
FROM Student
WHERE Sage BETWEEN 20 AND 23;
```

可改写为：

```
SELECT Sname,Sdept,Sage
FROM Student
WHERE Sage>=20 AND Sage<=23;
```

【例 4.34】查询计算机系年龄在 19 岁以下的学生姓名和年龄。

```
SELECT Sname,Sage
FROM Student
WHERE Sdept='CS' AND Sage<19;
```

3. 对查询结果排序

使用 ORDER BY 子句可以按一个或多个属性列升序（ASC）或降序（DESC）排序。缺省值为升序。当排序列含空值时，升序排序将列为空值的元组最后显示，降序排序将列为空值的元组最先显示。

【例 4.35】查询选修了 101 号课程的学生的学号及其成绩，查询结果按分数降序排列。

```
SELECT Sno,Cgrade
FROM SC
WHERE Cno= '101 '
ORDER BY Cgrade DESC;
```

【例 4.36】查询全体学生情况，查询结果按所在系的系号升序排列，同一系中的学生按年龄降序排列。

```
SELECT *
FROM Student
ORDER BY Sdept,Sage DESC;
```

4. 聚集函数

为了进一步方便用户，增强检索功能，SQL 提供了许多聚集函数，有以下 5 类主要聚集函数。

（1）计数

```
COUNT([DISTINCT|ALL]*)：统计元组个数。
COUNT([DISTINCT|ALL]<列名>)：统计一列中值的个数。
```

（2）计算总和

```
SUM([DISTINCT|ALL]<列名>)：计算一列值的总和(此列必须是数值型)。
```

（3）计算平均值

```
AVG([DISTINCT|ALL]<列名>)：计算一列值的平均值(此列必须是数值型)。
```

（4）求最大值

```
MAX([DISTINCT|ALL]<列名>)：求一列值中的最大值。
```

（5）求最小值

```
MIN([DISTINCT|ALL]<列名>)：求一列值中的最小值。
```

【例 4.37】查询学生总人数。

```
SELECT COUNT(*)
FROM  Student;
```

【例 4.38】查询选修了课程的学生人数。

```
SELECT COUNT(DISTINCT Sno)
FROM SC;
```

注意，本例用 DISTINCT 以避免重复计算学生人数。

【例 4.39】查询 101 号课程的学生平均成绩。

```
SELECT AVG(Cgrade)
FROM SC
WHERE Cno= '101';
```

【例 4.40】查询选修 102 号课程的学生最高分数。

```
SELECT MAX(Cgrade)
FROM SC
WHERE Cno= '102 ';
```

5. 对查询结果分组

SQL 中使用 GROUP BY 子句分组细化集函数的作用对象，GROUP BY 子句将查询结果按某一列或多列的值分组，值相等的为一组。对未查询结果分组，集函数将作用于整个查询结果。对查询结果分组后，集函数将分别作用于每个组。

GROUP BY 子句的作用对象是查询的中间结果表。使用 GROUP BY 子句后，SELECT 子句的列名列表中只能出现分组属性和集函数。

【例 4.41】查询各个课程的课程号及相应的选课人数。

```
SELECT Cno,COUNT(Sno)
FROM SC
GROUP BY Cno;
```

输出结果如下。

```
Cno     COUNT(Sno)
101         1
102         2
103         2
```

该语句对查询结果按 Cno 的值分组，所有具有相同 Cno 值的元组分为一组，然后对每一组作用聚集函数 COUNT 计算，以求得该组的学生人数。

【例 4.42】查询选修了两门课程以上的学生学号。

```
SELECT Sno
FROM SC
GROUP BY Sno
HAVING COUNT(*) >2;
```

【例 4.43】查询有两门以上课程是 90 分以上的学生的学号及课程数。

```
SELECT Sno,COUNT(*)
FROM SC
WHERE Cgrade>=90
GROUP BY Sno
HAVING COUNT(*)>=2;
```

这里 HAVING 短语给出了选择组的条件，只有满足条件（即元组个数>2，表示此学生选修的课超过两门）的组才会被选出来。

WHERE 子句与 HAVING 短语的区别在于作用对象不同。WHERE 子句作用于基本表或视图，从中选择满足条件的元组。HAVING 短语作用于组，从中选择满足条件的组。

4.4.2 链接查询

同时涉及两个或两个以上表的查询称为链接查询。用来链接两个表的条件称为链接条件或链接谓词。链接谓词中的列名称为链接字段，链接条件中的各链接字段类型必须是可比的，但不必是相同的。SQL 中链接查询的主要类型有等值链接（含自然链接）、非等值链接查询、自身链接查询、外链接查询、复合条件链接查询等。

1. 等值与非等值链接查询

等值链接查询的一般格式如下。

```
[<表名1>.]<列名1>  <比较运算符>  [<表名2>.]<列名2>
```

非等值链接查询的一般格式如下。主要比较运算符有=、>、<、>=、<=、!=等。

```
[<表名1>.]<列名1> BETWEEN [<表名2>.]<列名2> AND [<表名2>.]<列名3>
```

当链接运算符为=时，称为等值链接。使用其他运算符称为非等值链接。

链接运算符为 = 的链接操作格式如下。

```
[<表名1>.]<列名1>  =  [<表名2>.]<列名2>
```

任何子句中引用表名 1 和表名 2 中同名属性时，都必须加表名前缀；引用唯一属性名时，既可以加，又可以省略表名前缀。

【例 4.44】查询每个学生情况及其选修课程的情况。

```
SELECT Student.*,SC.*
FROM Student,SC
WHERE Student.Sno = SC.Sno;
```

此例的学生情况存放在 Student 表中，选修课程情况存放在 SC 表中。因此本查询涉及两个表，这两个表之间的联系是通过公共属性 Sno 实现的，并且此例查询语句在 SELECT 子句和 WHERE 子句中的属性名前都加上了表名前缀来避免混淆。但是当引用唯一属性名时，既可以加，又可以省略表名前缀。

链接运算中还有两种特殊情况：一是自然链接，二是广义笛卡儿积（链接）。广义笛卡儿积是不带谓词的链接，是将两表中的元组交叉乘积，没有实际意义，在实际中很少使用。自然链接是在等值链接中把目标列中重复的属性列去掉。

【例 4.45】使用自然链接查询每个学生情况及其选修课程的情况。

```
SELECT Student.Sno,Sname,Ssex,Sage,Sdept,Cno,Cgrade
FROM Student,SC
WHERE Student.Sno = SC.Sno;
```

输出结果如下。

Sno	Sname	Ssex	Sage	Sdept	Cno	Cgrade
1402001	李伟	男	21	IS	101	80
1402001	李伟	男	21	IS	102	100
1402001	李伟	男	21	IS	103	91
1402012	宋玲	女	18	CS	102	92
1402012	宋玲	女	18	CS	103	86

注意，Sno 因为在两个表中都出现了，因此引用时必须加上表名前缀。而另外的属性列是唯一的，因此可以省略表名前缀。

2. 自身链接查询

一个表与其自己进行链接，称为表的自身链接。自身链接查询需要给表起别名以示区别。由于所有属性名都是同名属性，因此必须使用表名前缀。

【例 4.46】查询每一门课的间接选修课（即选修课的选修课）。

```
SELECT FIRST.Cno,SECOND.Cpno
FROM Course FIRST,Course SECOND
WHERE FIRST.Cpno = SECOND.Cno;
```

因为 Course 中只有每门课的直接选修课，而没有这门课的间接选修课，即选修课的选修课，所以此例需要将 Course 与其自身链接，因此给 Course 表取了两个别名 FIRST 和 SECOND，再进行查询。

输出结果如下：

Cno	Cpno
101	107
103	105
105	106

3. 外链接查询

外链接与普通链接的区别是：普通链接操作只输出满足链接条件的元组，而外链接操作以指定表为链接主体，将主体表中不满足链接条件的元组也一并输出。

左外链接列出左边关系中所有的元组，右外链接列出右边关系中所有的元组。

【例 4.47】用外链接操作查询每个学生及其选修课程的情况，包括没有选修课程的学生。

```
SELECT Student.Sno,Sname,Ssex,Sage,Sdept,Cno,Cgrade
FROM Student LEFT JOIN SC ON(Student.Sno = SC.Sno);
```

输出结果如下。

Sno	Sname	Ssex	Sage	Sdept	Cno	Cgrade
1402001	李伟	男	21	IS	101	80
1402001	李伟	男	21	IS	102	100
1402001	李伟	男	21	IS	103	91
1402002	杨云	女	20	IS	NULL	NULL
1402003	徐国军	男	20	EC	NULL	NULL
1402005	张东	男	19	EC	NULL	NULL
1402011	朱婷婷	女	21	CS	NULL	NULL
1402012	宋玲	女	18	CS	102	92
1402012	宋玲	女	18	CS	103	86

4. 复合条件链接查询

WHERE 子句中含多个链接条件时，称为复合条件链接。

【例 4.48】查询选修 101 号课程且成绩大于等于 80 分的所有学生的学号、姓名。

```
SELECT Student.Sno,Sname
FROM Student, SC
WHERE Student.Sno = SC.Sno AND     /*链接谓词*/
      SC.Cno= '101' AND            /*其他限定条件*/
      SC.Cgrade > =80;             /*其他限定条件*/
```

链接操作除了可以是两表链接，一个表与其自身链接外，还可以是两个以上的多个表进行链接。

【例 4.49】查询每个学生的学号、姓名、选修的课程号、课程名及成绩。

```
SELECT Student.Sno,Sname,SC.Cno,Cname,Cgrade
FROM Student,SC,Course
```

```
WHERE Student.Sno = SC.Sno AND
      SC.Cno = Course.Cno;
```

4.4.3　子查询

一个 SELECT-FROM-WHERE 语句称为一个查询块。将一个查询块嵌套在另一个查询块的 WHERE 子句或 HAVING 短语的条件中的查询称为嵌套查询。例如：

```
SELECT Sname                /*外层查询/父查询*/
FROM Student
WHERE Sno IN
(SELECT Sno                /*内层查询/子查询*/
FROM SC
WHERE <条件表达式>);
```

上层的查询块称为外层查询或父查询，下层查询块称为内层查询或子查询。SQL 允许多层嵌套查询，即一个子查询中还可以嵌套其他子查询。层层嵌套方式反映了 SQL 的结构化。需要特别指出的是，子查询的 SELECT 语句中不能使用 ORDER BY 子句，ORDER BY 子句只能对最终查询结果排序。另外，有些嵌套查询是可以用链接运算替代的。

嵌套查询分为不相关子查询与相关子查询。不相关子查询是指子查询的查询条件不依赖于父查询的查询，相关子查询是指子查询的查询条件依赖于父查询的查询。不相关子查询是由里向外逐层处理，即每个子查询在上一级查询处理之前求解，子查询的结果用于建立其父查询的查找条件。相关子查询是首先取外层查询中表的第一个元组，根据它与内层查询相关的属性值处理内层查询，若 WHERE 子句返回值为真，则取此元组放入结果表；然后再取外层表的下一个元组；重复这一过程，直至外层表全部检查完为止。

1. 带有 IN 谓词的子查询

【例 4.50】查询与“李伟”在同一个系学习的学生。此查询要求可以分步来完成。

1）确定“李伟”所在系名。

```
SELECT Sdept
FROM Student
WHERE Sname= '李伟';
```

输出结果如下：

```
IS
```

2）查找所有在 IS 系学习的学生。

```
SELECT Sno,Sname,Sdept
FROM Student
WHERE Sdept='IS';
```

输出结果如下：

Sno	Sname	Sdept
1402001	李伟	IS
1402012	杨云	IS

解法一：将第一步查询嵌入到第二步查询的条件中，构造嵌套查询如下。

```
SELECT Sno,Sname,Sdept
FROM Student
WHERE Sdept IN
```

```
        (SELECT Sdept
        FROM Student
        WHERE Sname= '李伟');
```

本例中子查询的查询条件不依赖于父查询，为不相关子查询。数据库管理系统求解该查询时也是分步去处理的。

解法二：用自身链接也可以完成本查询要求。

```
SELECT S1.Sno,S1.Sname,S1.Sdept
FROM Student S1,Student S2
WHERE S1.Sdept = S2.Sdept  AND
        S2.Sname = '李伟';
```

【例 4.51】 查询选修了课程名为“管理信息系统”的学生学号和姓名。

```
SELECT Sno,Sname                /*③ 最后在Student关系中取出Sno和Sname*/
FROM Student
WHERE Sno IN
        (SELECT Sno             /*② 然后在SC关系中找出选修了103号课程的学生学号*/
        FROM SC
        WHERE Cno IN
              (SELECT Cno       /*① 首先在Course关系中找出“管理信息系统”的课程号，
                                   结果为103号*/
              FROM Course
              WHERE Cname='管理信息系统'
              )
        );
```

用链接查询实现：

```
SELECT Student.Sno,Sname
FROM Student,SC,Course
WHERE Student.Sno = SC.Sno AND
        SC.Cno = Course.Cno AND
        Course.Cname='管理信息系统';
```

从上例可以看到，查询涉及多个关系时，用嵌套查询逐步求解，层次清楚，易于构造，具有结构化程序设计的优点。

另外，有些嵌套查询可以用链接运算替代，有些是不能替代的。对于可以用链接运算代替嵌套查询的，到底采用哪种方法，用户可以根据自己的习惯确定。

2. 带有比较运算符的子查询

带有比较运算符的子查询是指父查询与子查询之间用比较运算符进行链接。当用户能确切知道内层查询返回的是单值时，可以用>、<、=、>=、<=、!=或<>等比较运算符。

假设一个学生只可能在一个系学习，并且必须属于一个系，则在例 4.50 中可以用 = 代替 IN，查询语句如下。

```
SELECT Sno,Sname,Sdept
FROM Student
WHERE Sdept=
        (SELECT Sdept
        FROM Student
        WHERE Sname= '李伟');
```

注意，子查询一定要跟在比较符之后。

错误的例子：

```
SELECT Sno,Sname,Sdept
FROM Student
WHERE ( SELECT Sdept
        FROM Student
        WHERE Sname='李伟') = Sdept;
```

3. 带有 ANY 或 ALL 谓词的子查询

子查询返回单值时可以用比较运算符，但返回多值时要用 ANY（指任意一个值）或 ALL（指所有值）谓词修饰符。而使用 ANY 或 ALL 谓词时，则必须同时使用比较运算符。其语义如下。

```
> ANY：大于子查询结果中的某个值。
> ALL：大于子查询结果中的所有值。
< ANY：小于子查询结果中的某个值。
< ALL：小于子查询结果中的所有值。
>= ANY：大于等于子查询结果中的某个值。
>= ALL：大于等于子查询结果中的所有值。
<= ANY：小于等于子查询结果中的某个值。
<= ALL：小于等于子查询结果中的所有值。
= ANY：等于子查询结果中的某个值。
= ALL：等于子查询结果中的所有值（通常没有实际意义）。
!=（或<>）ANY：不等于子查询结果中的某个值。
!=（或<>）ALL：不等于子查询结果中的任何一个值。
```

【例 4.52】查询其他系中比信息系任意一个学生年龄小的学生姓名和年龄。

```
SELECT Sname,Sage
FROM Student
WHERE Sage < ANY (SELECT Sage
                  FROM Student
                  WHERE Sdept= 'IS')
AND Sdept <> 'IS' ;                     /* 注意这是父查询块中的条件 */
```

输出结果如下。

Sname	Sage
徐国军	20
张东	19
宋玲	18

执行过程：

数据库管理系统执行此查询时，首先处理子查询，找出 IS 系中所有学生的年龄，构成一个集合；再处理父查询，找所有不是 IS 系且年龄小于集合内年龄的学生。

事实上，ANY 和 ALL 谓词有时可以用集函数实现，用聚集函数实现子查询通常比直接用 ANY 或 ALL 查询效率要高，因为集函数先把需要比较的集合计算出来（通常情况下是变小的），缩小了和父查询比较的次数。

ANY、ALL 与聚集函数的对应关系如表 4.8 所示。

表 4.8　ANY、ALL 与聚集函数的对应关系

聚集函数 / ANY 与 ALL	=	<>或!=	<	<=	>	>=
ANY	IN	—	<MAX	<=MAX	>MIN	>=MIN
ALL	—	NOT IN	<MIN	<=MIN	>MAX	>=MAX

【例 4.53】用聚集函数实现查询其他系中比信息系任意一个学生年龄小的学生姓名和年龄。

```
SELECT Sname,Sage
FROM Student
WHERE Sage <
          (SELECT MAX(Sage)
          FROM Student
          WHERE Sdept= 'IS')
AND Sdept <> 'IS';
```

此例执行结果与例 4.52 是完全相同的。

4. 带有 EXISTS 谓词的子查询

EXISTS 代表存在量词∃。带有 EXISTS 谓词的子查询不返回任何数据，只产生逻辑真值“True”或逻辑假值“False”。

若内层查询结果非空，则返回真值；若内层查询结果为空，则返回假值。

由 EXISTS 引出的子查询，其目标列表达式通常都用*，因为带 EXISTS 的子查询只返回真值或假值，给出列名无实际意义。

【例 4.54】查询所有选修了 103 号课程的学生姓名。

用嵌套查询的语句如下：

```
SELECT Sname
FROM Student
WHERE EXISTS
      (SELECT *
       FROM SC
       WHERE Sno=Student.Sno AND Cno= '103');
```

使用存在量词 EXISTS 后，若内层查询结果非空，则外层的 WHERE 子句返回真值，否则返回假值。与 EXISTS 谓词相对应的是 NOT EXISTS 谓词。使用存在量词 NOT EXISTS 后，若内层查询结果为空，则外层的 WHERE 子句返回真值，否则返回假值。

本例中子查询的查询条件依赖于外层父查询的某个属性值，因此也是相关子查询。相关子查询不能一次将子查询求解出来，求解父查询。它的内层查询由于和外层查询有关，因此必须反复求值。这个相关子查询的处理过程是：首先取外层查询中 Student 表的第一个元组，根据它与内层查询相关的属性值（Sno 值）处理内层查询，若 WHERE 子句返回值为真，则取外层查询中该元组的 Sname 放入结果表；然后再取 Student 表的下一个元组；重复这一过程，直至外层 Student 表全部检查完为止。

用链接运算的语句如下。

```
SELECT Sname
FROM Student, SC
```

```
WHERE Student.Sno=SC.Sno AND
          SC.Cno= '103';
```

【例 4.55】查询没有选修 101 号课程的学生学号。

```
SELECT Sno
FROM Student
WHERE NOT EXISTS
      (SELECT *
      FROM SC
      WHERE Sno = Student.Sno AND Cno='101');
```

此例用链接运算难于实现。

不同形式查询间的替换：一些带 EXISTS 或 NOT EXISTS 谓词的子查询不能被其他形式的子查询等价替换；所有带 IN 谓词、比较运算符、ANY 和 ALL 谓词的子查询都能用带 EXISTS 谓词的子查询等价替换。

【例 4.56】查询与"李伟"在同一个系学习的学生。可以用带 EXISTS 谓词的子查询替换。

```
SELECT Sno,Sname,Sdept
FROM Student S1
WHERE EXISTS
       (SELECT *
       FROM Student S2
       WHERE S2.Sdept = S1.Sdept AND
             S2.Sname = '李伟');
```

SQL 中没有全称（for all）量词，因此可以把带有全称量词的谓词转换为等价的带有存在量词的谓词，即用 EXISTS/NOT EXISTS 实现全称量词。

$$(\forall x)P \equiv \neg(\exists x(\neg P))$$

【例 4.57】查询选修了全部课程的学生姓名。即没有一门课是他不选修的学生姓名。

```
SELECT Sname
FROM Student
WHERE NOT EXISTS
       (SELECT *
       FROM Course
       WHERE NOT EXISTS
             (SELECT *
             FROM SC
             WHERE Sno= Student.Sno
                   AND Cno= Course.Cno));
```

【例 4.58】查询至少选修了学生 1402012 选修的全部课程的学生号码。

SQL 语言中没有蕴涵（implication）逻辑运算，因此可以利用谓词演算将逻辑蕴涵谓词等价转换，即用 EXISTS/NOT EXISTS 实现逻辑蕴涵。

解题思路：

用逻辑蕴涵表达：查询学号为 x 的学生，对所有的课程 y，只要 1402001 学生选修了课程 y，则 x 也选修了 y。

形式化表示如下：用 P 表示谓词"学生 1402012 选修了课程 y"；用 q 表示谓词"学生 x 选修了课程 y"。

则上述查询为

$$(\forall y)p \rightarrow q$$

等价变换：

$$(\forall y)p \rightarrow q \equiv \neg(\exists y(\neg(p \rightarrow q))) \equiv \neg(\exists y(\neg(\neg p \vee q))) \equiv \neg(\exists y(p \wedge \neg q))$$

变换后语义：不存在这样的课程 y，学生 1402012 选修了 y，而学生 x 没有选。

用 SQL 表示如下。

```
SELECT DISTINCT Sno
FROM SC SCX
WHERE NOT EXISTS
      (SELECT *
      FROM SC SCY
      WHERE SCY.Sno = '1402012' AND
            NOT EXISTS
            (SELECT *
            FROM SC SCZ
            WHERE SCZ.Sno=SCX.Sno AND
                  SCZ.Cno=SCY.Cno));
```

4.5　SQL 的数据操作功能

SQL 中数据操作包括向表中添加若干行数据、修改表中的数据和删除表中的若干行数据，相应地，就有 3 类数据操作语句。

4.5.1　插入数据

SQL 的数据插入语句 INSERT 通常有两种形式：一种是插入单个元组；另一种是插入子查询结果，插入子查询结果可以一次插入多个元组。

1. 插入单个元组

插入单个元组的语句格式如下。

```
INSERT
INTO <表名> [(<属性列1>[,<属性列2 >…)]
VALUES (<常量1> [,<常量2>]…);
```

其功能是将新元组插入指定表中。其中新元组的属性列 1 的值为常量 1，属性列 2 的值为常量 2……。INTO 子句中没有出现的属性列，新元组在这些列上将取空值。但必须注意的是，在表定义时说明了 NOT NULL 的属性列不能取空值，否则会出错。如果 INTO 子句中没有指明任何属性列名，则新插入的元组必须在每个属性列上均有值。

【例 4.59】将一个新学生记录（学号为 1402010；姓名为黄小小；性别为女；年龄为 21 岁；所在系为 IS）插入到 Student 表中。

```
INSERT
INTO Student
VALUES ('1402010','黄小小','女',21,'IS');
```

此例在 INTO 子句中只指出了表名，没有指出属性名，这表示新元组要在表的所有属性列上都指定值，属性列的次序与 CREATE TABLE 中的顺序[学号（Sno）、姓名（Sname）、性别（Ssex）、年龄（Sage）、所在系（Sdept）]相同。VALUES 子句对新元组的各属性列赋值，一定要注意值与属性列要一一对应。

【例 4.60】 将一个新学生记录（学号为 1402009；姓名为钱强；性别为男；所在系为 IS；年龄为 18 岁）插入到 Student 表中。

```
INSERT
INTO Student(Sno,Sname,Ssex,Sdept,Sage)
VALUES ('1402009','钱强','男','IS',18);
```

此例在 INTO 子句中指出了表名 Student，指出了新增加的元组在哪些属性上要赋值，属性的顺序与 CREATE TABLE 中的顺序不一样。VALUES 子句对新元组的各属性赋值，字符串常数要用单引号（英文符号）括起来。

【例 4.61】 插入一条选课记录（'1402010', '101'）。

```
INSERT
INTO SC(Sno,Cno)
VALUES ('1402010','101');
```

RDBMS 将在新插入记录的 Cgrade 列上取空值，或者不指出 SC 的属性名，但在 Cgrade 列上要明确给出空值。

```
INSERT
INTO SC
VALUES ('1402010','101',NULL);
```

INTO 子句用来指定要插入数据的表名及属性列，属性列的顺序可与表定义中的顺序不一致。没有指定属性列的，表示要插入的是一条完整的元组，且属性列属性与表定义中的顺序一致；指定部分属性列的，插入的元组在其余属性列上取空值。

2. 插入子查询结果

插入子查询结果的功能是将子查询结果插入指定表中，语句格式如下。

```
INSERT
INTO <表名> [(<属性列1> [,<属性列2>…)]
```

子查询；

【例 4.62】 对每一个系，求学生的平均年龄，并把结果存入数据库。

第一步：建表。

```
CREATE TABLE Dept_age
       (Sdept CHAR(15),              /* 系名*/
       Avg_age SMALLINT);            /*学生平均年龄*/
```

第二步：插入数据。

```
INSERT
INTO Dept_age(Sdept,Avg_age)
SELECT Sdept,AVG(Sage)
FROM Student
GROUP BY Sdept;
```

输出结果如下。

```
Sdept      Avg_age
  CS          19
  EC          19
  IS          20
```

子查询的 SELECT 子句目标列必须与 INTO 子句匹配，匹配的方面包括值的个数和值的类型。数据库管理系统在执行插入语句时会检查所插元组是否破坏表上已定义的完整性规则，包括实体完整性、参照完整性、用户定义完整性（NOT NULL 约束、UNIQUE 约束和值域约束）。

4.5.2 更新数据

更新数据又称为修改操作，其语句格式如下。

```
UPDATE <表名>
SET <列名>=<表达式>[,<列名>=<表达式>]…
[WHERE <条件>];
```

其功能是修改指定表中满足 WHERE 子句条件的元组。其中 SET 子句给出<表达式>的值用于取代相应的属性列值。如果省略 WHERE 子句，则表示要修改表中的所有元组。

更新数据有 3 种修改方式，包括修改某一个元组的值、修改多个元组的值、带子查询的修改语句。

1. 修改某一个元组的值

【例 4.63】将学生 1402001 的所在系改为电子商务。

```
UPDATE Student
SET Sdept='EC'
WHERE Sno='1402001';
```

2. 修改多个元组的值

【例 4.64】将信息系所有学生的年龄增加 1 岁。

```
UPDATE Student
SET Sage=Sage+1
WHERE Sdept='IS';
```

3. 带子查询的修改语句

【例 4.65】将计算机系全体学生的成绩置零。

```
UPDATE SC
SET Cgrade=0
WHERE 'CS'=
      (SELECT Sdept
      FROM Student
      WHERE Student.Sno = SC.Sno);
```

SET 子句用于指定修改方式、要修改的列和修改后取值；WHERE 子句用于指定要修改的元组，默认表示要修改表中的所有元组。

数据库管理系统在执行修改语句时会检查修改操作是否破坏表上已定义的完整性规则，包括实体完整性和用户定义完整性（NOT NULL 约束、UNIQUE 约束、值域约束）。

4.5.3 删除数据

删除数据操作的一般语句格式如下。

```
DELETE
FROM <表名>
[WHERE <条件>];
```

其功能是删除指定表中满足 WHERE 子句条件的所有元组。WHERE 子句用于指定要删除的元组，默认表示要删除表中的所有元组。但是注意，DELETE 语句删除的是表中的数据，而不是关于表的定义。删除数据的 3 种删除方式为删除某一个元组的值、删除多个元组的值和带子查询的删除语句。

1. 删除某一个元组的值

【例 4.66】删除学号为 1402010 的学生记录。

```
DELETE
FROM Student
WHERE Sno='1402010';
```

2. 删除多个元组的值

【例 4.67】删除 102 号课程的所有选课记录。

```
DELETE
FROM SC
WHERE Cno='102';
```

【例 4.68】删除所有的学生选课记录。

```
DELETE
FROM SC;
```

这条 DELETE 语句将使 SC 成为空表，它删除了 SC 的所有元组。

3. 带子查询的删除语句

【例 4.69】删除计算机系所有学生的选课记录。

```
DELETE
FROM SC
WHERE 'CS'=
      (SELECT Sdept
      FROM Student
      WHERE Student.Sno=SC.Sno);
```

4.6　建立和删除索引

索引就是加快检索表中数据的方法。数据库的索引类似于书籍的索引。在书籍中，索引允许用户不必翻阅完整本书就能迅速地找到所需要的信息。在数据库中，索引也允许数据库程序迅速地找到表中的数据，而不必扫描整个数据库。利用索引对数据进行各种操作，特别是数据查询，可以极大地提高系统性能。本节将介绍索引的概念、建立与删除。

4.6.1　索引的概念

数据库索引是对数据表中一个或多个列的值进行排序的结构，它提供了在行中快速查询特定行的能力。

1. 索引的特点

创建索引可以提高系统的性能。第一，创建索引的最主要的原因是加快数据的检索速度。第二，通过创建唯一性索引，可以保证数据库表中每一行数据的唯一性。第三，可以加速表和表之间的链接，特别是在实现数据的参考完整性方面。第四，在使用分组和排序子句进行数据检索时，同样可以显著减少查询中分组和排序的时间。第五，通过使用索引，可以在查询的过程中，使用优化隐藏器，提高系统的性能。

但是，增加索引也有许多不利的方面。第一，创建索引和维护索引要耗费时间，这种时间随着数据量的增加而增加。第二，索引需要占物理空间，除了数据表占数据空间之外，每一个索引还要占一定的物理空间。第三，当对表中的数据进行增加、删除和修改的时候，索引的动态维护也降低了数据的性能。

2. 索引的分类

索引按存储结构可分为聚集索引和非聚集索引两种；按照索引字段是否有重复值，分为唯一索引和非唯一索引；按索引字段个数，分为单字段索引和复合索引。

聚集索引以数据存放的物理位置为顺序，而非聚集索引就不一样了；聚集索引能提高多行检索的速度，而非聚集索引对于单行的检索很快。

在聚集索引中，表中行的物理存储顺序与键值的逻辑顺序，即索引顺序完全相同，因此每个表中只能创建一个聚集索引；如果某索引不是聚集索引，则表中行的物理顺序与键值的逻辑顺序不匹配。与非聚集索引相比，聚集索引通常提供更快的数据访问速度。

唯一索引是不允许其中任何两行具有相同索引值的索引。

数据库表经常有一列或多列组合，其值唯一标识表中的每一行，该列称为表的主键。

在数据库关系图中为表定义主键将自动创建主键索引，主键索引是唯一索引的特定类型。该索引要求主键中的每个值都唯一。当在查询中使用主键索引时，它还允许对数据的快速访问。

4.6.2 建立索引

建立索引是加快查询速度的有效手段。用户可以根据应用环境的需要，在基本表上建立一个或多个索引，以提供多种存取路径，加快查找速度，但这并不意味着表中的索引创建的越多越好。因为利用索引提高查询效率是以额外占用存储空间为代价的，而且为了维护索引的有效性，当向表中插入新的数据时，数据库还要执行额外的操作来维护索引，这样就不一定能提高数据库的性能。所以我们必须科学地设计索引。

一般说来，建立与删除索引由数据库管理员或表的属主（owner），即建立表的人负责完成。系统在存取数据时会自动选择合适的索引作为存取路径，用户不必也不能显式地选择索引。

在 SQL 中，建立索引使用 CREATE INDEX 语句，其一般格式如下。

```
CREATE [UNIQUE][CLUSTERED] INDEX<索引名>
ON <表名>(<列名>[<次序>][,<列名>[<次序>]]…);
```

其中，<表名>是要建索引的基本表的名称。索引可以建立在该表的一列或多列上，各列名之间用逗号分隔。每个<列名>后面还可以用<次序>指定索引值的排列次序，可选 ASC（升序）或 DESC（降序），默认值为 ASC。

UNIQUE 表明此索引的一个索引值只对应唯一的数据记录。

CLUSTERED 表示要建立的索引是聚集索引。所谓聚集索引是指索引项的顺序与表中记录的物理顺序一致的索引组织。例如，执行下面的 CREATE INDEX 语句：

```
CREATE CLUSTERED INDEX Stusname ON Student(Sname);
```

将会在 Student 表的 Sname（姓名）列上建立一个聚集索引，而且 Student 表中的记录将按照 Sname 值的升序存放。

用户可以在最经常查询的列上建立聚集索引以提高查询效率。显然在一个基本表上最多只能建立一个聚集索引。建立聚集索引后，更新该索引列上的数据时，往往导致表中记录的物理顺序的变更，代价较大，因此对于经常更新的列不宜建立聚集索引。

【例 4.70】为学生-课程数据库中的 Student、Course、SC 这 3 个表建立索引。其中 Student 表按学号升序建唯一索引，Course 表按课程号升序建唯一索引，SC 表按学号升序和课程号降序建唯一索引。

```
CREATE UNIQUE INDEX Stusno ON Student(Sno);
CREATE UNIQUE INDEX Coucno ON Course(Cno);
CREATE UNIQUE INDEX SCno ON SC(Sno ASC,Cno DESC);
```

用户使用 CREATE INDEX 语句定义索引时，可以定义索引是唯一索引、非唯一索引或聚集索引。在 R 数据库管理系统中索引一般采用 B+树、HASH 索引来实现。B+树索引具有动态平衡的优点。HASH 索引具有查找速度快的特点。索引是关系数据库的内部实现技术，属于内模式的范畴。至于某一个索引是采用 B+树，还是 HASH 索引则由具体的 R 数据库管理系统来决定。

4.6.3　删除索引

索引一经建立，就由系统使用和维护它，不需用户干预。建立索引是为了减少查询操作的时间，但如果数据增删改频繁，系统会花费许多时间来维护索引，从而降低了查询效率。

这时，可以删除一些不必要的索引。

在 SQL 中，删除索引使用 DROP INDEX 语句，其一般格式为如下。

```
DROP INDEX <表名>.<索引名>;
```

注意，DROP INDEX 命令不能删除由 CREATE TABLE 或者 ALTER TABLE 命令创建的主键或者唯一性约束索引，也不能删除系统表中的索引。

【例 4.71】删除 Student 表中的 Stusno 索引。

```
DROP INDEX Student.Stusno;
```

删除索引时，系统会同时从数据字典中删去有关该索引的描述。

4.7　SQL 的控制功能

数据控制语言是用来设置或更改数据库用户或角色权限的语句，包括 GRANT、DENY、REVOKE 等语句。在默认状态下，只有 sysadmin、dbcreator、db_owner 或 db_securityadmin 等人员才有权力执行数据控制语言。

用户权限是由两个要素组成的：数据库对象和操作类型。定义一个用户的存取权限就是要定义这个用户可以在哪些数据库对象上进行哪些类型的操作。在数据库系统中，定义存取权限称为授权（authorization）。

在非关系系统中，用户只能对数据进行操作，存取控制的数据库对象也仅限于数据本身。在关系数据库系统中，存取控制的对象不仅有数据本身（基本表中的数据、属性列上的数据），还有数据库模式（包括数据库 SCHEMA、基本表 TABLE、视图 VIEW 和索引 INDEX 的创建）等，主要的存取权限如表 4.9 所示。

表 4.9　关系数据库系统中的存取控制权限

对 象 类 型	对　象	操 作 类 型
数据库	模式	CREATE SCHEMA
	基本表	CREATE TABLE、ALTER TABLE
模式	视图	CREATE VIEW
	索引	CREATE INDEX
数据	基本表、视图	SELECT、INSERT、UPDATE、DELETE、REFERENCES、ALL PRIVILEGES
数据	属性列	SELECT、INSERT、UPDATE、DELETE、REFERENCES、ALL PRIVILEGES

SQL 使用 GRANT 授予权限，使用 DENY 拒绝权限，使用 REVOKE 收回权限。

4.7.1　授权

授权语句 GRANT 可以一次向一个用户授权，这是最简单的一种授权操作；也可以一次向多个用户授权；还可以一次传播多个同类对象的权限，甚至一次可以完成对基本表和属性列这些不同对象的授权。

GRANT 语句的一般格式如下。

```
GRANT <权限>[,<权限>]…
ON <对象类型> <对象名>[,<对象类型> <对象名>]…
TO <用户>[,<用户>]…
[WITH GRANT OPTION];
```

其语义为将对指定操作对象的指定操作权限授予指定的用户。发出该 GRANT 语句的可以是数据库管理员，也可以是该数据库对象创建者（即属主），也可以是已经拥有该权限并有权授予此权限的用户。接受权限的用户可以是一个或多个具体用户，也可以是 PUBLIC，即全体用户。

如果指定了 WITH GRANT OPTION 子句，则获得某种权限的用户还可以把这种权限再授予其他用户。如果没有指定 WITH GRANT OPTION 子句，则获得某种权限的用户只能使用该权限，不能传播该权限。

SQL 标准允许具有 WITH GRANT OPTION 的用户把相应权限或其子集传递授予其他用户，但不允许循环授权，即被授权者不能把权限再授回给授权者或其祖先，如图 4.2 所示。

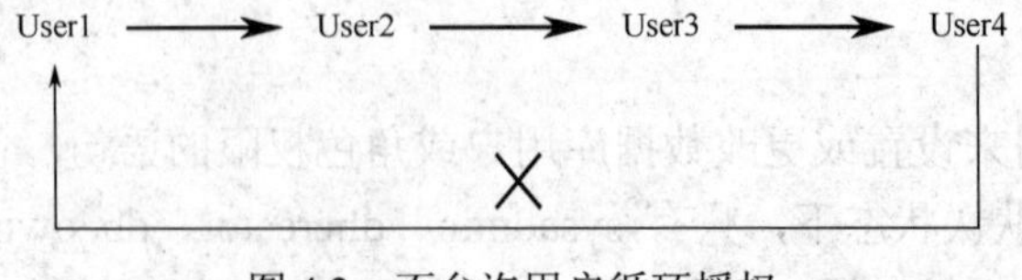

图 4.2　不允许用户循环授权

【例 4.72】把查询 Student 表的权限授给用户 User1。

```
GRANT SELECT
ON Student
TO User1;
```

【例 4.73】把对 Course 表的全部操作权限授予用户 User1 和 User2。

```
GRANT ALL PRIVILEGES
ON Course
TO User1,User2;
```

此例授予 ALL PRIVILEGES 是指授予全部操作权限。

【例 4.74】把对表 SC 的查询权限授予所有用户。

```
GRANT SELECT
ON SC
TO PUBLIC;
```

【例 4.75】把查询 Student 表和修改学生学号的权限授予用户 User4。

```
GRANT SELECT,UPDATE(Sno)
ON Student
TO User4;
```

这里实际上要授予 User4 用户的是对基本表 Student 的 SELECT 权限和对属性列 Sno 的 UPDATE 权限。注意，对属性列的授权时必须明确指出相应属性列名。

【例 4.76】把对表 SC 的 INSERT 权限授予用户 User5，并允许将此权限再授予其他用户。

```
GRANT INSERT
ON SC
TO User5
WITH GRANT OPTION;
```

执行此 SQL 语句后，User5 不仅拥有了对表 SC 的 INSERT 权限，还可以传播此权限，即由 User5 用户发上述 GRANT 命令给其他用户。例如，User5 可以将此权限授予 User6。

【例 4.77】User5 把对表 SC 的 INSERT 权限授予 User6。

```
GRANT INSERT
ON SC
TO User6
WITH GRANT OPTION;
```

【例 4.78】User6 把对表 SC 的 INSERT 权限授予 User7。

```
GRANT INSERT
ON SC
TO User7;
```

因为 User6 未给 User7 传播的权限，因此 User7 不能再传播此权限。

4.7.2　收回权限

授予的权限可以由数据库管理员或其他授权者用 REVOKE 语句收回，REVOKE 语句的一般格式如下。

```
REVOKE <权限>[,<权限>]…
ON <对象名>[,<对象名>]…
FROM <用户>[,<用户>]…[CASCADE | RESTRICT]
```

这里的默认值为 RESTRICT。

【例 4.79】收回所有用户对 SC 表的查询权限。

```
REVOKE SELECT
ON SC
FROM PUBLIC;
```

【例 4.80】把 User4 查询 Student 表和修改学生学号的权限收回。

```
REVOKE SELECT,UPDATE(Sno)
ON Student
FROM User4;
```

【例 4.81】把 User5 对 SC 表的 INSERT 权限级联收回。

```
REVOKE INSERT
ON SC
FROM User5 CASCADE;
```

因为在例 4.77 中，User5 把对表 SC 的 INSERT 权限授予 User6，而后例 4.78User6 又把对表 SC 的 INSERT 权限授予 User7，所以在收回 User5 对 SC 表的 INSERT 权限时必须级联收回，否则系统将拒绝执行该收回命令。

如果 User6、User7 还从其他用户处获得对 SC 表的 INSERT 权限，则级联收回 User5 对 SC 表的 INSERT 权限后，User6、User7 仍具有此权限。系统只收回直接或间接从 User5 处获得的权限。

SQL 提供了非常灵活的授权机制。数据库管理员拥有对数据库中所有对象的所有权限，并可以根据实际情况将不同的权限授予不同的用户。

用户对自己建立的基本表和视图拥有全部的操作权限，并且可以用 GRANT 语句把其中某些权限授予其他用户。被授权的用户如果有“继续授权 WITH GRANT OPTION”的许可，还可以把获得的权限再授予其他用户。

所有授予出去的权力在必要时又都可以用 REVOKE 语句收回。

由此可见，用户可以“自主”地决定将数据的存取权限授予何人，决定是否也将“授权”的权限授予别人。因此我们称这样的存取控制是自主存取控制。

4.7.3 拒绝权限

DENY 语句用于拒绝给当前数据库内的用户或者角色授予权限，并防止用户或角色通过其组或角色成员继承权限。其语法格式如下。

```
DENY <权限>[,<权限>]…
ON <对象名>[,<对象名>]…
TO <用户>[,<用户>]…
```

【例 4.82】先给 public 角色授予对 SC 表的查询权限，然后拒绝用户 User1 和 User2 的查询权限。

```
GRANT SELECT
ON SC
TO public

DENY SELECT
ON SC
TO User1,User2
```

第 5 章　数据库规范化理论

【学习目的与要求】

本章主要讨论关系数据理论。从数据库逻辑设计中如何构造一个好的数据库模式问题出发，阐述关系规范化理论，关系数据库的规范化设计理论主要包括 3 方面内容：函数依赖、范式和模式设计方法。其中函数依赖起着核心的作用，是模式分解和模式设计的基础，范式是模式分解的标准。

关系数据库的规范化设计理论主要包括 3 方面的内容：函数依赖、范式和模式设计方法。其中，函数依赖起着核心作用，是模式分解和模式设计的基础，范式是模式分解的标准。数据库设计的一个最基本的问题是怎样建立一个合理的数据库模式，使数据库系统无论在数据存储方面，还是在数据操作方面都具有较好的性能。什么样的模型是合理的模型？什么样的模型是不合理的模型？应该通过什么标准去鉴别和采取什么方法来改进？这些都是在进行数据库设计之前必须明确的问题。

为使数据库设计合理可靠、简单实用，长期以来，形成了关系数据库设计理论，即规范化理论。它是根据现实世界中存在的数据依赖而进行的关系模式的规范化处理，从而得到一个合理的数据库设计效果。

5.1　关系规范化的意义

5.1.1　关系及关系模式

在设计任何一种数据库应用系统时，都会遇到如何构造合适的数据库模式即逻辑结构的问题。由于关系模型有严格的数学理论基础，并且可以向其他数据模型转换，因此，人们就以关系模型为背景来讨论这个问题，形成了数据库逻辑设计的一个有力工具——关系数据库规范化理论。

下面先回顾关系模式的形式化定义。

关系：笛卡儿积 D1 × D2 × L × Dn 的任一子集称为定义在域 D1，D2,…，Dn 上的关系。记作：R(D1，D2,…，Dn)。

关系模式：关系的描述称为关系模式。

关系模式由 5 部分组成，即它是一个五元组。

R(U, D, DOM, F)

1）R：关系名。

2）U：组成该关系的属性名集合。

3）D：属性组 U 中属性所来自的域。

4）DOM：属性向域的映射集合。

5）F：属性间数据的依赖关系集合。

由于 3）和 4）对模式设计关系不大，因此在本章中把关系模式看做三元组 R⟨U, F⟩，当且仅当 U 上的一个关系 r 满足 F 时，r 称为关系模式 R⟨U, F⟩ 的一个关系，这里数据的依赖关系是一个关系内部属性与属性之间的约束条件。该约束条件通过属性值之间的依赖（属性值是否相等）来体现数据间相互联系，是数据内在的性质，是语义的体现。主要的数据依赖有函数依赖（简记为 FD）和多值依赖（简记为 MVD）。

5.1.2　问题的提出

在解决“如何设计一个合理的数据库模式”问题之前，让我们先看看什么样的模式是一个“不好”的数据库模式。为了方便说明，我们先看一个实例。

【例 5.1】设有一个关于教学管理的关系模式 R(U)，其中 U 是由属性 Sno、Sname、Ssex、Dname、DeptHead、Cno、Cgrade 组成的属性集合，其中 Sno 为学生学号，Sname 为学生姓名，Ssex 为学生性别，Dname 为学生所在系别，DeptHead 为系主任姓名，Cno 为学生所选的课程号，Cgrade 为学生选修相应课程的成绩。若将这些信息设计成一个关系，则关系模式为教学（Sno, Sname, Ssex, Dname, DeptHead, Cno, Cgrade）选定此关系的主键为（Sno，Cno）。由该关系的部分数据（表 5.1），我们不难看出，该关系存在着如下问题。

表 5.1　教学关系部分数据

Sno	Sname	Ssex	Dname	DeptHead	Cno	Cgrade
041301	李华	男	自动化系	李杰	C01	80
041301	李华	男	自动化系	李杰	C02	83
041301	李华	男	自动化系	李杰	C03	95
041301	李华	男	自动化系	李杰	C05	77
051301	王艳	女	计算机系	李洪亮	C06	85
051301	王艳	女	计算机系	李洪亮	C01	66
051301	王艳	女	计算机系	李洪亮	C02	77
061301	陈杰	男	数学系	吴相	C03	90
061301	陈杰	男	数学系	吴相	C05	68
061301	陈杰	男	数学系	吴相	C10	88
⋮	⋮	⋮	⋮	⋮	⋮	⋮

1．数据冗余

1）每个学生的信息以其选修的课程门数重复存储。

2）每个系名和系主任姓名对该系的学生人数乘以每个学生选修的课程门数重复存储。

2．更新异常

由于存在数据冗余，当更新数据库中的数据时，系统要付出很大的代价来维护数据库的完整性，否则会面临数据不一致的危险。例如，当系名有变动时，则需要修改多个元组。如果仅部分修改，部分不修改，就会造成数据的不一致。同样的情形，如果一个学生转系，则对应此学生的所有元组都必须修改，否则也会出现数据的不一致性。

3．插入异常

由于主键中元素的属性值不能取空值，如果新成立一个系，尚无学生，则因为属性 Sno 的取值为空，导致新系名就无法插入；如果一门新开的课程无人选修或一门课程列入计划但目前不开课，也无法插入。

4．删除异常

如果某系的所有学生全部毕业，又没有在读生及新生，当从表中删除毕业学生的选课信息时，则连同此系的信息全部丢失。同样，如果所有学生都退选一门课程，则该课程的相关信息也将同样丢失。

从例 5.1 可以发现：一个“好”的模式不应当发生插入异常、修改异常和删除异常，且数据冗余应该尽可能地少。因此，上述的教学管理关系尽管看起来能满足一定的需求，但存在的问题太多，关系模式“教学”不是一个“好”的关系模式。

关系模式“教学”出现异常问题的原因：关系模式的结构中，属性之间存在过多的“数据依赖”。“数据依赖”的精确定义在下节介绍。

数据依赖（data dependency）是指关系中属性值之间的相互联系，它是现实世界属性间相互联系的体现，是数据之间的内在性质，是语义的体现。现在人们已经提出了许多种类型的数据依赖，其中最重要的是函数依赖（functional dependency, FD）和多值依赖（multivalued dependency，MVD）。

函数依赖极为普遍地存在于现实生活中。对关系“教学”来说，由于一个学号 Sno 只对应一个学生名，一个学生只在一个系注册学习。因此，当学号 Sno 的值确定之后，姓名 Sname 和其所在系 Dnarne 的值也就被唯一地确定了。就像自变量 x 的值确定之后．相应函数 $f(x)$ 的值也就唯一地确定一样，我们说 Sno 决定 Sname 和 Dname，或者说 Sname、Dname 函数依赖于 Sno，记为 Sno $\rightarrow$ Sname，Sno $\rightarrow$ Dname。

对关系模式“教学”，其属性集 U={Sno, Sname, Ssex, Dname,DeptHead, Cno,Cgrade}。根据学校管理运行的实际情况，我们还知道：

1）一个学生只有一个学号，即 Sno $\rightarrow$ Sname。

2）一个系有若干学生，但一个学生只属于一个系，即 Sno $\rightarrow$ Dname。

3）每个学生学习每一门课程有一个成绩，即{Sno,Cno} $\rightarrow$ Cgrade。

4）一个系只有一个系主任，即 Dname $\rightarrow$ DeptHead。

于是可得到关系模式“教学”的属性集 U 上的一个函数依赖组成的集合 F，简称函数依赖集。

F={Sno $\rightarrow$ Sname, Sno $\rightarrow$ Dname, {Sno,Cno} $\rightarrow$ Cgrade,Dname $\rightarrow$ DeptHead}

所谓关系模式“教学”中的数据依赖过多，是指它存在多种类型的函数依赖。例如，既有由候选键{ Sno,Cno}确定的函数依赖{Sno,Cno} $\rightarrow$ Cgrade，又有{Sno，Cno}中部分属性 Sno 确定的函数依赖 Sno $\rightarrow$ Sname，还有非主键属性 Dname 确定的函数依赖 Dname $\rightarrow$ DeptHead 等。

5.1.3 异常问题的解决

既然已经知道关系模式“教学”出现异常问题是因为属性之间存在过多的“数据依赖”造成，那么，有什么办法可减少属性之间存在过多的“数据依赖”，从而消除关系模式中出现的异常问题呢？其解决办法就是关系模式分解。

在例 5.1 中我们将教学关系分解为 3 个关系模式来表达：学生基本信息（Sno、Sname、Ssex、Dname）；系基本信息（Dname、DeptHead）；学生成绩（Sno、Cno、Cgrade）。

分解后的部分数据如表 5.2～表 5.4 所示。

表 5.2 学生基本信息

Sno	Sname	Ssex	Dname
041301	李华	男	自动化系
051301	王艳	女	计算机系
061301	陈杰	男	数学系
⋮	⋮	⋮	⋮

表 5.3 系基本信息

Dname	DeptHead
自动化系	李杰
计算机系	李洪亮
数学系	吴相
⋮	⋮

表 5.4 学生成绩

Sno	Cno	Cgrade
041301	C01	80
041301	C02	83
041301	C03	95
041301	C05	77
051301	C06	85
051301	C01	66
051301	C02	77
061301	C03	90
061301	C05	68
061301	C10	88
⋮	⋮	⋮

分解后的每个关系模式，其属性之间的函数依赖都大大减少且比较单一。例如，学生基本信息的函数依赖是 Sno→Sname, Sn→Dname，学生成绩的函数依赖是{Sno,Cn}→Cgrade，系基本信息的函数依赖是 Dname→DeptHead。

用若干属性较少的关系模式代替原有关系模式的过程，就称为关系模式的分解。例如，学生基本信息、学生成绩和系基本信息就是关系模式“教学”的一个分解。这样，表 5.1 所示的关系就可以用表 5.2～表 5.4 对应的关系来表示。对教学关系进行分解后，我们再来考察以下几点。

1．数据存储量减少

设有 n 个学生，每个学生平均选修 m 课程，则表 5.1 中学生信息就有 mn 之多。经过改进后的学生信息及成绩表变小。学生的信息中除了学号存储 n+mn 次，其他信息只存储一次。因此，经过分解后数据量要少得多。

2．更新方便

1）插入问题部分解决。新成立的系，即使尚无学生，新系名也可以插入。

2）修改方便。原关系中对数据修改所造成的数据不一致性，在分解后得到了很好的解决，改进后，只需要修改一处。

3）删除问题也部分解决，如果某系的所有学生全部毕业，又没有在读生及新生，当从表中删除毕业学生的信息时，此系的信息依然存在。某门课程没有学生选修，课程信息依然存在。

虽然改进后的模式部分地解决了不合理的关系模式所带来的问题，但同时，改进后的关系模式也会带来新的问题。例如，当查询某个系的学生成绩时，就需要将两个关系链接后进行查询，增加了查询时关系的链接开销，而关系的链接代价却又是很大的。

此外，必须说明的是，不是任何分解都是有效的。若将表 5.1 分解为：

（Sno、Sname、Ssex、Cno、Cgrade）、（Dname、DeptHead），不但解决不了实际问题，反而会带来更多的问题。

那么如何确定关系的分解是否有益？分解后是否存在数据冗余和更新异常等问题？分解后能完全消除上述问题吗？分解关系模式的理论依据义是什么？什么样的关系模式才算是一个好的关系模式？回答这些问题需要理论的指导，下面几节将加以讨论。

5.2　关系模式的函数依赖

在数据库技术中，把数据之间的联系称为数据依赖。在数据库规范化的设计中，数据依赖起着关键的作用，数据冗余的产生和数据依赖有着密切的联系。在数据依赖中，函数依赖是最重要的一种依赖，它是关系规范化的理论基础。本节将讨论关系模式的函数依赖、候选键、主键、函数依赖的推理规则等问题。

5.2.1　函数依赖简介

1．函数依赖的概念

定义 5.1　设 R(U)是一个关系模式，U 是 R 的属性集合，X 和 Y 是 U 的子集。对 R(U)的任意一个可能的关系 r，如果 r 中不存在两个元组，它们在 X 上的属性值相同，而在 Y 上的属性值不同，则称“X 函数确定 Y”或“Y 函数依赖于 X”，记作 $X \rightarrow Y$。

函数依赖和其他的数据依赖一样，是语义范畴的概念，我们只能根据数据的语义来确定函数依赖。例如，知道了学生的学号，可以唯一地查询到其对应的姓名、性别等，因而，可以说“学号函数确定了姓名或性别”，记作“学号→姓名”、“学号→性别”等。这里的唯一性并非只有一个元组，而是指任何元组，只要它在 X（学号）上相同，则在 Y（姓名或性别）上的值也相同。如果满足不了这个条件，就不能说它们是函数依赖。例如，学生姓名与年龄的关系，当只有在没有同名人的情况下可以说函数依赖“姓名→年龄”成立。如果允许有相同的姓名，则“年龄”就不再依赖于“姓名”了。

当 $X \rightarrow Y$ 成立时，则称 X 为决定因素((ietcrminant)，称 Y 为依赖因素(dependent)。当 Y 函数不依赖于 X 时，记为 $X \nrightarrow Y$。

如果 $X \rightarrow Y$，且 $Y \rightarrow X$，则记其为 $X \leftrightarrow Y$。

特别需要注意的是，函数依赖不是指关系模式 R 中某个或某些关系满足的约束条件，而是指 R 的一切关系均要满足的约束条件。

2．函数依赖的 3 种基本情形

函数依赖可以分为以下 3 种基本情形。

（1）平凡函数依赖与非平凡函数依赖

定义 5.2 在关系模式 R(U)中，对于 U 的子集 X 和 Y，如果 $X \rightarrow Y$，但 Y 不是 X 的子集，则称 $X \rightarrow Y$ 是非平凡函数依赖；若 Y 是 X 的子集，则称 $X \rightarrow Y$ 是平凡函数依赖。

对于任一关系模式，平凡函数依赖都是必然成立的。它不反映新的语义，因此不特别声明，总是讨论非平凡函数依赖。

【例 5.2】在关系 SC(Sno、Cno、Cgrade)中，

非平凡函数依赖：{Sno，Cno}→Cgrade。

平凡函数依赖：　{Sno，Cno}→Sno；

{Sno，Cno}→Cno。

（2）完全函数依赖与部分函数依赖

定义 5.3 在关系模式 R(U)中，如果 $X \rightarrow Y$，并且对于 X 的任何一个真子集 X′，都有 $X' \nrightarrow Y$，则称 Y 完全函数依赖于 X，记作 $X \xrightarrow{F} Y$。若 $X \rightarrow Y$，但 Y 不完全函数依赖于 X，则称 Y 部分函数依赖于 X，记作 $X \xrightarrow{P} Y$。

如果 Y 对 X 部分函数依赖，X 中的“部分”就可以确定对 Y 的关联，从数据依赖的观点来看，X 中存在“冗余”属性。例 5.2 中(Sno，Cno)→Cgrade 是完全函数依赖，(Sno，Cno)→Sdept 是部分函数依赖，因为 Sno→Sdept 成立，且 Sno 是(Sno，Cno)的真子集。

（3）传递函数依赖

定义 5.4 在关系模式 R(U)中，如果 $X \rightarrow Y$，(Y 不是 X 的子集)，$Y \rightarrow Z$，(Z 不是 Y 的子集)，且 $Y \nrightarrow Z$，则称 Z 传递函数依赖于 X，记作 $Z \xrightarrow{传递} X$。

传递函数依赖定义中之所以要加上条件 $Y \nrightarrow X$，是因为如果 $Y \rightarrow X$，则 $X \leftrightarrow Y$。这实际是 Z 直接依赖于 X，而不是传递函数了。

按照函数依赖的定义，可以知道，如果 Z 传递依赖于 X，则 Z 必然函数依赖于 X，如果传递依赖于 X，说明 Z 是“间接”依赖于 X，从而表明 X 和 Z 之间的关联较弱，表现出间接的弱数据依赖。因此，也是产生数据冗余的原因之一。

【例 5.3】在教学关系（Sno，Sname，Ssex，Dept，DeptHead，Cno，Cgrade）中有 Sno→Sname，Dept→DeptHead，则 DeptHead 传递函数依赖于 Sno。

5.2.2　码的函数依赖表示

前面章节中给出了关系模式的码的非形式化定义，这里使用函数依赖的概念来严格定义关系模式的码。

定义 5.5　设 K 为关系模式 R(U,F) 中的属性或属性集合。若 $K \xrightarrow{F} U$，则 K 称为 R 的一个候选码（candidate key），候选码有时也称为“候选键”或“码”。候选键是能够唯一确定关系中任何一个元组（实体）的最小属性集合。

若关系模式 R 有多个候选码，则选定其中一个作为主码（primary key）。

包含在任何一个候选码中的属性称为主属性（prime attribute），不包含在任何候选码的属性称为非主属性（non-key attribute）。

在教学关系（Sno，Sname，Ssex，Dept，DeptHead，Cno，Cgrade）中，{Sno,Cno}是其唯一候选键。因此，Sno 和 Cno 都是主属性，而 Sname、Ssex、Dept、DeptHead、Cgrade 都是非主属性。

在关系模式中，最简单的情况为单个属性是码，称为单码（single key）；最极端的情况为整个属性组都是码，称为全码（all key）。

【例 5.4】在关系模式 Student（Sno，Sname，Ssex，Sage，Dept）中，单个属性 Sno 是码，在 SC（Sno，Cno，Cgrade）中，（Sno，Cno）是码。

【例 5.5】有关系模式 R(P，W，A)：P 为演奏者，W 为作品，A 为听众，则一个演奏者可以演奏多个作品，某一作品可被多个演奏者演奏，听众可以欣赏不同演奏者的不同作品，码为(P，W，A)，即为全码。

【例 5.6】设有关系模式 R(Teacher，Course，Sname)，其属性 Teacher、Course、Sname 分别表示教师、课程和学生。由于一名教师可以讲授多门课程，某一课程可由多名教师讲授，学生也可以选修不同教师讲授的不同课程。因此，这个关系模式的候选键只有一个，就是关系模式的全部属性（Teacher，Course，Sname），即全键，它也是该关系模式的主键。

定义 5.6　关系模式 R 中属性或属性组 X 并非 R 的码，但 X 是另一个关系模式的码，则称 X 是 R 的外部码（foreign key），也称为外码或外键。

若在 SC（Sno，Cno，Crade）中，Sno 不是码，但 Sno 是关系模式 Student（Sno，Sname，Ssex，Sage，Dept）的码，则 Sno 是关系模式 SC 的外码，主码与外码一起提供了表示关系间联系的手段。在数据设计中，经常人为地增加外键来表示两个关系中元组之间的联系。当两个关系进行链接操作时就是因为有外键在起作用。

5.2.3　数据依赖的公理

为了从关系模式 R 上已知的函数依赖 F 推导出新的函数依赖，W. W. Armstrong 于 1974 年提出了一套推理规则，后来又经过不断完善，形成了著名的“Armstrong 公理系统”。

1）Armstrong 公理系统有以下 3 条基本公理。

一是 A1（自反律，reflexivity）：如果 $Y \subseteq X \subseteq U$，则 $X \to Y$ 在 R 上成立。

二是 A2（增广律，augmentation）：如果 $X \to Y$ 在 R 上成立，则 $XZ \to YZ$。

三是 A3（传递律，transitivity）：如果 $X \to Y$ 和 $Y \to Z$ 在 R 上成立，则 $X \to Z$ 在 R 上也成立。

2）由 Armstrong 基本公理，可以导出下面 4 条有用的推理规则。

一是 A4（合并性规则，union）：若 $X \to Y$，$X \to Z$，则 $X \to YZ$。

二是 A5（分解性规则，decomposition）：若 $X \to Y$，$Z \subseteq Y$，则 $X \to Z$。

三是 A6（伪传递性规则，pseudotransivity）：若 $X \to Y$，$WY \to Z$，则 $WX \to Z$。

四是 A7（复合性规则，composition rule）：若 $X \to Y$，$W \to Z$，则 $WX \to YZ$。

五是 A8（通用一致性规则，general unification rule）：若 $X \to Y$，$W \to Z$，则 $X(W-Y) \to YZ$。

5.3 关系模式的规范化

在关系数据库模式的设计中，为了避免或减少由函数依赖引起的过多数据冗余和更新异常等问题，必须对关系模式进行合理分解。合理的标准就是规范化理论中的范式，关系数据库中的关系满足不同程度要求的为不同范式。满足最低要求的为第一范式，简称 1NF；在第一范式中满足进一步要求的为第二范式，其余以此类推。从 1971 年 E.F.Codd 提出关系模式规范化理论开始，人们对数据库模式的规范化问题进行了长期的研究，且已经有了很大进展。本节主要介绍关系模式范式的相关知识。

5.3.1 范式及其类型

关系数据库中的关系必须满足一定的规范化要求，对于不同的规范化程度可用范式来衡量。范式是符合某一种级别的关系模式的集合，是衡量关系模式规范化程度的标准，达到的关系才是规范化的。目前主要有 6 种范式：第一范式、第二范式、第三范式、BC 范式、第四范式和第五范式。满足最低要求的为第一范式，简称为 1NF；在第一范式的基础上进一步满足一些要求的为第二范式，简称为 2NF；其余以此类推。显然，各种范式之间存在如下包含联系，如图 5.1 所示。

$$1NF \supset 2NF \supset 3NF \supset BCNF \supset 4NF \supset 5NF$$

通常把某一关系模式 R 为第 n 范式简记为 $R \in nNF$。

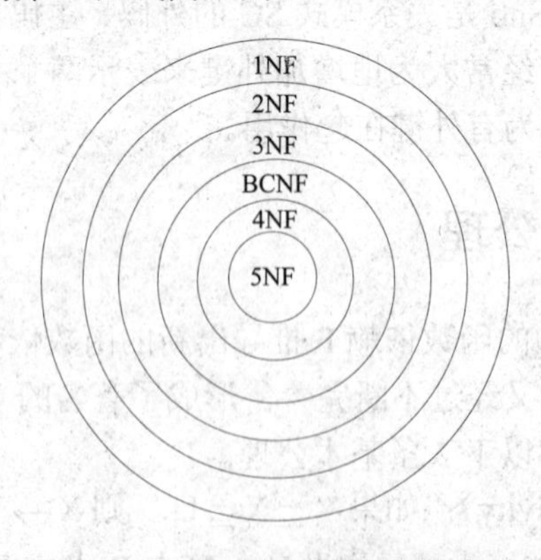

图 5.1 范式之间的包含联系

在这些范式中，最重要的是 3NF 和 BCNF，它们是进行规范化的主要目标。所以，本书对于第四范式和第五范式不予讨论。一个低一级范式的关系模式，通过模式分解可以转换为若干个高一级范式的关系模式的集合，这个过程称为规范化。关系模式的规范化主要解决的问题是关系中数据冗余及由此产生的操作异常。而从函数依赖的观点来看，即是消除关系模式中产生数据冗余的函数依赖。

定义 5.7　当一个关系中的所有分量都是不可分的数据项时，就称该关系是规范化的。下述例子（表 5.5 和表 5.6）由于具有组合数据项或多值数据项，因此说它们都不是规范化的关系。

表 5.5　具有组合数据项的非规范化关系

职工号	姓名	工资			
		基本工资	职务工资	工龄工资	津贴

表 5.6　具有多值数据项的非规范化关系

职工号	姓名	职称	系名	学历	毕业年份
02001	李立	教授	信息管理	大学 研究生	1981 1992
02002	张华	讲师	电子商务	大学	1995

5.3.2　第一范式

定义 5.8　如果关系模式 R(U) 中每个属性值都是一个不可分解的数据项，则称该关系模式满足第一范式（first normal form），简称 1NF，记为 $R \in 1NF$。

第一范式规定了一个关系中的属性值必须是“原子”的，它排斥了属性值为元组、数组或某种复合数据的可能性，使得关系数据库中所有关系的属性值都是“最简形式”，这样要求的意义在于可能做到起始结构简单，为以后复杂情形讨论带来方便。一般而言，每一个关系模式都必须满足第一范式，1NF 是对关系模式的起码要求。

非规范化关系转化为 1NF 的方法很简单，当然也不是唯一的。对表 5.5 和表 5.6 分别进行横向展开和纵向展开，即可转化为如表 5.7 和表 5.8 所示的符合 1NF 的关系。

表 5.7　消除了组合数据项的规范化关系

职工号	姓名	基本工资	职务工资	工龄工资

表 5.8　消除了多值数据项的规范化关系

职工号	姓名	职称	系名	学历	毕业年份
02001	李立	教授	信息管理	大学	1981
02001	李立	教授	信息管理	研究生	1992
02002	张华	讲师	电子商务	大学	1995

但是，满足第一范式的关系模式并不一定是一个好的关系模式，例如，学生管理关系模式为 SLC（Sno，Dept，Sloc，Cno，Cgrade）。其中，Sno 为学号，Dept 为系别，Sloc 为学生住处，Cno 为课程号，Cgrade 为成绩。假设每个系的学生住在同一地方，SLC 的码为（Sno，Cno），函数依赖包括：{Sno，Cno} → Cgrade；Sno → Dept；{Sno，Cno} → Dept；Sno → Sloc；

{Sno，Cno}→Sloc；Dept→Sloc（因为每个系只住一个地方），如图 5.2 所示，图中用虚线表示部分为函数依赖。

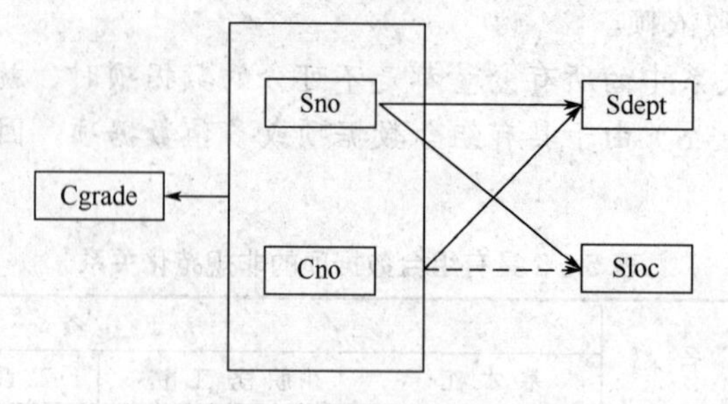

图 5.2 函数依赖示例

SLC 满足第一范式。这里，{Sno，Cno}两个属性一起函数决定 Cgrade。{Sno，Cno}也函数决定 Dept 和 Sloc。但实际上仅 Sno 就函数决定 Dept 和 Sloc；因此，非主属 Dept 和 Sloc 部分函数依赖于码{Sno，Cno}。

SLC 关系存在以下 4 个问题。

1）插入异常。假若要插入一个 Sno=“04201301”，Dept=“IS”，Sloc=“BLD3”但还未选课的学生，即这个学生无 Cno，这样的元组不能插入 SLC 中。因为插入时须给定码值，而此时码值的一部分为空，因而该学生的信息无法插入。

2）删除异常。假定某个学生只选修了一门课程，如“04201301”号学生只选修了 C03 这门课，现在 C03 这门课他也不选了，那么 C03 号课程这个数据项就要删除，删除了 C04，整个元组就不能存在了，也必须跟着删除，从而删除了其他信息，产生了删除异常，即不应删除的信息也被删除了。

3）数据冗余度大。如果一个学生选修了 10 门课程，那么他的 Dept 和 Sloc 值重复存储 10 次。

4）修改复杂。当某个学生从信息系转到计算机系，这本来只需要修改此学生元组中的 Dept 值。但因为关系模式 SLC 还含有系的住处 Sloc 属性，学生转系将同时修改住处，因此还必须修改元组中 Sloc 的值。另外，如果这个学生选修了 10 门课程，由于 Dept、Sloc 重复存储了 10 次，当数据更新时，必须无遗漏地修改 10 个元组的信息，这就造成了修改的复杂化，存在破坏数据一致性的隐患，不是一个好的关系模式。

5.3.3 第二范式

定义 5.9 如果一个关系模式 R $\in$ 1NF，且每一个非主属性都完全函数依赖于 R 的码，则 R $\in$ 2NF。

关系模式 SLC 出现上述问题的原因是 Dept、Sloc 对码的部分函数依赖，为了消除这些函数依赖，可以采用投影分解法，把 SLC 分解为两个关系模式 SC 与 SL。关系模式 SC 和 SL 中属性间的函数依赖可以用图 5.3 和图 5.4 表示。

其中 SC 的码为（Sno，Cno），SL 的码为 Sno。SC（Sno，Cno，Cgrade）；SL（Sno，Dept，Sloc）。

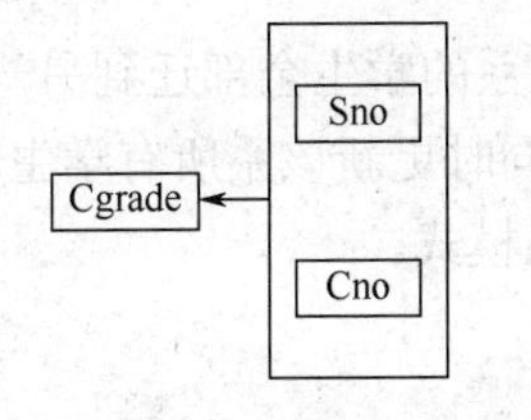

图 5.3　SC 中的函数依赖

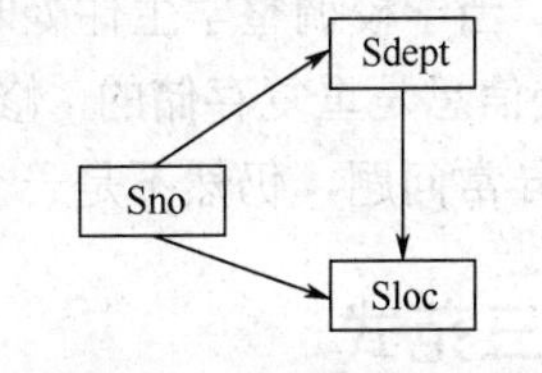

图 5.4　SL 中的函数依赖

显然，在分解后的关系模式中，非主属性都完全函数依赖于码了，从而使上述 4 个问题在一定程度上得到部分解决。

1）在 SL 关系中可以插入尚未选课的学生。

2）删除学生选课情况涉及的是 SC 关系。如果一个学生所选的课程记录全部删除了，只是 SC 关系中没有关于该学生的记录了，不会涉及 SL 关系中关于学生的记录。

3）由于学生选修课程的情况与学生的基本情况是分开存储在两个关系中的。因此不论该学生选多少门课程，他的 Dept 值和 Sloc 值都只存储 1 次，这就大大降低了数据的冗余度。

4）由于学生从信息系转到计算机系，只需修改 SL 关系中该学生元组的 Dept 值和 Sloc 值，由于 Dept、Sloc 并未重复存储，因此简化了修改操作。

分解后的关系中每个非主属性都完全依赖于码，关系模式 CS 和 SL 都属于 2NF。显然，码只包含一个属性的关系模式，如果属于 1NF，那么它一定属于 2NF。因为它不可能存在非主属性对码的部分函数依赖。

上面中的 SC 关系和 SL 关系都属于 2NF。可见，采用投影分解法将一个 1NF 的关系分解为多个 2NF 的关系，可以在一定程度上减轻原 1NF 关系中存在的插入异常、删除异常和数据冗余度大等问题。

在关系模式 R 中消除非主属性对候选键的部分依赖的方法可用下列算法表示。

设关系模式 R(U)，主键是 W，R 上还存在函数依赖 X→Z，并且 Z 是非主属性，$X\subset W$，那么 W→Z，就是一个部分依赖。此时应把 R 分解成两个模式：$R_1(XZ)$，主键是 X；$R_2(Y)$，其中 R=U−Z，主键仍是 W，外键是 X。

利用外键和主键的链接可以从 R_1 和 R_2 得到新 R。

如果 R_1 和 R_2 还不是 2NF，则重复上述过程，一直到数据库模式中每一个关系都是 2NF 为止。

但是，将一个 1NF 关系分解为多个 2NF，并不能完全消除关系模式中的各种异常情况和数据冗余。就是说，属于 2NF 的关系模式并不一定是一个好的关系模式。

例如，2NF 关系模式 SL（Sno，Dept，Sloc）中有下列函数依赖：Sno→Dept；Dept $\nrightarrow$ Sno；Dept→Sloc。可得 Sno $\xrightarrow{传递}$ Sloc。

由上可知，Sloc 传递函数依赖于 Sno，即 SL 中存在非主属性对码的函数传递依赖，SL 关系中仍然存在插入异常、删除异常和数据冗余度大的问题。

1）删除异常。如果某个系的学生全部毕业了，则在删除该系学生信息的同时，也把这个系的信息丢掉了。

2）数据冗余度大。每一个系的学生都住在同一个地方，关于系的住处的信息重复出现，重复次数与该系学生人数相同。

3）修改复杂。当学校调整学生住处时，如信息系的学生全部迁到另一个地方住宿，由于关于每个系的住处信息是重复存储的，修改时必须同时更新该系所有学生的是属性值。所以，SL 仍然存在操作异常问题，仍然不是一个好的关系模式。

5.3.4 第三范式

定义 5.10 *如果一个关系模式 R∈2NF，且所有非主属性都不传递函数依赖于任何候选码，则 R∈23NF。*

关系模式 SL 出现上述问题的原因是 Sloc 传递函数依赖于 Sno。为了消除该函数依赖，可以采用投影分解法，把 SL 分解为两个关系模式：SD (Sno，Dept)；DL (Dept，Sloc)。其中，SD 的码为 Sno，DL 的码为 Dept。

显然，在关系模式中既没有部分函数依赖，又没有非主属性对码的传递函数依赖，基本上解决了上述问题。

1）DL 关系中可以插入无在校学生系的信息。

2）某个系的学生全部毕业了，只是删除 SD 关系中的相应元组，DL 关系中关于该系的信息仍然存在。

3）关于系的住处的信息只在 DL 关系中存储一次。

4）当学校调整某个系的学生住处时，只需修改 DL 关系中一个相应元组的 Sloc 属性值。

由此可见，3NF 不允许关系模式的属性之间有这样的非平凡函数依赖 X→Y，X 含有非主属性。

上面中的 SD 关系和 DL 关系都属于 3NF。可见，采用投影分解法将一个 2NF 的关系分解为多个 3NF 的关系，可以在一定程度上解决原 2NF 关系中存在的插入异常、删除异常、数据冗余度大、修改复杂等问题。

在关系模式 R 中消除非主属性对候选键的部分依赖的方法可用下列算法表示。

设关系模式 R(U)，主键是 W，R 上还存在函数依赖 X→Z，并且 Z 是非主属性，Z⊄X，X 不是候选码，那么 W→Z 就是一个传递依赖。此时应把 R 分解成两个模式：R_1(XZ)，主键是 X；R_2(Y)，其中 Y=U－Z，主键仍是 W，外键是 X。

利用外键和主键的链接可以从 R_1 和 R_2 得到新 R。

如果 R_1 和 R_2 还不是 3NF，则重复上述过程，一直到数据库模式中每一个关系都是 3NF 为止。

但是，将一个 2NF 关系分解为多个 3NF 的关系后，并不能完全消除关系模式中的各种异常情况和数据冗余。也就是说，属于 3NF 的关系模式虽然基本上消除了大部分异常问题，但解决得并不彻底，仍然存在不足。

例如，模式 SC(Sno，Sname，Cno，Cgrade)。

如果姓名是唯一的，则模型存在两个候选码：(Sno，Cno)和(Sname，Cno)。

模型 SC 只有一个非主属性 Cgrade，对两个候选码(Sno，Cno)和(Sname，Cno)都是完全函数依赖，并且不存在对两个候选码的传递函数依赖。因此，SC∈3NF。

但是，当学生退选了课程，元组被删除也失去学生学号与姓名的对应关系，因此仍然存在删除异常的问题。并且由于学生选课很多，姓名也将重复存储，造成数据冗余。因此，3NF 虽然已经是比较好的模型，但仍然存在待改进的余地。

5.3.5　BC 范式

BCNF 是由 Boyce 与 Codd 提出的，比上述的 3NF 又进了一步，通常认为 BCNF 是修正的第三范式，有时也称为扩充的第三范式。

定义 5.11　关系模式 $R \in 1NF$，对任何非平凡的函数依赖 $X \to Y$ 且 $Y \not\subseteq X$ 时 X 必含有码，则 $R \in BCNF$。

也就是说，在满足 1NF 的关系模式 R(U) 中，若每一个决定因素都包含码，则 $R(U) \in BCNF$。

由 BCNF 的定义可以得到结论，每个 BCNF 的关系模式都具有以下特征。

1）所有非主属性都完全函数依赖于码。

2）所有主属性都完全函数依赖于每个不包含它的码。

3）没有任何属性完全函数依赖于非码的任何一组属性。

如果关系模式 $R \in BCNF$，由定义可知，R 中不存在任何属性传递函数依赖于或部分依赖于任何候选码，所以必定有 $R \in 3NF$。但是，如果 $R \in 3NF$，R 未必属于 BCNF。

下面给出两个关系模式的候选键不唯一的例子，说明属于 3NF 的关系模式有的属于 BCNF，但有的不属于 BCNF。

【例 5.7】 有关系模式 S（Sno，Sname，Sdept，Sage），假定 Sname 也具有唯一性，则有两个候选码 Sno、Sname 均由单个属性组成。非主属性不存在对码的部分或传递依赖，故 $S \in 3NF$。除 Sno、Sname 外，无其他决定因素，故 $S \in BCNF$。

【例 5.8】 在关系模式 STC（Sno，Teacher，Cname）中，Sno 表示学生，Teacher 表示教师，Cname 表示课程。假定一个学生选定某门课就对应一个固定的老师，一个教师只讲授一门课程，但一门课程可有多名教师讲授。

函数依赖：（Sno，Cname）→Teacher，（Sno，Teacher）→Cname，Teacher→Cname。(Sno,Cname)和(Sno，Teacher)都是候选码。Sno、Cname、Teacher 都是主属性，故 $STC \in 3NF$。但 $STC \notin BCNF$，因为 Teacher→Cname，Teacher 是决定因素，Teacher 不包含码。若一个关系模式是 3NF 而不是 BCNF 的，则仍然存在不合适的地方，如关系模式 STC 存在的插入异常和删除异常问题。一个非 BCNF 的关系模式也可以通过分解成为 BCNF。例如，STC 可分解为 ST（Sno，Teacher）与 TC（Teacher，Cname），它们都是 BCNF。

BCNF 是在函数依赖的条件下对模式分解所能达到的最高分离程度。一个数据库模式中的所有关系模式如果都属于 BCNF，那么在函数依赖范畴内，已实现了彻底的分离，消除了插入和删除等异常问题。3NF 的“不彻底”性表现在当关系模式中具有多个候选键，且这些候选键具有公共属性时，可能存在决定因素中不包含候选键，如关系模式 STC 就是这样的。

5.4　关系模式分解

通过我们已经列举过的例子可以看出，在设计关系模式时，如果设计得不好，可能带来很多问题。为了避免某些弊病的发生，从而得到性能较好的关系模式，我们需要把关系模式进行规范化，模式分解是关系规范的主要方法。这一节主要介绍模式分解方法。

定义 5.12　关系模式 $R<U,F>$ 的一个分解是指 $\rho=\{R_1<U_1,F_1>, R_2<U_2,F_2>, \cdots, R_n$

$<U_n, F_n>\}$，其中 $U = U\bigcup_{i=1}^{n} U_i$，且不存在 $U_i \subseteq U_j$，$1 \leqslant i, j \leqslant n$，$F_i$ 为 F 在 U_i 上的投影。

定义 5.13 函数依赖集合 $\{X \to Y \mid X \to Y \in F^+ \wedge XY \subseteq U_i\}$ 的一个覆盖 F_i 叫做 F 在 U_i 上的投影。把低一级的关系模式分解为若干个高一级的关系模式的方法不是唯一的，只有能够保证分解后的关系模式与原关系模式等价，分解方法才有意义。因此在 R(U) 分解为 ρ 的过程中，需要考虑以下两个问题。

1）分解前的模式 R 和分解后的 ρ 是否表示同样的数据，即 R 和 ρ 是否等价的问题。

2）分解前的模式 R 和分解的 ρ 是否保持相同的函数依赖，即在模式 F 上有函数依赖集 F，在其上的每一个模式 R_i 上有一个函数依赖集 F_i，则 $\{F_1, F_2, L, F_n\}$ 是否与 F 等价。

如果这两个问题不解决，分解前后的模式不一致，就会失去模式分解的意义。

5.4.1 无损分解

关系模式 R<U, F> 的一个分解为 $\rho=\{R_1<U_1, F_1>, R_2<U_2, F_2>, \cdots, R_n<U_n, F_n$，若对 R 的任一关系 r，都有 $r = \prod R_1(r) \bowtie \prod R_2(r) \bowtie \cdots \prod R_n(r)$，则称分解具有无损链接性，简称 ρ 为无损分解。

【例 5.9】 设有关系模式 SL（Sno，Sdept，Sloc），将其分解为关系模式集合 ρ= {NL(Sno，Sdept)，NL(Sno，Sloc) }。图 5.5（a）是 SL 上一个关系，（b）和（c）是 r 在模式 ND(Sno，Sdept)和 NL(Sno，Sloc)上的投影 r_1 和 r_2。此时不难得到 $r_1 \bowtie r_2 = r$，也就是说，在 r 投影、链接之后仍然能够恢复为 r，即没有丢失任何信息，这种模式分解就是无损分解。

Sno	Sdept	Sloc
95001	CS	A
95002	IS	B
95003	MA	C
95004	IS	B
95005	PH	B

（a）关系 r

Sno	Sdept
95001	CS
95002	IS
95003	MA
95004	IS
95005	PH

（b）关系 r_1

Sno	Sloc
95001	A
95002	B
95003	C
95004	B
95005	B

（c）关系 r_2

图 5.5 例 5.9 图

对关系 r_1 和 r_2 自然链接的结果，如图 5.6 所示。

$r_1 \bowtie r_2$

Sno	Sdept	Sloc
95001	CS	A
95002	IS	B
95003	MA	C
95004	IS	B
95005	PH	B

图 5.6 结果

【例 5.10】设有关系模式 SL（Sno，Sdept，Sloc），将其分解为关系模式集合 ρ ={NL(Sno，Sloc)，DL(Sdept，Sloc) }。如图 5.7 所示，在图中，（a）是 SL 上一个关系 r，（b）和（c）是 r 在模式 NL(Sno，Sloc)和 DL(Sdept，Sloc)上的投影 r_1 和 r_2。我们看到 r_1 和 r_2 自然链接后，比 *r* 多了 3 个元组，也就是说，在 r 投影、链接之后不能够恢复为 r，因此无法知道 SL 究竟有哪些元组，从此意义上讲，此分解仍然丢失了信息，不是无损分解。

Sno	Sdpet	Sloc
95001	CS	A
95002	IS	B
95003	NA	C
95004	IS	B
95005	PH	B

（a）关系 r

Sno	Sloc
95001	A
95002	B
95003	C
95004	B
95005	B

（b）关系 r_1

Sdept	Sloc
CS	A
IS	B
MA	C
PH	B

（c）关系 r_2

图 5.7　例 5.10 图

对 NL 和 DL 的关系进行自然链接的结果如图 5.8 所示。

Sno	Sdept	Sloc
95001	CS	A
95002	IS	B
95002	PH	B
95003	MA	C
95004	IS	B
95004	PH	B
95005	IS	B
95005	PH	B

图 5.8　结果

具有无损链接性的分解能保证不丢失信息，但不一定能解决插入异常、删除异常、修改复杂、数据冗余等问题。

5.4.2　保持函数依赖性

上面第一种分解虽具有无损链接性，但未解决操作异常问题。例如，95001 学生从 CS 转到 IS，ND 关系的（95001，CS）元组和 NL 关系的（95001，A）必须同时进行修改，否则将破坏数据的一致性。

出现上述问题的原因是 SL 中的 FD：Sdept→Sloc 既未投影到关系模式 ND 上，又未投影到关系模式 NL 上，也即该分解方法没有保持原关系中的函数依赖。

设关系模式 R<U, F> 被分解为：$\rho=\{R_1<U_1, F_1>, R_2<U_2, F_2>, \cdots, R_n<U_n, F_n>\}$，若

$F^{+}=(\bigcup_{i=1}^{k}F_i)$，则称 R<U, F> 的分解ρ 保持函数依赖。

【例 5.11】设有关系模式 SL（Sno，Sdept，Sloc），函数依赖有 Sno→Sdept，Sno→Sloc，将其分解为关系模式集合ρ= { ND(Sno, Sdept) , DL(Sdept, Sloc) }。关系模式 ND 中有函数依赖 Sno→Sdept，关系模式 NL 中有函数依赖 Sno→Sloc，即保持了原关系 SL 中的函数依赖。

5.5 关系模式规范化的步骤

规范化程度过低的关系不一定能够很好地描述现实世界，可能会存在插入异常、删除异常、修改复杂、数据冗余等问题，解决方法就是对其进行规范化，转换成高级范式。

规范化的基本思想是逐步消除数据依赖中不合适的部分，使模式中的各关系模式达到某种程度的“分离”，即采用“一事一地”的模式设计原则，让一个关系描述一个概念、一个实体或实体间的一种联系，若多于一个概念就把它“分离”出去。因此，所谓规范化实际上是概念的单一化。

关系模式规范化的基本步骤如下。

1）对 1NF 关系进行投影，消除原关系中非主属性对码的部分函数依赖，将 1NF 关系转换成为若干个 2NF 关系。

2）对 2NF 关系进行投影，消除原关系中非主属性对码的传递函数依赖，从而产生一组 3NF 关系。

3）对 3NF 关系进行投影，消除原关系中主属性对码的部分函数依赖和传递函数依赖（也就是说，使决定属性都成为投影的候选码），得到一组 BCNF 关系。

以上 3 步也可以合并为一步：对原关系进行投影，消除决定属性不是候选码的任何函数依赖。

4）对 BCNF 关系进行投影，消除原关系中非平凡且非函数依赖的多值依赖，从而产生一组 4NF 关系。

5）对 4NF 关系进行投影，消除原关系中不是由候选码所蕴涵的链接依赖，即可得到一组 5NF 关系。

规范化程度过低的关系可能会存在插入异常、删除异常、修改复杂、数据冗余等问题。

需要对其进行规范化，转换成高级范式。但这并不意味着规范化程度越高的关系模式就越好。在设计数据库模式结构时，必须根据现实世界的实际情况和用户应用需求做进一步分析，确定一个合适的、能够反映现实世界的模式，那么上面的规范化步骤可以在其中任何一步终止。

第 6 章　数据库的安全与控制

【学习目的与要求】

在数据库的使用过程中保证数据的安全可靠、正确可用是有效使用数据库的前提。为了防止数据库被破坏，数据库管理系统提供了相应的功能。

1）安全性保护：防止对数据库非法使用，以避免数据的泄露、篡改或破坏。

2）数据库恢复：在系统失效后进行数据库恢复，配合数据库的备份，使数据库不丢失数据。

3）并发控制：保证多用户能共享数据库，并维护数据的一致性。

4）完整性保护：保证数据的正确性和一致性。

通过对本章的学习，了解数据的安全性控制的措施，理解完整性的约束条件和控制机制，理解并发控制的原则和方法，了解数据库恢复技术。

6.1　数据库的安全性

数据库的一大特点是数据可以共享，但数据共享必然带来数据库的安全性问题。因此数据库系统中的数据共享不能是无条件的共享，数据库中数据的共享是在数据库管理系统统一的、严格的控制之下的共享，即只允许有合法使用权限的用户访问允许他存取的数据。系统安全保护措施是否有效也成为数据库系统的主要技术指标之一。

数据库的安全性是指保护数据库，以防止不合法的使用所造成的数据泄露、更改或破坏。

安全性问题不是数据库系统所独有的。所有计算机系统都有这个问题。数据库的安全性和计算机系统的安全性，包括计算机硬件、操作系统、网络系统等的安全性，是紧密联系、相互支持的。

计算机系统的安全性问题可分为三大类，即技术安全类、管理安全类和政策法律类。本书只讨论技术安全类。

6.1.1　数据库安全性控制

一般来说，在计算机系统中的安全措施是逐级设置的。例如，可以有图 6.1 所示的安全模式。

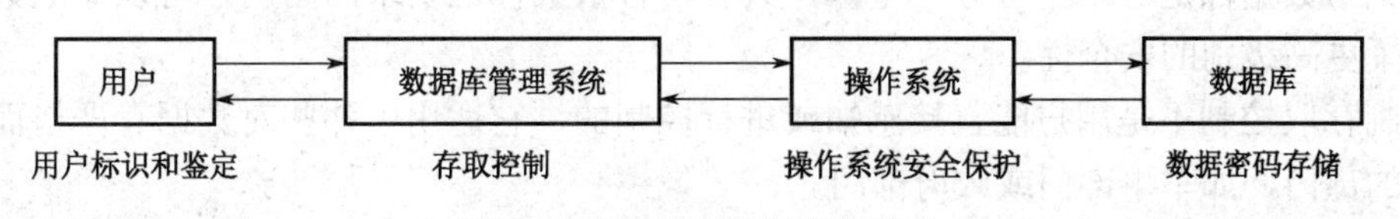

图 6.1　数据库系统的安全模式

当用户进入计算机系统时，系统首先根据输入的用户标识进行用户身份鉴定，只有合法的用户才准许进入计算机系统。对已进入系统的用户，数据库管理系统还要进行存取控制，只允许用户执行合法操作。操作系统一级也会有自己的保护措施。数据最后还可以以密码形式存储到数据库中。

1. 用户标识和鉴定

用户标识和鉴定是系统提供的最外层安全保护措施。其方法是由系统提供一定的方式让用户标识自己的名字或身份。每次用户要求进入系统时，由系统进行核对，通过鉴定后才提供机器使用权。

一个系统中用户标识和鉴定的方法常用的有以下几种。

1）用户标识：用一个用户名或者用户标识号来标明用户身份。只有当用户的标识是合法用户的时候，才能进入下一步的核实，否则将不能使用系统。

2）口令：要求用户输入口令，系统核对口令以鉴定用户身份。通常密码不直接显示在屏幕上。

3）随机数：系统提供一个随机数，用户根据预先约定好一个计算过程或者函数进行计算，再根据计算结果鉴定用户身份。

2. 存取控制

数据库系统的存取控制机制是为了确保只授权给有资格的用户访问数据库的权限，同时令所有未被授权的人员无法接近数据。对一个用户定义存取控制就是要定义这个用户可以在哪些数据对象上进行哪些类型的操作。

在数据库系统中对存取权限的定义称为授权（authorization）。授权定义经过编译后存放在数据字典中。存取控制指对于获得上机权又进一步发出存取数据操作的用户，系统根据事先定义好的存取权限进行合法权检查，若用户的操作超出了定义的权限，系统将拒绝此操作。存取控制可以分为自主存取控制（DAC）和强制存取控制（MAC）两类。

（1）自主存取控制方法

用户对于不同的数据库对象有不同的存取权限，不同的用户对同一对象也有不同的权限，而且用户还可将其拥有的存取权限转授给其他用户，非常灵活。

详细的自主存取控制的 SQL 语句 4.7 节。

这种授权机制有可能导致数据的泄露，安全级别并不是很高，需要加强系统控制下的存取控制策略。

（2）强制存取控制方法

每个数据库对象被标以一定的密级，每一个用户也被授予某一个级别的许可证，只有具有合法许可证的用户才可以存取。因此强制存取控制相对比较严格。

强制存取控制是指系统为保证更高程度的安全性，按照 TDI/TCSEC 标准中安全策略的要求，所采取的强制存取检查手段。强制存取控制对数据本身进行密级标记，无论数据如何复制，标记与数据都是一个不可分的整体，只有符合密级标记要求的用户才可以操纵数据，从而提供了更高级别的安全性。

强制存取控制不是用户能直接感知或进行控制的，它适用于那些对数据有严格而固定密级分类的部门，如军事部门或政府部门。

6.1.2 视图机制

视图机制为不同用户定义不同的视图，把数据对象限制在一定的范围内，把要保密的数据对无权存取的用户隐藏起来，从而自动地对数据提供一定程度的安全保护。视图机制间接地实现支持存取谓词的用户权限定义。

1. 视图机制的优点

1）简单性。视图不仅可以简化用户对数据的理解，也可以简化他们的操作。那些被经常使用的查询可以被定义为视图，从而使用户不必为以后的操作每次都指定全部的条件。

2）安全性。通过视图用户只能查询和修改他们所能见到的数据。数据库中的其他数据则既看不见又取不到。数据库授权命令可以使每个用户对数据库的检索限制到特定的数据库对象上，但不能授权到数据库特定行和特定的列上。通过视图，用户可以被限制在数据的不同子集上。

利用视图机制，我们就可以构造安全的模型。这样用户访问的就不是具体的表，数据库系统也不必要给具体的表授权，而只需要给某个用户授予访问某些视图的权限，从而起到保护数据库表的作用。

3）逻辑数据独立性。视图可以使应用程序和数据库表在一定程度上独立。如果没有视图，应用一定是建立在表上的。有了视图之后，程序可以建立在视图之上，从而程序与数据库表被视图分割开来。

2. 视图机制的缺点

1）性能：SQL Server 必须把视图的查询转化成对基本表的查询，如果这个视图是由一个复杂的多表查询定义的，那么，即使是视图的一个简单查询，SQL 也把它变成一个复杂的结合体，将花费一定的时间。

2）修改限制：当用户试图修改视图的某些行时，SQL 必须把它转化为对基本表的某些行的修改。对于简单视图来说，这是很方便的，但对于比较复杂的视图，将可能是不可修改的。

因此，在定义数据库对象时，我们应该权衡视图的优点和缺点，合理地定义视图。

6.1.3 数据加密

为提高数据的安全性，对于高度敏感的数据，还可以采用数据加密的技术，防止数据库中的数据在存储和传输过程中丢失。数据库加密就是将数据库中的明文数据（plain text）通过密钥算法转化成不可读的密文数据（cipher text）的过程，从而保障数据库中的数据安全，避免数据的泄露。

加密方法主要有两种：一种是替换，该方法使用密钥（encryption key）将明文中的每一个字符转换为密文中的一个字符；另一种是置换，该方法仅将明文的字符按不同的顺序重新排列。

SQL Server 2005 采用多级密钥来保护它内部的密钥和数据。服务器所支持的加密算法如下。

（1）对称式加密

对称式加密（symmetric key encryption）方式对加密和解密使用相同的密钥。

（2）非对称密钥加密

非对称密钥加密（asymmetric key encryption）使用一组公共/私人密钥系统，加密时使用一种密钥，解密时使用另一种密钥。公共密钥可以被广泛共享和透露。当需要用加密方式向服务器外部传送数据时，这种加密方式更方便。

（3）数字证书

数字证书（certificate）是一种非对称密钥加密，但是一个组织可以使用证书并通过数字签名将一组公钥和私钥与其拥有者相关联。

目前有些数据库产品提供了数据加密例行程序，可根据用户的要求自动对存储和传输的数据进行加密处理。另一些数据库产品虽然本身未提供加密程序，但提供了接口，允许用户用其他厂商的加密程序对数据加密。

由于数据加密与解密也是比较费时的操作，而且数据加密与解密程序会占用大量系统资源，因此数据加密功能通常也作为可选特征，允许用户自由选择，只对高度机密的数据加密。

6.2 事务机制

6.2.1 事务的概念与特性

事务是在数据库中用户定义的一个或多个操作序列，它必须以原子的方式执行，也就是说，这些操作要么全做要么全不做，是一个不可分割的工作单位。在关系数据库中，一个事务可以是一条 SQL 语句、一组 SQL 语句或整个程序；而一个程序中一般包含多个事务。

事务具有 4 个特性：原子性（atomicity）、一致性（consistency）、隔离性（isolation）和持续性（durability），统称为事务的 ACID 特性。

1. 原子性

事务必须是原子工作单位，事务中包括的诸操作要么都做，要么都不做。

2. 一致性

事务执行的结果必须是使数据库从一个一致性状态变到另一个一致性状态，即事务要么必须完成全部的操作，要么未完成则回到事务开始时的确定状态，不允许出现未知的、不一致的“中间”状态。由此可见，事务的一致性与原子性密切相关。

当数据库中只包含成功事务提交的结果时，数据库处于一致性状态；当数据库中包含失败事务的结果时，数据库处于不一致状态。例如，数据库系统运行发生故障使有些事务尚未完成就被迫中断，这时未完成的事务对数据库所做的修改部分写入了数据库，从而使数据库处于一种不正确的状态，即不一致状态。

3. 隔离性

一个事务内部的操作及使用的数据对其他并发事务是隔离的，并发执行的各个事务之间不能互相干扰。

4. 持续性

持续性也称永久性（permanence）。它是指一个事务一旦提交，它对数据库中数据的改变就应该是永久性的，接下来的其他操作或故障不应该对其执行结果有任何影响。

保证事务的 ACID 特性是事务处理的重要任务。例如，银行中的一笔转账业务需要将账户 A 的资金 1000 元转入账户 B 中，作为一个事务处理可以清晰地反映事务的 ACID 特性。

原子性：从账户 A 转出 1000 元，同时账户 B 转入 1000 元。不可能出现账户 A 转出了，但账户 B 没有转入的情况。转出和转入的操作是一体的。

一致性：转账操作完成后，账户 A 减少的金额和账户 B 增加的金额是一致的。

隔离性：在账户 A 完成转出操作的瞬间，往账户 B 中存入资金等操作是不被允许的，必须将账户 A 转出资金的操作和往账户 B 中存入资金的操作分开来做。

持续性：账户 A 转出资金的操作和账户 B 转入资金的操作一旦作为一个整体完成了，则会对账户 A 和账户 B 的资金余额产生永久影响。

6.2.2　事务的提交与回退

事务是恢复和并发控制的基本单位。

事务的开始与结束可以由用户显式控制，通常以 BEGIN TRANSACTION 开始，以 COMMIT 或 ROLLBACK 结束其语言格式如下。

```
BEGIN TRANSACTION
SQL 语句1
SQL 语句2
…
```

或：

```
COMMIT
BEGIN TRANSACTION
SQL 语句1
SQL 语句2
…
ROLLBACK
```

如果用户没有显式地定义事务，则由数据库管理系统按默认规定自动划分事务。在 SQL 中，显式定义的方式有提交与回退两种。SQL 语句 COMMIT（提交）使事务成功地结束。提交当前事务就是把当前事务开始以后的 SQL 语句所造成的数据库改变都写到磁盘上的物理数据库中。在 COMMIT 语句执行之前，当前事务 SQL 语句所造成的数据库改变都是暂时的，对于其他事务可能可见，也可能不见。

SQL 语句 ROLLBACK（回退）使事务不成功终止。事务中对数据库造成的任何改变都将撤销，也就是说数据库不会发生改变。

这里的操作指对数据库的更新操作。

6.3　数据库恢复

对于数据库管理员和计算机用户来说，对数据的恢复是一项非常重要且不可或缺的工作。在一个复杂的大型数据库中，尽管采取了各种措施来保护防止数据库的安全性和完整性，保证并发事务的正确执行，但是计算机系统中硬件的故障、软件的错误、操作员的失误及恶意的破坏仍是不可避免的。这些故障轻则造成运行事务非正常中断，影响数据库中数据的正确性；重则破坏数据库，使数据库中全部或部分数据丢失。因此数据库管理系统必须具有把数据库从错误的状态恢复到某一已知的正确状态的功能，这就是数据库的恢复。恢复子系统是数据库管理系统的一个重要组成部分，而且还相当庞大，常常占整个系统代码的 10%以上。数据库系统所采用的恢复技术是否行之有效，不仅对系统的可靠程度起着决定性作用，而且对系统的运行效率也有很大影响，是衡量系统性能优劣的重要指标。

6.3.1 数据库的故障分类

数据库系统在运行的过程中可能会产生各种故障，使数据库处于不稳定的状态。常见的数据库故障有 4 种。

1. 事务内部的故障

事务内部的故障有的是可以通过事务程序本身发现的，有的是非预期的，不能由事务程序处理的。在实际中，更多出现的是非预期的事务内部故障，如运算溢出、并发事务死锁而被选中撤销该事务、违反了某些完整性限制等。本书中的事务故障仅指这类非预期的事务内部故障。

事务故障意味着事务没有达到预期的终点（COMMIT 或者显式的 ROLLBACK），此时数据库可能处于不正确状态。恢复的策略是，恢复程序要在不影响其他事务运行的情况下，强行回滚（ROLLBACK）该事务，即撤销该事务已经做出的任何对数据库的修改，使得该事务好像根本没有启动一样，这类恢复操作称为事务撤销（UNDO）。事务故障的恢复由系统自动完成，对用户是透明的，不需要用户干预。

2. 系统故障

系统故障常称为软故障（soft crash），是指造成系统停止运转的任何事件，使得系统要重新启动。例如，特定类型的硬件错误（CPU 故障）、操作系统故障、数据库管理系统代码错误、系统断电等。这类故障使整个系统的正常运行突然被破坏，所有正在运行的事务都非正常终止，但不破坏数据库。这时主存内容，尤其是数据库缓冲区（内存）中的内容都被丢失。

由于发生系统故障时，一些尚未完成的事务的结果可能已送入物理数据库，从而造成数据库可能处于不正确的状态。为保证数据一致性，需要清除这些事务对数据库的所有修改。恢复子系统必须在系统重新启动时让所有非正常终止的事务回滚，强行撤销所有未完成事务。

另一方面，发生系统故障时，有些已完成的事务可能有一部分甚至全部留在缓冲区，尚未写回到磁盘上的物理数据库中，系统故障使得这些事务对一数据库的修改部分或全部丢失，这也会使数据库处于不一致状态，因此应将这些事务已提交的结果重新写入数据库。所以系统重新启动后，恢复子系统除需要撤销所有未完成的事务外，还需要重做（redo）所有已提交的事务，以将数据库真正恢复到一致状态。

3. 介质故障

介质故障常称为硬故障（hard crash），指的是外存故障，包括磁盘损坏、磁头碰撞、操作系统的某种潜在错误、瞬时强磁场干扰等。这类故障比前两类故障发生的可能性小得多，但破坏性最大。这类故障将破坏数据库全部或部分数据库，并影响正在存取这部分数据的所有事务。

介质故障的恢复应该装入数据库发生介质故障前某个时刻的数据副本，重做自此时开始的所有成功事务，将这些事务已提交的结果重新记入数据库。

4. 计算机病毒

计算机病毒是一种人为的故障或破坏，是一些恶作剧者研制的一种计算机程序。它是可以进行繁殖和传播的，并会对计算机系统（包括数据库）造成危害。

计算机病毒已成为数据库乃至计算机系统的主要威胁。它会破坏、盗窃系统中的数据，破坏系统文件，并且至今未有一种可以使计算机"终身"免疫的疫苗。

6.3.2　数据库恢复策略

数据库恢复操作的基本原理是利用存储在系统其他地方的冗余数据来重建数据库中已被破坏或不正确的那部分数据。

因此，恢复机制涉及的关键问题有两个：一是如何建立冗余数据；二是如何利用这些冗余数据实施数据库恢复。我们在建立冗余数据时最常用的技术是数据转储（backup）和登记日志文件（logging）。

1. 数据转储

转储是指数据库管理员将整个数据库复制到磁带或另一个磁盘上保存起来的过程。备用的数据称为后备副本或后援副本。

数据库遭到破坏后可以将后备副本重新装入，但重装后备副本只能将数据库恢复到转储时的状态，要想恢复到故障发生时的状态，必须重新运行自转储以后的所有更新事务。

例如，在图 6.2 中，系统在 T_1 时刻停止运行事务，进行数据库转储，在 T_2 时刻转储完毕，得到 T_2 时刻的数据库一致性副本。如果当系统运行到 T_3 时刻发生故障。为了恢复数据库，首先数据库管理员应该重装数据库后备副本，将数据库恢复至 T_2 时刻的状态，然后重新运行自 T_2～T_3 时刻的所有更新事务，这样就能把数据库恢复到故障发生前的一致状态了。

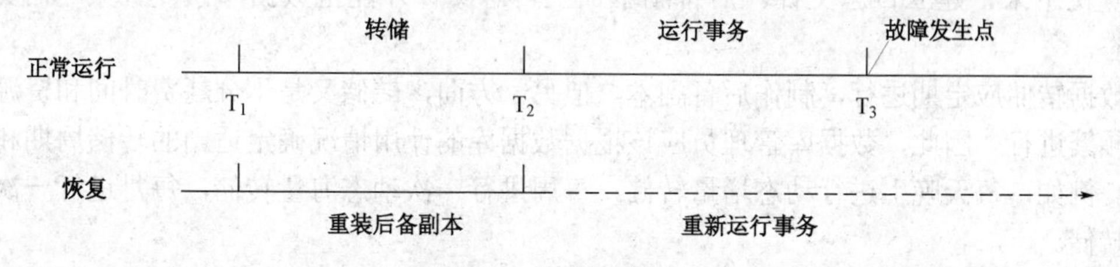

图 6.2　转储和恢复

转储按转储方式分为海量转储和增量转储，按转储状态分为静态转储和动态转储。因此数据转储方法可以分为 4 类，分别是动态海量转储、动态增量转储、静态海量转储和静态增量转储。

海量转储是指每次转储全部数据库，而增量转储指只转储上次转储后更新过的数据。

从恢复角度将海量转储与增量转储相比较：使用海量转储得到的后备副本进行恢复往往更方便；但如果数据库很大，事务处理又十分频繁，则增量转储方式更实用、更有效。

静态转储是在系统中无运行事务时进行的转储操作。转储开始时数据库处于一致性状态，且在转储期间不允许对数据库的任何存取、修改活动，因此得到的一定是一个数据一致性的副本，如图 6.3 所示。

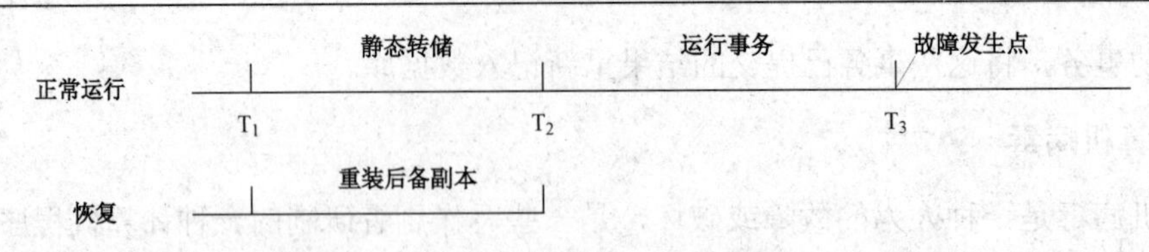

图 6.3　静态转储与恢复

静态转储的优点是实现简单，但是会降低数据库的可用性，如转储必须等待正运行的事务结束才能进行，另外，新的事务也必须等待转储结束才能开始执行。

动态转储允许操作与用户事务并发进行，允许转储期间对数据库进行存取或修改，如图 6.4 所示。

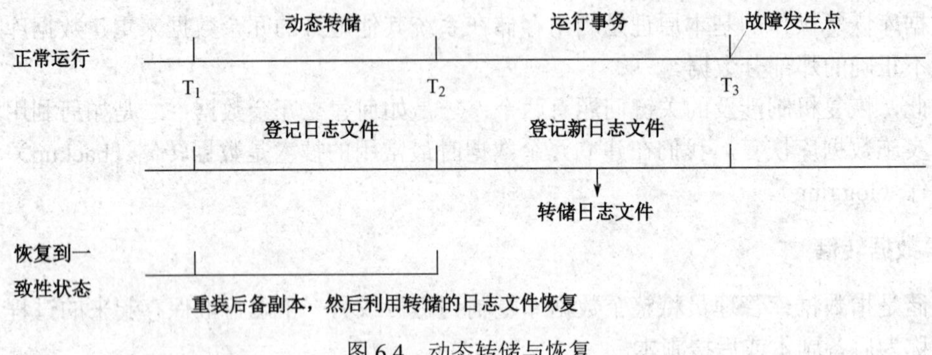

图 6.4　动态转储与恢复

动态转储的优点是不用等待正在运行的用户事务结束，也不会影响新事务的运行，克服了静态转储的缺点。但是动态转储不能保证副本中的数据正确有效。例如，在转储期间的某个时刻 T_1，系统把数据 A=1 转储到磁带上，而在下一时刻 T_2，某一事务将 A 改为 0，则在转储结束后，后备副本上的 A=1 就已经是过时的数据了，没有实际意义。

利用动态转储得到的副本进行故障恢复，需要把动态转储期间各事务对数据库的修改活动登记下来，建立日志文件。后备副本加上日志文件才能把数据库恢复到某一时刻的正确状态。

数据转储应定期进行，制作后备副本。但另一方面，转储又是十分耗费时间和资源的，不能频繁进行。因此，数据库管理员应该根据数据库的使用情况确定适当的转储周期和转储方法。例如，每天晚上进行动态增量转储，每周进行一次动态海量转储，每月进行一次静态海量转储。

2. 登记日志文件

日志文件（log）是用来记录事务对数据库的更新操作的文件。日志文件的格式主要有两种：以记录为单位的日志文件和以数据块为单位的日志文件。

以记录为单位的日志文件内容包括的日志记录（log record）有各个事务的开始标记（BEGIN TRANSACTION）、各个事务的结束标记（COMMIT 或 ROLLBACK）、各个事务的所有更新操作。每条日志记录的内容主要包括事务标识（标明是哪个事务）、操作类型（插入、删除或修改）、操作对象（记录内部标识）、更新前数据的旧值（对插入操作而言，此项为空值）、更新后数据的新值（对删除操作而言，此项为空值）等。

以数据块为单位的日志文件，每条日志记录的内容主要包括事务标识（标明是哪个事务）和被更新的数据块。

日志文件在数据库恢复中起着非常重要的作用，它能用来进行事务故障恢复和系统故障恢复，并协助后备副本进行介质故障恢复。它的具体作用如下。

1）进行事务故障恢复。

2）进行系统故障恢复。

3）在动态转储方式中必须建立日志文件，此时日志文件协助后备副本进行介质故障恢复。

4）日志文件也可以与静态转储后备副本配合进行介质故障恢复。静态转储的数据已是一致性的数据。如果静态转储完成后，仍能定期转储日志文件，则在出现介质故障重装数据副本后，可以利用这些日志文件副本对已完成的事务进行重做处理。这样不必重新运行那些已完成的事务程序，就可把数据库恢复到故障前某一时刻的正确状态。

登记日志文件还必须遵循两条基本原则：一是登记的次序严格按并行事务执行的时间次序；二是必须先写日志文件，后写数据库。

把对数据的修改写到数据库中和把表示这个修改的日志记录写到日志文件中是两个不同的操作。写日志文件时，要把表示这个修改的日志记录写到日志文件；写数据库要把对数据的修改写到数据库中。

在实际操作中，有可能在这两个操作之间发生故障，即这两个写操作只完成了一个。如果先写了数据库修改，而在运行记录中没有登记这个修改，则以后就无法恢复这个修改了。如果先写了日志但没有修改数据库，按日志文件恢复时只不过是多执行一次不必要的 UNDO 操作，但不会影响数据库的正确性。因此为了安全，一定要先写日志文件，再写数据库的修改。

6.3.3　故障的恢复方法

1. 事务故障的恢复

事务故障是指事务在运行至正常终止点前被终止，这时恢复子系统应利用日志文件撤销（UNDO）此事务已对数据库进行的修改。事务故障的恢复是由系统自动完成的，对用户是透明的，不需要用户干预。系统的恢复步骤如下。

1）反向扫描日志文件（即从最后向前扫描日志文件）查找该事务的更新操作。

2）对该事务的更新操作执行逆操作，即将日志记录中“更新前的值”写入数据库。如果记录中是插入操作，“更新前的值”为空，则相当于做删除操作；若记录中是删除操作，“更新后的值”为空，则相当于做插入操作；若是修改操作，则相当于用修改前值代替修改后值。

3）继续反向扫描日志文件，查找该事务的其他更新操作，并做同样处理。

4）如此处理下去，直至读到此事务的开始标记，事务故障恢复即可完成。

2. 系统故障的恢复

系统故障造成数据库不一致状态的原因有两个：一是未完成事务对数据库的更新可能已写入数据库；二是已提交事务对数据库的更新可能还留在缓冲区没来得及写入数据库。因此恢复操作就是要 UNDO 故障发生时未完成的事务，REDO 已完成的事务。系统故障的恢复由系统在重新启动时自动完成，不需要用户干预。系统的恢复步骤如下。

1）正向扫描日志文件（即从头扫描日志文件），找出在故障发生前已经提交的事务（这些事务既有 BEGIN TRANSACTION 记录，又有 COMMIT 记录），将其事务标识记入重做

（REDO）队列。同时找出故障发生时尚未完成的事务（这些事务只有 BEGIN TRANSACTION 记录，无相应的 COMMIT 记录），将其事务标识记入撤销（UNDO）队列。

2）对撤销队列中的各个事务进行撤销（UNDO）处理。

进行撤销处理的方法：反向扫描日志文件，对每个 UNDO 事务的更新操作执行逆操作，即将日志记录中“更新前的值”写入数据库。

3）对重做队列中的各个事务进行重做（REDO）处理。

进行重做处理的方法：正向扫描日志文件，对每个 REDO 事务重新执行日志文件登记的操作，即将日志记录中“更新后的值”写入数据库。

3. 介质故障的恢复

介质故障是最严重的一种故障。发生介质故障后，磁盘上的物理数据和日志文件被破坏。恢复方法是重装数据库，然后重做已完成的事务。恢复步骤如下。

1）装入最新的数据库后备副本（离故障发生时刻最近的转储副本），使数据库恢复到最近一次转储时的一致性状态。

对于静态转储的数据库副本，装入后数据库即处于一致性状态。

对于动态转储的数据库副本，还需同时装入转储开始时刻的日志文件副本，利用恢复系统故障的方法（即 REDO+UNDO），才能将数据库恢复到一致性状态。

2）装入有关的日志文件副本（转储结束时刻的日志文件副本），重做已完成的事务。首先扫描日志文件，找出故障发生时已提交的事务的标识，将其记入重做队列。然后正向扫描日志文件，对重做队列中的所有事务进行重做处理，即将日志记录中“更新后的值”写入数据库。

介质故障的恢复需要数据库管理员介入，但数据库管理员的工作只是重装最近转储的数据库副本和有关的各日志文件副本，执行系统提供的恢复命令，而具体的恢复操作仍由数据库管理系统完成。

6.3.4 具有检查点的恢复技术

具有检查点（checkpoint）的恢复技术是在日志文件中增加检查点记录，增加重新开始文件，并让恢复子系统在登录日志文件期间动态地维护日志。

利用日志技术进行数据库恢复时，恢复子系统必须搜索日志，确定哪些事务需要 REDO，哪些事务需要 UNDO。一般来说，需要检查所有日志记录。检查点可以解决以前搜索整个日志将耗费大量时间的问题，也克服了以前恢复子系统重新执行很多需要 REDO 处理，但实际上更新操作结果已经写到数据库中的事务的问题。

检查点记录的内容一般包括：建立检查点时刻所有正在执行的事务清单和这些事务最近一个日志记录的地址。重新开始文件用来记录各个检查点记录在日志文件中的地址，如图 6.5 所示。

动态维护日志文件的方法是周期性地执行如下操作：建立检查点，保存数据库状态。具体步骤如下。

1）将当前日志缓冲区中的所有日志记录写入磁盘的日志文件上。

2）在日志文件中写入一个检查点记录。

3）将当前数据缓冲区的所有数据记录写入磁盘的数据库中。

4）把检查点记录在日志文件中的地址写入一个重新开始文件。

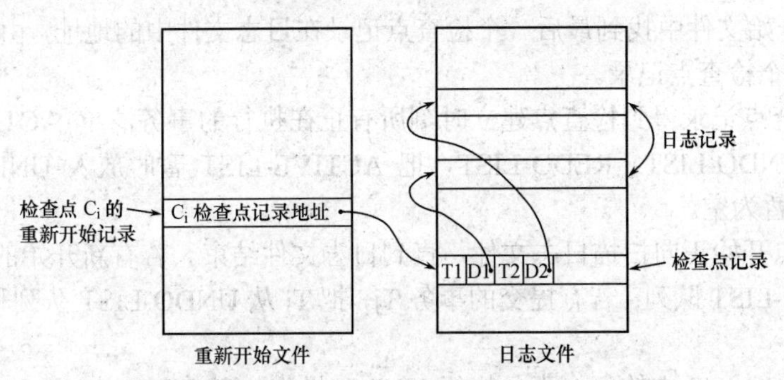

图 6.5　重新开始文件和具有检查点的日志文件

恢复子系统可以定期或不定期地建立检查点，保存数据库状态。定期是按照预定的一个时间间隔，如每隔一小时建立一个检查点；不定期是按照某种规则，如日志文件已写满一半，建立一个检查点。

使用检查点方法可以改善恢复效率。当事务 T 在一个检查点之前提交，T 对数据库所做的修改已写入数据库，写入时间是在这个检查点建立之前或在这个检查点建立之时。在进行恢复处理时，没有必要对事务 T 执行 REDO 操作。

系统出现故障时，恢复子系统将根据事务的不同状态采取不同的恢复策略，如图 6.6 所示。

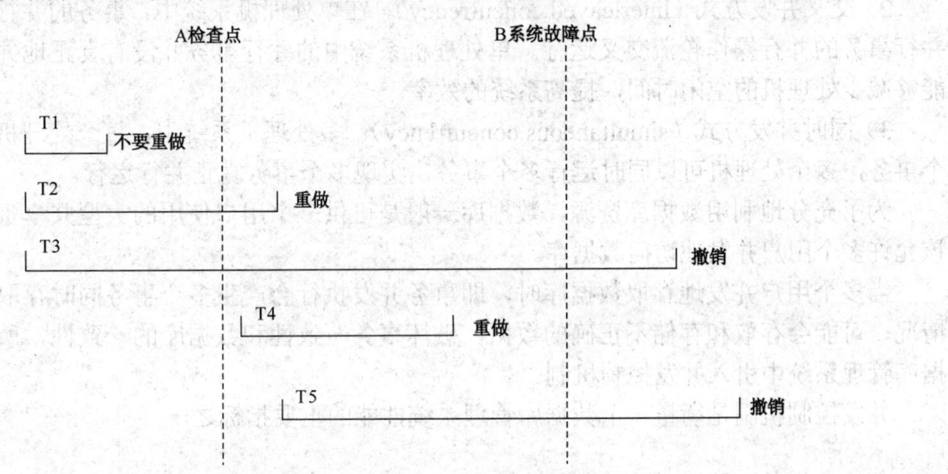

图 6.6　不同的子系统恢复策略

T1：在检查点之前提交。

T2：在检查点之前开始执行，在检查点之后故障点之前提交。

T3：在检查点之前开始执行，在故障点时还未完成。

T4：在检查点之后开始执行，在故障点之前提交。

T5：在检查点之后开始执行，在故障点时还未完成。

恢复策略如下。

1）T3 和 T5 在故障发生时还未完成，所以予以撤销。

2）T2 和 T4 在检查点之后才提交，它们对数据库所做的修改在故障发生时可能还在缓冲区中，尚未写入数据库，所以要 REDO。

3）T1 在检查点之前已提交，所以不必执行 REDO 操作。

利用检查点的恢复步骤如下。

1）从重新开始文件中找到最后一个检查点记录在日志文件中的地址，由该地址在日志文件中找到最后一个检查点记录。

2）由该检查点记录得到检查点建立时刻所有正在执行的事务清单 ACTIVE-LIST。建立两个事务队列 UNDO-LIST、REDO-LIST，把 ACTIVE-LIST 暂时放入 UNDO-LIST 队列，REDO-List 队列暂为空。

3）从检查点开始正向扫描日志文件，直到日志文件结束。若有新开始的事务 Ti，把 Ti 暂时放入 UNDO-LIST 队列；若有提交的事务 Tj，把 Tj 从 UNDO-LIST 队列移到 REDO-LIST 队列。

4）对 UNDO-LIST 中的每个事务执行 UNDO 操作；对 REDO-LIST 中的每个事务执行 REDO 操作。

6.4 数据库的并发控制

不同的多事务执行方式如下。

1）事务串行执行：每个时刻只有一个事务运行，其他事务必须等到这个事务结束以后方能运行。这种方式不能充分利用系统资源，发挥数据库共享资源的特点。

2）交叉并发方式（interleaved concurrency）：在单处理机系统中，事务的并行执行是这些并行事务的并行操作轮流交叉运行。单处理机系统中的并行事务并没有真正地并行运行，但能够减少处理机的空闲时间，提高系统的效率。

3）同时并发方式（simultaneous concurrency）：多处理机系统中，每个处理机可以运行一个事务，多个处理机可以同时运行多个事务，实现多个事务真正并行运行。

为了充分地利用数据库资源，数据库一般是可供多个用户使用的大型共享资源，因此应该允许多个用户并发地访问数据库。

当多个用户并发地存取数据库时，即事务并发执行会产生多个事务同时存取同一数据的情况，可能会存取和存储不正确的数据，破坏事务一致性和数据库的一致性，所以必须在数据库管理系统中引入并发控制机制。

并发控制机制是衡量一个数据库管理系统性能的重要指标之一。

6.4.1 并发控制引起的问题

并发操作的不正确调度可能会带来 3 种数据不一致性：丢失修改（lost update）、不可重复读（non-repeatable read）和读“脏”数据（dirty read）。

数据库通常会供多个用户使用，如学生选课时多名学生会利用多台选课终端对学生选课数据库进行操作，即并发操作。这就可能出现两个操作同时作用于一个选课名额的情形，可能会导致错误的结果。学生选课一般先查询该门课的选课名额余额，若余额大于 0，则可执行选课操作，将选课数据库中该门课选课余额减 1，并增加一个选课记录。

如果不进行并发控制，则可能造成两名学生同时查询到某门课程余额为 1，同时选这门课，结果增加了两个选课记录的情况。这就比实际的课程容量多出了 1，造成数据库数据的不正确。

下面我们来讨论在学生选课数据库上的一个操作序列。

1）学生 1 在选课终端上读出某课程的选课余额 A 为 1 人。

2）同时学生 2 在选课终端上读出同一课程的选课余额 A 仍为 1 人。

3）学生 1 选中该门课，将选课数据库中该门课选课余额减 1，A=A−1=0，将 A 写入数据库。

4）学生 2 也选中该门课，将选课数据库中该门课选课余额减 1，A=A−1=0，将 A 写入数据库。

此时本来该门课的选课余额只剩下了一个，却有两名学生成功地获取了这最后一个名额，就必定会产生数据的不一致，属于数据的丢失修改。

1. 丢失修改

两个事务 T1 和 T2 读入同一数据并修改，T2 的提交结果破坏了 T1 提交的结果，导致 T1 的修改被丢失。

2. 不可重复读

不可重复读也称不一致的分析，是指事务 T1 从数据库读取数据后，随后事务 T2 执行更新操作并将结果写回数据库，当 T1 再次按同一条件读入数据时，就无法再现前一次读取的结果了。这就可能使事务 T2 改变了数据的值，也可能删除了有些数据，或者增加了某些数据。

3. 读“脏”数据

读“脏”数据也称未提交的依赖。事务 T1 修改某一数据，并将其写回磁盘，而当事务 T2 读取同一数据后，T1 由于某种原因被撤销，T1 已修改过的数据恢复原值。这时 T2 读到的数据就与数据库中的数据不一致，T2 读到的数据就为“脏”数据，即不正确的数据。

下面通过图 6.7 来详细分析这 3 种数据不一致的现象，其中 R(x)表示读数据 x，W(x)表示写数据 x。

丢失修改		不可重复读		读“脏”数据	
T1	T2	T1	T2	T1	T2
① R(A)=8		① R(A)=1 R(B)=2 R(A)+R(B)=3		① R(A)=1 A←A−1 W(A)=0	
②	R(A)=8	②	R(B)=2 B←B*3 W(B)=6	②	R(A)=0
③ A←A−1 W(A)=7		③ R(A)=1 R(B)=6 R(A)+R(B)=7 验算不正确		③ ROLLBACK A=1	
④	A←A−1 W(A)=7				

图 6.7　数据不一致

6.4.2　封锁技术

如果并发问题不加以控制，就可能会读取和写入不正确的数据，破坏事务的一致性。SQL 使用锁机制来同步多个用户对同一数据的访问。通过使用不同的锁模式锁定资源，确定并发事务访问资源的方式。

并发控制就是要用正确的方式调度并发操作，使一个用户事务的执行不受其他事务的干扰，从而避免造成数据的不一致性。

封锁就是事务 T 在对某个数据对象操作之前，先向系统发出请求对其加锁，加锁后事务 T 就对该数据对象有了一定的控制，在事务 T 释放它的锁之前，其他事务不能更新此数据对象。

1. 锁的类型

一个事务对某个数据对象加锁后究竟拥有什么样的控制由封锁的类型决定。SQL 的锁模式有多种，基本封锁类型有排他锁（exclusive locks，X 锁，写锁）、共享锁（share locks，S 锁，读锁）和更新锁（update locks，U 锁）等。

排他锁可以防止并发事务对资源进行访问。若事务 T 对数据对象 A 加上 X 锁，则只允许 T 读取和修改 A，其他任何事务都不能再对 A 加任何类型的锁，直到 T 释放 A 上的锁，从保证其他事务在 T 释放 A 上的锁之前不能再读取和修改 A。

共享锁允许并发事务读取（SELECT）一个资源。若事务 T 对数据对象 A 加上 S 锁，则其他事务只能再对 A 加 S 锁，而不能加 X 锁，直到 T 释放 A 上的 S 锁，保证其他事务可以读 A，但在 T 释放 A 上的 S 锁之前不能对 A 做任何修改。

更新锁可以防止常见的死锁。当准备更新数据时，它首先对数据对象做更新锁锁定，这样数据将不能被修改，但可以读取。等到确定要进行更新数据操作时，它会自动将 U 锁换为 X 锁。但当对象上有其他锁存在时，无法对其做更新锁锁定。更新锁常被应用到带有共享锁的资源，一次只有一个事务可以获得资源的更新锁。

图 6.8 给出了使用封锁机制解决丢失修改、不可重复读、读“脏”数据等不一致问题的例子。

未丢失修改		可重复读		未读“脏”数据	
T1	T2	T1	T2	T1	T2
① Xlock A		① Slock A		① Xlock A	
② R(A)=8		Slock B		R(A)=1	
③	Xlock A	R(A)=1		A←A-1	
④ A←A-1	等待	R(B)=2		W(A)=0;	
W(A)=7	等待	R(A)+R(B)=3		②	Slock A
Commit	等待	②	Xlock B		等待
Unlock A	等待		等待	③ ROLLBACK	等待
⑤	获得 Xlock A	③ R(A)=1	等待	A=1	等待
	R(A)=7	R(B)=2	等待	Unlock A	等待
	A←A-1	R(A)+R(B)=3	等待	④	获得 Slock A
	W(A)=6	Commit	等待		R(A)=1
	Commit	Unlock A	等待		Commit Unlock
	Unlock A	Unlock B	等待		A
		验算正确	等待		
		④	获得 XlockB		
			R(B)=2		
			B←B*3		
		⑤	W(B)=6		
			Commit		
			Unlock B		

图 6.8　使用封锁机制解决数据不一致的例子

2. 死锁和活锁

封锁技术可以有效地解决并行操作的一致性问题，但也带来一些新的问题，如死锁和活锁。

如果事务 T1 封锁了数据 R，事务 T2 又请求封锁 R，于是 T2 等待。T3 也请求封锁 R，当 T1 释放了 R 上的封锁之后系统首先批准了 T3 的请求，T2 仍然等待。然后 T4 又请求封锁 R，当 T3 释放了 R 上的封锁之后系统又批准了 T4 的请求……T2 有可能永远等待，这就是活锁的情形。避免活锁的简单方法是采用先来先服务的策略。

产生死锁的原因是两个或多个事务都已封锁了一些数据对象，然后又都请求对已为其他事务封锁的数据对象加锁，从而出现死等待。如果事务 T1 封锁了数据 A，事务 T2 封锁了数据 B。之后 T1 又申请封锁数据 B，因为 T2 已封锁了 B，于是 T1 等待 T2 释放 B 上的锁。接着 T2 又申请封锁 A，因为 T1 已封锁了 A，T2 也只能等待 T1 释放 A 上的锁。这样就出现了 T1 在等待 T2，而 T2 又在等待 T1 的局面，T1 和 T2 两个事务永远不能结束，形成死锁。

数据库中解决死锁问题主要有两类方法：预防死锁、诊断并解除死锁。

预防死锁的发生就是要破坏产生死锁的条件，主要使用一次封锁法和顺序封锁法。一次封锁法要求每个事务必须一次将所有要使用的数据全部加锁，否则就不能继续执行。这样会降低系统并发度，并且事先精确确定封锁对象是很困难的。顺序封锁法是预先对数据对象规定一个封锁顺序，所有事务都按这个顺序实行封锁。采用顺序封锁法的维护成本高，并且数据库系统中封锁的数据对象极多，也在不断地变化，这就很难事先确定每一个事务要封锁哪些对象。因此在操作系统中广为采用的预防死锁的策略并不很适合数据库的特点，数据库管理系统在解决死锁的问题上更普遍采用的是诊断并解除死锁的方法。

死锁的诊断一般采用超时法和事务等待图法。超时法认为如果一个事务的等待时间超过了规定的时限，就认为发生了死锁。这样诊断的优点是实现简单，但也有可能误判死锁，且时限若设置得太长，死锁发生后不能及时发现。事务等待图法是并发控制子系统周期性地检测事务等待图，如果发现图中存在回路，则表示系统中出现了死锁。

事务等待图能动态地反映所有事务的等待状况。它是一个有向图 G=(T，U)。T 为结点的集合，每个结点表示正运行的事务。U 为边的集合，每条边表示事务等待的情况。若 T1 等待 T2，则 T1、T2 之间划一条有向边，从 T1 指向 T2。如图 6.9 所示，图 6.9（a）中，事务 T1 等待 T2，T2 等待 T1，产生了死锁；图 6.9（b）中，事务 T1 等待 T2，T2 等待 T3，T3 等待 T4，T4 又等待 T1，产生了死锁；事务 T3 可能还等待 T2，在大回路中又有小的回路。

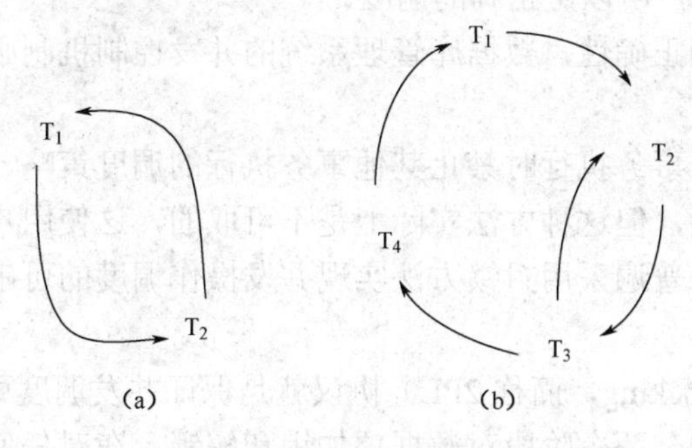

图 6.9　事务等待图例子

诊断到死锁后要解除死锁，选择一个处理死锁代价最小的事务将其撤销，释放此事务持的所有锁，使其他事务能继续运行下去。

3. 封锁的粒度

加锁的数据对象可以大到整个关系、整个数据库，也可以小到一个元组等。

封锁对象的大小称为封锁粒度（granularity），封锁的对象可以是逻辑单元，也可以是物理单元。封锁粒度与系统的并发度和并发控制的开销密切相关。封锁的粒度越大，数据库所能够封锁的数据单元就越少，可以同时进行的并发操作也就越少，于是系统的并发度就越低，系统开销也越小；反之则封锁的粒度越小，系统的并发度越高，但系统开销也就越大。

因此，要想选择合适的封锁粒度，就要对系统并发度和并发控制开销做一个认真的权衡。必要时还可在系统中提供不同粒度的封锁，供不同的事务选用。

6.4.3 并发调度的可串行化

计算机系统对并发事务中并发操作的调度是随机的，而并发控制机制调度数据库管理系统对并发事务不同的调度可能会产生不同的结果。

如果一个事务运行过程中没有其他事务同时运行，也就是说它没有受到其他事务的干扰，那么就可以认为该事务的运行结果是正常的或者预想的。因此将所有事务串行起来的调度策略一定是正确的调度策略。虽然以不同的顺序串行执行事务可能会产生不同的结果，但不会将数据库置于不一致状态，所以都是正确的。

可串行化（serializable）调度代表多个事务的并发执行是正确的，当且仅当其结果与按某一次序串行地执行这些事务时的结果相同。可串行性是并发事务正确调度的准则。根据这个准则，一个给定的并发调度，当且仅当它是可串行化的，才认为是正确调度。

例如，现在有两个事务，分别包含下列操作。

事务 T1：读 B；A=B+1；写回 A。

事务 T2：读 A；B=A+1；写回 B。

假设 A 和 B 的初值均为 2。按 T1→T2 次序执行结果为 A=3，B=4；按 T2→T1 次序执行结果为 B=3，A=4。

图 6.10 给出了对这两个事务的 3 种不同的调度策略。①和②为两种不同的串行调度策略，虽然执行结果不同，但它们都是正确的调度；③的两个事务是交错执行的，由于其执行结果与①、②的结果都不同，所以是错误的调度；④中两个事务也是交错执行的，其执行结果与串行调度①执行结果相同，所以是正确的调度。

为了保证并发操作的正确性，数据库管理系统的并发控制机制必须提供一定的手段来保证调度是可串行化的。

从理论上讲，在某一事务执行时禁止其他事务执行的调度策略一定是可串行化的调度，这也是最简单的调度策略，但这种方法实际上是不可取的，这使用户不能充分共享数据库资源。目前数据库管理系统普遍采用封锁方法实现并发操作调度的可串行性，从而保证调度的正确性。

两段锁（two-phase locking，简称 2PL）协议就是保证并发调度可串行性的封锁协议。两段锁协议指所有事务必须分两个阶段对数据项加锁和解锁。在对任何数据进行读、写操作之前，事务首先要获得对该数据的封锁。在释放一个封锁之后，事务不再申请和获得任何其他封锁。两段锁的第一阶段是获得封锁，也称为扩展阶段，事务可以申请获得任何数据项上的任何类型的锁，但是不能释放任何锁；第二阶段是释放封锁，也称为收缩阶段，事务可以释放任何数据项上的任何类型的锁，但是不能再申请任何锁。

① 串行调度		② 串行调度		③ 不可串行化的调度		④ 不可串行化的调度	
T1	T2	T1	T2	T1	T2	T1	T2
Slock B			Slock A	Slock B		Slock B	
Y=R(B)=2			X=R(A)=2	Y=R(B)=2		Y=R(B)=2	
Unlock B			Unlock A		Slock A	Unlock B	
Xlock A			Xlock B		X=R(A)=2	Xlock A	
A=Y+1=3			B=X+1=3	Unlock B			Slock A
W(A)			W(B)		Unlock A	A=Y+1=3	等待
Unlock A			Unlock B	Xlock A		W(A)	等待
	Slock A			A=Y+1=3		Unlock A	等待
	X=R(A)=3	Slock B		W(A)			X=R(A)=3
	Unlock A	Y=R(B)=3			Xlock B		Unlock A
	Xlock B	Unlock B			B=X+1=3		Xlock B
	B=X+1=4	Xlock A			W(B)		B=X+1=4
	W(B)	A=Y+1=4		Unlock A			W(B)
	Unlock B	W(A)			Unlock B		Unlock B
		Unlock A					

图 6.10　并发事务的不同调度

事务遵守两段锁协议是可串行化调度的充分条件，而不是必要条件。若并发事务都遵守两段锁协议，则对这些事务的任何并发调度策略都是可串行化的；若并发事务的一个调度是可串行化的，不一定所有事务都符合两段锁协议。除了两段锁协议之外还有时标方法、乐观方法等来保证调度的正确性。

6.5　数据库的完整性

数据库的完整性指的是数据的正确性和相容性。它与数据的安全性是两个不同概念。数据的完整性是为了防止数据库中存在不符合语义的数据，也就是防止数据库中存在不正确的数据。防范对象是不合语义、不正确的数据。而数据的安全性是为了保护数据库防止恶意的破坏和非法的存取。防范对象是非法用户和非法操作。

数据库的完整性控制是通过数据库管理系统的完整子系统实现的。完整子系统的主要功能一是监督事务的执行，测试是否违反完整性规则；二是在违反完整性规则时会采取措施进行处理，如拒绝操作、报告情况和改正错误等方法。数据库的完整性控制已经成为数据库管理系统核心支持的功能。

6.5.1　数据库完整性概述

1. 完整性规则

完整性规则是由数据库管理员或应用程序员事先向完整子系统提供的有关数据约束的一组规则。为维护数据库的完整性，数据库管理系统必须做到以下几点。

（1）提供定义完整性约束条件的机制

完整性约束条件是数据库中的数据必须满足的语义约束条件。实体完整性、参照完整性、用户定义的完整性都是 SQL 标准用来描述完整性的一系列概念，这些完整性一般由 SQL 的 DDL 语句来实现，并作为数据库模式的一部分存入数据字典。

（2）提供完整性检查的方法

完整性检查是数据库管理系统中检查数据是否满足完整性约束条件的机制。一般在 INSERT、UPDATE、DELETE 语句执行后或事务提交时检查，检查这些操作执行后数据库中的数据是否违背了完整性约束条件。

（3）违约处理

若数据库管理系统发现用户的操作违背了完整性约束条件，就会采取一定的动作，如拒绝（NO ACTION）执行该操作，或级连（CASCADE）执行其他操作，进行违约处理以保证数据的完整性。

2. 完整性约束条件的分类

数据完整性约束是一组完整性规则的集合。它定义了数据模型必须遵守的语义约束，也规定了根据数据模型所构建的数据库中数据内部及其数据相互间联系所必须满足的语义约束。完整性约束是数据库系统必须遵守的约束，它限定了根据数据模型所构建的数据库的状态及状态变化，以便维护数据库中的数据。

数据库完整性由各种各样的完整性约束来保证，因此可以说数据库完整性设计就是数据库完整性约束的设计。加在数据库之上的语义约束条件就是数据库完整性约束条件。

完整性约束条件作用对象可以是列、关系、元组 3 种。列约束主要是列的数据类型、取值范围、精度、排序等约束条件。元组的约束是元组中各个字段间的联系的约束。关系的约束是若干元组间、关系集合上及关系之间的联系的约束。

完整性约束条件涉及这 3 类对象，其状态可以是静态的，也可以是动态的。所谓静态约束是指数据库每一确定状态时的数据对象所应满足的约束条件。它是反映数据库状态合理性的约束，这是最重要的一类完整性约束。动态约束是指数据库从一种状态转变为另一种状态时，新、旧值之间所应满足的约束条件。

完整性约束条件可分为静态列级约束、静态元组约束、静态关系约束、动态列级约束、动态元组约束和动态关系约束 6 类。

1）静态列级约束是对一个列的取值域的说明，包括对数据类型的约束（包括数据的类型、长度、单位、精度等）；对数据格式的约束；对取值范围或取值集合的约束；对空值的约束，规定哪些列可以为空值，哪些列不能为空值。

2）静态元组约束就是规定元组的各个列之间的约束关系。例如，订货关系中包含发货量、订货量等列，规定发货量不得超过订货量。

3）静态关系约束是指在一个关系的各个元组之间或者若干关系之间存在的约束。常见的静态约束有实体完整性约束、引用完整性约束、函数依赖约束（大部分函数依赖约束都在关系模式中定义）、统计约束（即字段值与关系中多个元组的统计值之间的约束关系）。例如，规定部门经理的工资不得高于本部门职工平均工资的 5 倍，不得低于本部门职工平均工资的两倍。

4）动态列级约束是修改列定义或列值时应满足的约束条件，包括修改列定义时的约束，如将允许空值的列改为不允许空值时，如果该列目前已存在空值，则拒绝这种修改；修改列值时的约束。修改列值时有时需要参照其旧值，并且新、旧值之间需要满足某种约束条件。例如，职工调整后的工资不得低于其调整前的原来工资；职工婚姻状态的变化只能是由未婚到已婚、已婚到离异、离异到再婚等情况。

5）动态元组约束是指修改元组的值时元组中各个字段间需要满足某种约束条件。例如，职工工资调整时新工资不得低于原工资＋工龄×1.5 等。

6）动态关系约束是加在关系变化前后状态上的限制条件。例如，在集成电路芯片设计数据库中，一个设计中用到的所有单元的工艺必相同，因此，在更新某个设计单元时，设计单元的新老工艺必须保持一致。

6.5.2　完整性控制

本节将介绍关系数据库完整性控制的 3 类完整性约束条件的基本概念，然后会在下节介绍在 SQL 中这些完整性控制功能实现的方法。

关系模型中有 3 类完整性约束条件：实体完整性、参照完整性和用户定义完整性。

1. 实体完整性

实体完整性指表中行的完整性，主要用于保证操作的数据记录非空、唯一且不重复。若属性（指一个或一组属性）A 是基本关系 R 的主属性，则 A 不能取空值，即实体完整性要求每个关系有且仅有一个主键，每一个主键值必须唯一，而且不允许为“空”（NULL）或重复。

2. 参照完整性

参照完整性属于表间规则。具体来说，就是从表中每条记录外键的值必须是主表中存在的，因此，如果在两个表之间建立了关联关系，则对一个关系进行的操作要影响到另一个表中的记录。事实上，不仅两个或两个以上关系间可以存在引用关系，同一关系内部属性间也可以存在引用关系。

外码的定义：设 F 为基本关系 R 的一个或一组属性，但不是关系 R 的码。K 是基本关系 S 的主码。如果 F 与 K 相对应，则称 F 是 R 的外码（foreign key），并称基本关系 R 为参照关系，基本关系 S 为被参照关系或目标关系。其中基本关系 R 与 S 不一定是不同关系。

【例 6.1】学生、课程、学生选课之间的联系可以用如下关系表示，其中主码用下划线标识。

学生（<u>学号</u>，姓名，性别，年龄，所在系）

课程（<u>课程号</u>，课程名，选修课，学分）

学生选课（<u>学号，课程号</u>，成绩）

这 3 个关系之间存在着属性的引用，即学生选课关系的“学号”属性与学生关系的主码“学号”相对应；学生选课关系的“课程号”与课程关系的主码“课程号”相对应。“学号”与“课程号”属性是学生选课关系的外码；学生关系与课程关系均为被参照关系，学生选课关系为参照关系。

参照完整性规则：若属性或属性组 F 是基本关系 R 的外码，它与基本关系 S 的主码 K 相对应（其中基本关系 R 与 S 不一定是不同关系），则对于 R 中每个元组在 F 上的值必须等于 S 中某个元组的主码值，或者取空值，且必须是 F 的每个属性值均为空。

3. 用户定义完整性

不同的关系数据库系统根据其应用环境的不同，往往还需要一些特殊的约束条件。用户定义完整性即针对某个特定关系数据库的约束条件，它反映某一具体应用必须满足的语义要求。用户定义完整性是对数据表中字段属性的约束，用户定义完整性规则也称域完整性规则，包括字段的值域、字段的类型和字段的有效规则（如小数位数）等约束，是由确定关系结构时所定义字段的属性决定的，如百分制成绩的取值范围在 0～100 之间等。

6.5.3 数据完整的实现

1. 实体完整性的实现

关系模型的实体完整性在 CREATE TABLE 中用 PRIMARY KEY 定义。

其中单属性构成的码有两种说明方法：一是定义为列级约束条件；二是定义为表级约束条件。如果对多个属性构成的码只有一种说明方法，即定义为表级约束条件。

【例 6.2】将 Student 表中的 Sno 属性定义为码。

在列级定义主码：

```
CREATE TABLE Student
(Sno  CHAR(9)  PRIMARY KEY,          /*列级完整性约束*/
Sname  CHAR(20)  NOT NULL,           /*列级完整性约束*/
Ssex  CHAR(2) ,
Sage  SMALLINT,
Sdept  CHAR(20)
);
```

在表级定义主码：

```
CREATE TABLE Student
(Sno  CHAR(9),
Sname  CHAR(20) NOT NULL,          /*列级完整性约束*/
Ssex  CHAR(2),
Sage  SMALLINT,
Sdept  CHAR(20),
PRIMARY KEY (Sno)                  /*表级完整性约束*/
 );
```

【例 6.3】将 SC 表中的 Sno 和 Cno 属性组定义为码。

```
CREATE TABLE SC
(Sno  CHAR(9) NOT NULL,
Cno  CHAR(4) NOT NULL,
Cgrade  SMALLINT,
PRIMARY KEY (Sno,Cno)      /*只能在表级定义主码*/
);
```

每当用户程序插入或对主码列进行更新操作时，RDBMS 按照实体完整性规则自动进行检查，包括以下几点。

1）检查主码值是否唯一，如果不唯一，则拒绝插入或修改。检查记录中主码值是否唯一的一种方法是进行全表扫描。依次判断表中每一条记录的主码值与将插入记录上的主码值，或者经过修改后的新主码值是否相同。为了避免全表扫描，RDBMS 核心一般都在主码上自动建立一个索引，通过索引查找基本表中是否已经存在新的主码值。

2）检查主码的各个属性是否为空，只要有一个为空就拒绝插入或修改。

2. 参照完整性的实现

关系模型的参照完整性定义是在CREATE TABLE中用FOREIGN KEY短语定义哪些列为外码，用REFERENCES短语指明这些外码参照哪些表的主码。

例如，学生选课关系SC中一个元组表示一个学生选修的某门课程的成绩，（Sno，Cno）是主码。Sno、Cno分别参照引用Student表的主码和Course表的主码。

【例6.4】 定义SC中的参照完整性。

```
CREATE TABLE SC
(Sno  CHAR(9) NOT NULL,
Cno  CHAR(4) NOT NULL,
Cgrade  SMALLINT,
PRIMARY KEY (Sno,Cno),                            /*在表级定义实体完整性*/
FOREIGN KEY (Sno) REFERENCES Student(Sno),     /*在表级定义参照完整性*/
FOREIGN KEY (Cno) REFERENCES Course(Cno)       /*在表级定义参照完整性*/
);
```

对被参照表和参照表进行增删改操作时有可能破坏参照完整性，必须进行检查。

当发生不一致时，系统采取的参照完整性违约处理策略如下。

1）默认策略为拒绝（NO ACTION）执行，即不允许该操作执行。

2）级联（CASCADE）操作：当删除或修改被参照表的一个元组造成了与参照表的不一致时，则删除或修改被参照表中的所有造成不一致的元组。

3）设置为空值（SET-NULL）：对于参照完整性，除了应该定义外码，还应定义外码列是否允许空值。

可能破坏参照完整性的情况和相应的违约处理如表6.1所示。

表6.1　可能破坏参照完整性的情况和相应的违约处理

被参照表（如Student表）	参照表（如SC表）	违约处理
可能破坏参照完整性	插入元组	拒绝
可能破坏参照完整性	修改外码值	拒绝
删除元组	可能破坏参照完整性	拒绝/级连删除/设置为空值
修改主码值	可能破坏参照完整性	拒绝/级连修改/设置为空值

3. 用户定义完整性的实现

用户定义完整性就是针对某一具体应用的数据必须满足的语义要求，由R数据库管理系统提供，而不必由应用程序承担。

（1）属性上的约束条件

在CREATE TABLE时定义属性上的约束条件为列值非空（NOT NULL）、列值唯一（UNIQUE）和检查列值是否满足一个布尔表达式（CHECK）。

1）列值非空。

【例6.5】 在定义SC表时，说明Sno、Cno、Cgrade这3个属性不允许取空值。

```
CREATE TABLE SC
(Sno  CHAR(9)  NOT NULL,
```

```
    Cno  CHAR(4)  NOT NULL,
    Cgrade  SMALLINT NOT NULL,
    PRIMARY KEY (Sno, Cno),
    /* 如果在表级定义实体完整性，隐含了Sno，Cno不允许取空值，则在列级不允许取空值的定义就不必写了 * /
    );
```

2）列值唯一。

【例 6.6】建立部门表 DEPT，要求部门名称 Dname 列取值唯一，部门编号 Deptno 列为主码。

```
CREATE TABLE DEPT
(Deptno  NUMERIC(2),
Dname  CHAR(9)  UNIQUE,           /*要求Dname列值唯一*/
Location  CHAR(10),
PRIMARY KEY (Deptno)
);
```

3）检查列值是否满足一个布尔表达式。

【例 6.7】Student 表的 Ssex 只允许取“男”或“女”。

```
CREATE TABLE Student
(Sno  CHAR(9) PRIMARY KEY,
Sname CHAR(8) NOT NULL,
Ssex  CHAR(2)  CHECK (Ssex IN ('男','女'))   /*性别属性Ssex只允许取'男'或'女' */
Sage  SMALLINT,
Sdept  CHAR(20)
);
```

当向表中插入元组或修改属性的值时，RDBMS 需要检查属性上的约束条件是否被满足，如果不满足，则操作会被拒绝执行。

（2）元组上的约束条件

在 CREATE TABLE 时可以用 CHECK 短语定义元组上的约束条件，即元组级的限制。同属性值限制相比，元组级的限制可以设置不同属性之间取值的相互约束条件。

【例 6.8】当学生的性别是男时，其名字不能以 Ms.打头。

```
CREATE TABLE Student
(Sno  CHAR(9),
Sname  CHAR(8) NOT NULL,
Ssex   CHAR(2),
Sage   SMALLINT,
Sdept  CHAR(20),
PRIMARY KEY (Sno),
CHECK (Ssex='女' OR Sname NOT LIKE 'Ms.%')
/*定义了元组中Sname和 Ssex两个属性值之间的约束条件*/
);
```

性别是女性的元组都能通过该项检查，因为 Ssex='女' 成立；当性别是男性时，要通过检查，则名字一定不能以 Ms.打头。

插入元组或修改属性的值时，RDBMS 检查元组上的约束条件是否被满足，如果不满足，则操作被拒绝执行。

4. 完整性约束命名子句

SQL 在 CREATE TABLE 语句中提供了完整性约束命名子句 CONSTRAINT，用来对完整性约束条件命名。

```
CONSTRAINT <完整性约束条件名>
[PRIMARY KEY短语|FOREIGN KEY短语|CHECK短语]
```

【例 6.9】 建立学生登记表 Student，要求学号在 1402001～1402999 之间，姓名不能取空值，年龄小于 30，性别只能是“男”或“女”。

```
CREATE TABLE Student
(Sno  NUMERIC(6)
CONSTRAINT C1 CHECK (Sno BETWEEN 1402001 AND 1402999),
Sname  CHAR(20)
CONSTRAINT C2 NOT NULL,
Sage  NUMERIC(3)
CONSTRAINT C3 CHECK (Sage < 30),
Ssex  CHAR(2)
CONSTRAINT C4 CHECK (Ssex IN ( '男','女')),
CONSTRAINT StudentKey PRIMARY KEY(Sno)
);
```

在 Student 表上建立了 5 个约束条件，包括主码约束及 C1、C2、C3、C4 这 4 个列级约束。

使用 ALTER TABLE 语句可以修改表中的完整性限制。可以先删除原来的约束条件，再增加新的约束条件。

【例 6.10】 修改表 Student 中的约束条件，要求学号改为在 1401001～1401999 之间，年龄由小于 30 改为小于 25。

```
ALTER TABLE Student
DROP CONSTRAINT C1;
ALTER TABLE Student
ADD CONSTRAINT C1 CHECK (Sno BETWEEN 1401001 AND 1401999),
ALTER TABLE Student
DROP CONSTRAINT C3;
ALTER TABLE Student
ADD CONSTRAINT C3 CHECK (Sage < 25);
```

第 7 章　数据库设计

【学习目的与要求】

本章讨论数据库设计的方法和技术。主要讨论基于 RDBMS 的关系数据库设计问题。通过对本章的学习，学生应了解数据库设计的基本步骤和概念知识，理解并掌握需求分析、概念结构设计、E-R 模型、逻辑结构设计、数据库物理结构设计及数据库实施的方法。了解数据库运行与维护的内容。

7.1　数据库设计概述

在数据库领域内，有很多以数据库为基础的信息系统，如以数据库为基础的管理信息系统、办公自动化系统、地理信息系统、电子政务系统、电子商务系统等。数据库是信息系统的核心和基础，它可以把信息系统中的大量数据按一定的模型组织起来，提供存储、维护、检索数据的功能，使信息系统可以方便、及时、准确地从数据库中获得所需的信息。

数据库的设计是使得信息系统中各个部分能够紧密结合在一起的关键所在，是信息系统开发和建设必要的部分。

一个良好的数据库设计应该具备以下条件。

1）节省数据的存储空间。

2）能够保证数据的完整性。

3）方便进行数据库应用系统的开发。

4）相反，一个糟糕的数据库设计则存在数据冗余、存储空间浪费、数据更新和插入异常等问题。

7.1.1　数据库设计概念

定义 7.1　数据库设计是指对于一个给定的应用环境，构造（设计）优化的数据库逻辑模式和物理结构，并据此建立数据库及其应用系统，使之能够有效地存储和管理数据，满足各种用户的应用需求。

1）用户的应用需求包括信息管理要求和数据操作要求。信息管理要求是指在数据库中应该存储和管理哪些数据对象；数据操作要求是指对数据对象需要进行哪些操作，如查询、增、删、改、统计等操作。

2）数据库设计的目标：为用户和各种应用系统提供一个信息基础设施和高效率的运行环境，如提高数据库数据的存取效率、数据库存储空间的利用率、数据库系统运行管理的效率等。

3）数据库设计的特点：

（1）数据库建设的基本规律

在数据库建设中不仅涉及技术，还涉及管理。要建设好一个数据库应用系统，开发技术固然重要，但是相比之下则管理更加重要。这里的管理不仅包括数据建设作为一个大型的工程项目本身的项目管理，而且包括该企业的业务管理。

1）三分技术，数据库应用系统建设过程中必然涉及数据库开发技术。

2）七分管理，包括数据库建设项目管理和企业的业务管理。只有把企业的管理创新做好，才能实现技术创新，才能建设好一个数据库应用系统。

3）十二分基础数据，基础数据的收集、入库和更新是数据库的主要操作。

（2）将数据库结构设计和数据行为设计密切结合

1）数据库的结构设计是指根据给定的应用环境，进行数据库的模式或子模式的设计，并且具有较小的冗余、能满足不同用户的需求、能实现数据的共享等特点。

2）数据库的行为设计是指确定数据库用户的行为和动作，即用户对数据库的操作，这些要通过应用程序来实现，所以数据库的行为设计就是应用程序的设计。

结构设计和行为设计要紧密结合是数据库设计的重要特点。

7.1.2　数据库设计的内容

数据库设计包括数据库的结构设计和行为设计两方面的内容。

1. 数据库的结构设计

数据库的结构设计是指根据给定的应用环境，进行数据库的模式或子模式的设计。它包括数据库的概念设计、逻辑设计和物理设计。数据库模式是静态的、稳定的，所以结构设计又称为静态模型设计。

2. 数据库的行为设计

数据库的行为设计是指确定数据库用户的行为和动作。在数据库系统中，用户的行为和动作指用户对数据库的操作，而这些要通过应用程序来实现，所以说行为设计就是应用程序的设计。行为设计是动态的，所以行为设计又称为动态模型设计。

数据库设计应该和应用系统的设计相结合，也就是说整个设计过程中要把结构设计和行为设计紧密结合起来。数据库设计的内容如图 7.1 所示。

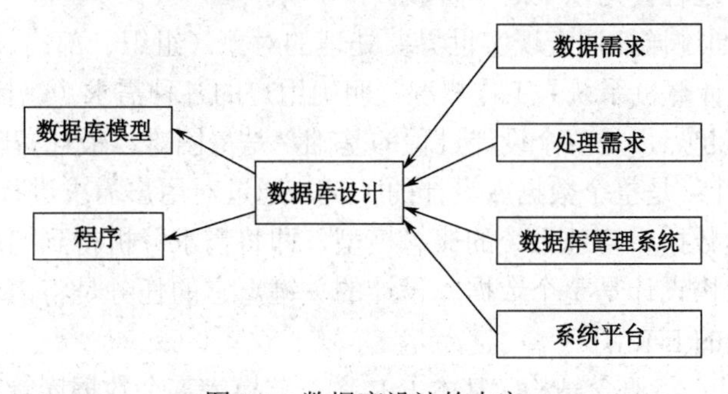

图 7.1　数据库设计的内容

7.1.3 数据库设计方法

数据库设计方法主要有手工试凑法、规范设计法和计算机辅助设计法 3 种。

手工试凑法，其设计质量与设计人员的经验和水平有直接关系，但是因为缺乏科学理论和工程方法的支持，所以工程的质量难以保证。数据库运行一段时间后常常又不同程度地发现各种问题，增加了维护代价。

规范设计法，其设计的基本思想是过程迭代和逐步求精。规范设计的典型方法有以下几种。

1）新奥尔良（new orleans）方法：该方法将数据库设计分为 4 个阶段：需求分析、概念设计、逻辑设计和物理设计。该方法把数据库设计分为若干阶段和步骤，并采用一些辅助手段实现每一过程。它运用软件工程的思想，按一定的设计规程用工程化方法设计数据库。新奥尔良方法属于规范设计法。

2）基于 E-R 模型的数据库设计方法：该方法用 E-R 模型来设计数据库的概念模型，这种方法在概念设计阶段得到了广泛采用。

3）基于 3NF（第三范式）的设计方法，该方法用关系数据理论为指导来设计数据库的逻辑模型，是设计关系数据库时在逻辑阶段可以采用的一种有效方法。

4）面向对象的数据库设计方法即 ODL（object definition language）方法。这是面向对象的数据库设计方法。该方法用面向对象的概念和术语来说明数据库结构。UUL 可以描述面向对象数据库结构设计，可以直接转换为面向对象的数据库。

计算机辅助设计：现在已经有很多数据库设计工具，如 Designer 2000 和 Power Designer 分别是 Oracle 公司和 Sybase 公司推出的数据库设计上具软件，这些工具软件可以辅助设计人员完成数据库设计过程中的很多任务，已经普遍用于大型数据库设计之中。

7.1.4 数据库设计的基本步骤

选定参加设计数据库的各类人选是数据库设计的重要准备工作，主要需要以下 4 类。

1）数据库分析设计人员是数据库设计的核心人员，他们自始至终参与数据库设计，其水平决定了数据库系统的质量。

2）用户在数据库设计中也是举足轻重的，他们主要参加需求分析和数据库的运行维护。用户积极参与可以加速数据库设计，并提高数据库设计的质量。

3）程序员在系统实施阶段参与进来，负责编制程序。

4）操作员在系统实施阶段参与进来，准备软硬件环境。

数据库设计主要过程分为以下 6 个阶段。

1）需求分析：通过详细调查现实世界要处理的对象（组织、部门、企业等），充分了解原系统（手工系统或计算机系统）工作概况，明确用户的各种需求（包括数据与处理）。需求分析是设计数据库的起点，是整个设计过程的基础，是最困难、最耗费时间的一步。

2）概念结构设计：是整个数据库设计的关键，通过对用户需求进行综合、归纳与抽象，形成一个独立于具体数据库管理系统的概念模型，即将需求分析得到的用户需求抽象为信息世界的结构。概念结构设计是整个数据库设计的关键。它的任务是将需求分析的结果进行概念化抽象，获得系统的 E-R 图。

3）逻辑结构设计：将概念结构（基本 E-R 图）转换为某个数据库管理系统所支持的数据

模型相符合的逻辑结构，对其进行优化。

4）物理结构设计：为逻辑数据模型选取一个最适合应用环境的物理结构（包括存储结构和存取方法）。

5）数据库实施：运用数据库管理系统提供的数据语言、工具及宿主语言，根据逻辑设计和物理设计的结果建立数据库、编制与调试应用程序、组织数据入库、进行试运行。

6）数据库运行和维护：数据库应用系统经过试运行后即可投入正式运行。在数据库系统运行过程中必须不断地对其进行评价、调整与修改。对数据库的转储和恢复、安全性、完整性进行控制，对数据库性能进行监督、分析和改进，对数据库进行重组织和重构造。

设计过程描述如表 7.1 所示。

表 7.1　设计过程描述

设计阶段	设计描述	
	数据	处理
需求分析	对数据字典、全系统中的数据项、数据流、数据存储的描述	对数据流图中的判定表（判定树）、数据字典中的存储过程的描述
概念结构设计	概念模型 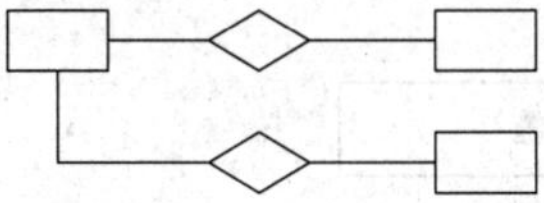 数据字典	系统说明书包括新系统要求、方案和概图；反映新系统信息流的数据流图 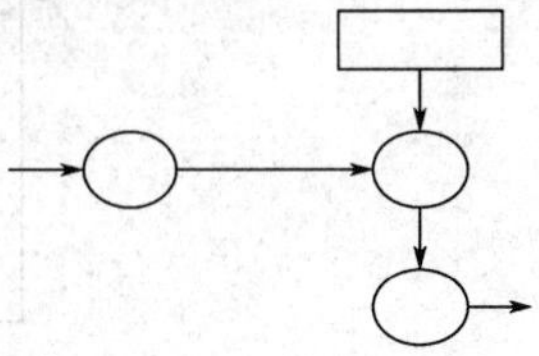
逻辑结构设计	某种数据模型 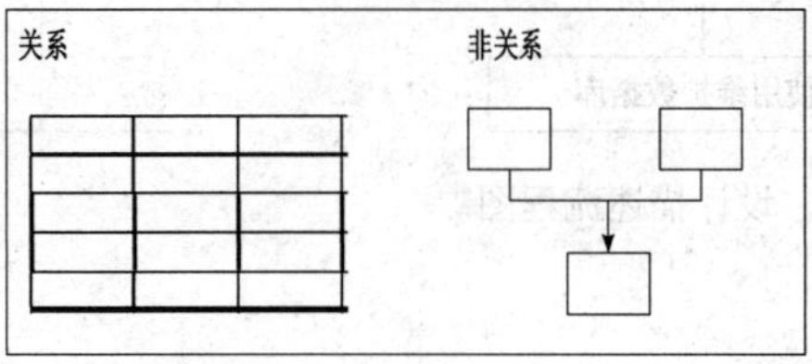 关系　非关系	系统结构图 模块结构 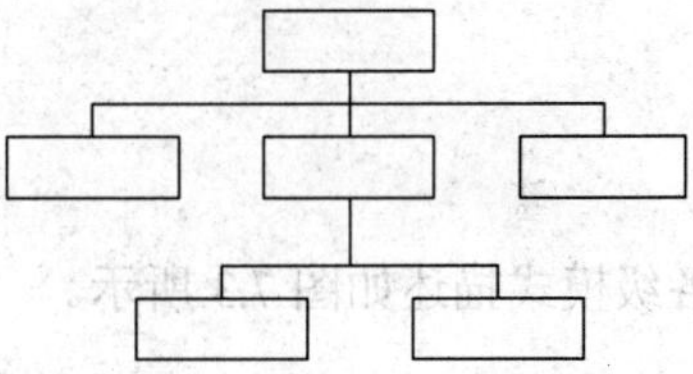
物理结构设计	存储安排、方法选择、存储路径的建立 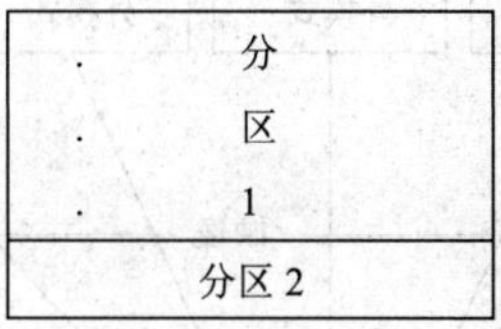 分区1 分区2	模块设计 IPO表 IPO表 输入… 输出… 处理…
数据库运行和维护	性能检测、转储/恢复、数据库重组和重构	新旧系统转换、运行、维护（修正性、适应性、改善性维护）

设计描述流程图如图 7.2 所示。

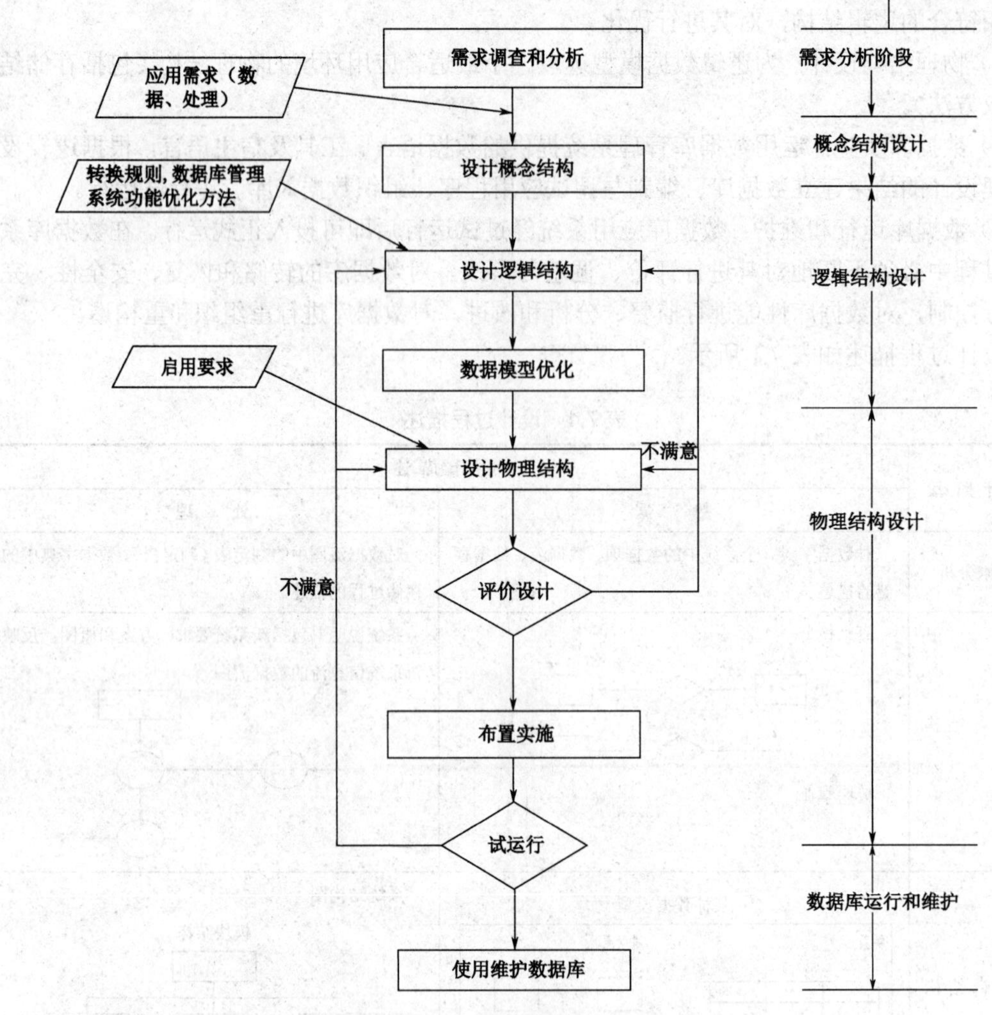

图 7.2　设计描述流程图

各级模式描述如图 7.3 所示。

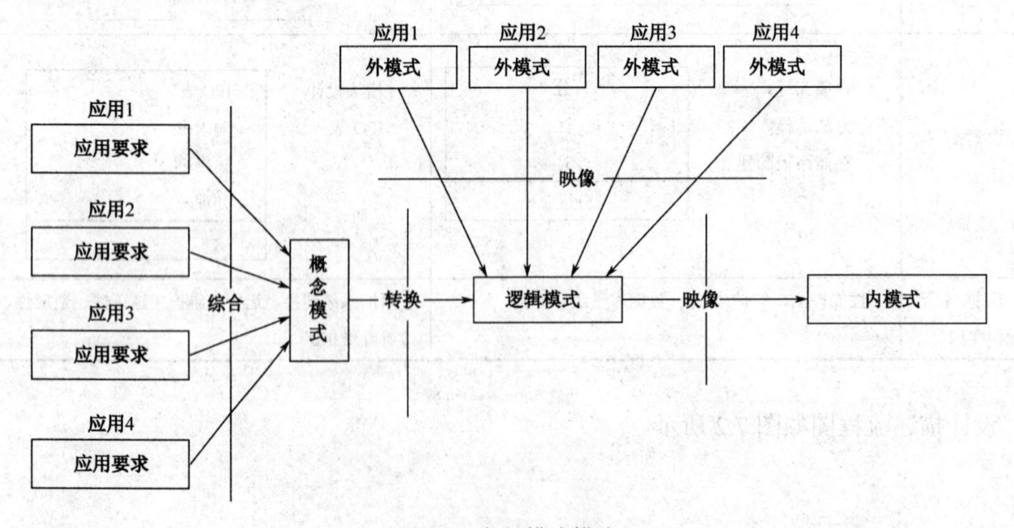

图 7.3　各级模式描述

设计一个完善的数据库应用系统往往是上述 6 个阶段的不断反复。其中需求分析和概念设计独立于任何数据库管理系统，逻辑设计和物理设计与选用的数据库管理系统密切相关。

7.2　需求分析

需求分析就是分析用户的需要与要求，是设计数据库的起点。需求分析的结果直接影响到后面各个阶段的设计，并影响到设计结果是否合理和实用。

7.2.1　需求分析的任务

需求分析的主要任务是通过详细调查现实世界要处理的对象（组织、部门、企业等），充分了解原系统（手工系统或计算机系统）工作概况，明确用户的各种需求，在此基础上确定新系统的功能。新系统必须充分考虑今后可能的扩充和改变，不能仅仅按当前应用需求来设计数据库。

需求分析的重点是调查、收集与分析用户在数据管理中的信息要求、处理要求、安全性与完整性要求。

1）信息要求：用户需要从数据库中获得信息的内容与性质，由用户的信息要求可以导出数据要求，即在数据库中需要存储哪些数据。

2）处理要求：对处理功能的要求、对处理的响应时间的要求、对处理方式的要求（批处理/联机处理）。

3）安全性与完整性要求。

需求分析的难点是确定用户最终需求，由于用户缺少计算机知识，无法立即准确地表达自己的需求，他们所提出的需求往往不断地变化，新的硬件、软件技术的出现也会使用户需求发生变化。而设计人员又缺少用户的专业知识，不易理解用户的真正需求，甚至误解用户的需求。这就要求设计人员必须采用有效的方法，与用户不断深入地进行交流，才能逐步得以确定用户的实际需求。

7.2.2　需求分析的步骤

明确了需求分析的主要任务及重点难点之后就要着手进行实际的需求分析了。需求分析的步骤可以分为调查用户需求和分析和表达用户需求两大步骤。

1．调查用户需求的具体步骤

调查用户需求是要对用户的需求进行实地考察，其具体步骤如下。

1）调查组织机构情况主要有组织部门的组成情况、各部门的职责等。

2）调查各部门的业务活动情况，如各个部门输入和使用什么数据，如何加工处理这些数据，输出什么信息，输出到什么部门，输出结果的格式是什么等。

3）在熟悉业务活动的基础上，协助用户明确对新系统的各种要求，包括信息要求、处理要求、完全性与完整性要求。

4）确定新系统的边界，确定哪些功能由计算机完成或将来准备让计算机完成，确定哪些活动由人工完成。其中由计算机完成的功能就是新系统应该实现的功能。

2．需求调查

做需求调查时，往往需要同时采用多种方法。常用调查方法如下。

1）跟班作业。通过亲身参加业务工作来了解业务活动的情况。这种方法可以比较准确地理解用户的需求，但比较耗费时间。

2）开调查会。通过与用户座谈来了解业务活动情况及用户需求。座谈时，参加者之间可以相互启发。

3）请专人介绍。

4）询问。对某些调查中的问题，可以找专人询问。

5）设计调查表请用户填写。如果调查表设计得合理，这种方法会很有效，也易于为用户接受。

6）查阅记录。查阅与原系统有关的数据记录。

设计人员应该和用户取得共同的语言，帮助不熟悉计算机的用户建立数据库环境下的共同概念，并对设计工作的最后结果共同承担责任。

3．分析和表达用户的需求

分析和表达用户的需求时常用自顶向下的结构化分析方法（structured analysis，SA）。

SA 方法从最上层的系统组织机构入手，采用自顶向下、逐层分解的方式分析系统，并用数据流图（DFD）和数据字典（DD）描述系统。具体过程如下。

1）把任何一个系统都抽象为如图 7.4 所示的结构。

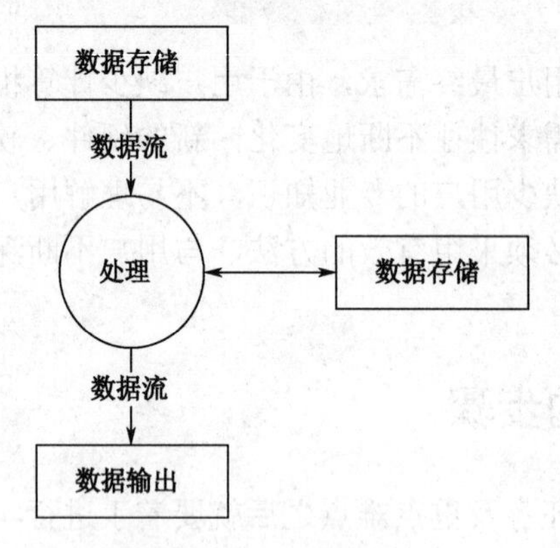

图 7.4　系统抽象图

2）分解处理功能和数据。

① 分解处理功能。将处理功能的具体内容分解为若干子功能，再将每个子功能继续分解，直到把系统的工作过程表达清楚为止。

② 分解数据。在处理功能逐步分解的同时，其所用的数据也逐级分解，形成若干层次的数据流图。

③ 表达方法。

处理逻辑：用判定表或判定树来描述。

数据：用数据字典来描述。

3）将分析结果再次提交给用户，征得用户的认可。

7.2.3　数据字典

数据流图表达了数据和处理的关系，数据字典则是系统中各类数据描述的集合，是进行详细的数据收集和数据分析所获得的主要成果。

数据字典通常包括数据项、数据结构、数据流、数据存储和处理过程 5 个部分。数据字典通过对数据项和数据结构的定义来描述数据流、数据存储的逻辑内容。

1．数据项

数据项是不可再分的数据单位。对数据项的描述通常包括以下内容。

数据项描述={数据项名，数据项含义说明，别名，数据类型，长度，取值范围，取值含义，与其他数据项的逻辑关系，数据项之间的联系}

其中，“取值范围”、“与其他数据项的逻辑关系”定义了数据的完整性约束条件，是设计数据检验功能的依据。

可以以关系规范化理论为指导，用数据依赖的概念分析来表示数据项之间的联系，即按实际语义，写出每个数据项之间的数据依赖，它们是数据库逻辑设计阶段数据模型优化的依据。

2．数据结构

数据结构反映了数据之间的组合关系。一个数据结构可以由若干个数据项组成，也可以由若干个数据结构组成，或由若干个数据项和数据结构混合组成。

对数据结构的描述通常包括以下内容。

数据结构描述={数据结构名，含义说明，组成：{数据项或数据结构}}

3．数据流

数据流是数据结构在系统内传输的路径对数据流的描述通常包括以下内容。

数据流描述={数据流名，说明，数据流来源，数据流去向，组成：{数据结构}，平均流量，高峰期流量}

4．数据存储

数据存储是数据结构停留或保存的地方，也是数据流的来源和去向之一。它可以是手工文档或手工凭单，也可以是计算机文档。对数据存储的描述通常包括以下内容。

数据存储描述={数据存储名，说明，编号，输入的数据流，输出的数据流，组成：{数据结构}，数据量，存取频度，存取方式}

5．处理过程

处理过程的具体处理逻辑一般用判定表或判定树来描述。数据字典中只需要描述处理过程的说明性信息，通常包括以下内容。

处理过程描述={处理过程名，说明，输入：{数据流}，输出：{数据流}，处理：{简要说明}}

数据字典在需求分析阶段建立，是在数据库设计过程中不断修改、充实、完善的。

【例 7.1】学生学籍管理子系统的数据字典。

1．数据项

数据项名：学号。

数据项含义说明：唯一标识每个学生。

别名：学生编号。

数据类型：字符型。

长度：10。

取值范围：0000000000～9999999999。

取值含义：最前面两位标识该学生所在学院，后两位标识学生所在专业，后四位表示学生所在班级，最后两位标识学生的教学班序号。

2．数据结构

数据结构名：学生。

含义说明：定义了一个学生的有关信息。

组成：学号，姓名，性别，年龄，所在系。

3．数据流

数据流名：选课结果。

说明：学生选课的最终结果。

数据流来源：选课。

数据流去向：教务处。

组成：学号，课程号，成绩。

4．数据存储

数据存储名：学生信息表。

说明：记录学生的基本情况。

输入的数据流：教务处学生信息录入。

输出的数据流：录入数据库。

组成：学生学号，姓名性别，年龄，所在系。

数据量：1 学期/2 次。

存取方式：随机存取。

5．处理过程

处理过程名：学生选课。

说明：在校学生选修课程。

输入：学生，课程。

输出：选课结果。

处理：学生进入教务处选课系统进行选课；每个学生只能选修学分上限以内的课程；每门课程只能由学生上限以内的学生选修；每个学生只能在线 45min。

最后，在需求分析阶段要强调以下两点。

1）需求分析阶段的一个重要而困难的任务是收集将来应用所涉及的数据，设计人员应充分考虑到可能的扩充和改变，使设计易于更改，系统易于扩充。

2）必须强调用户的参与，这是数据库应用系统设计的特点。

7.3　概念结构设计

概念结构设计是指将需求分析得到的用户需求抽象为信息结构即概念模型的过程。概念结构是各种数据模型的共同基础，它比数据模型更独立于机器、更抽象，从而更加稳定。概念结构设计是整个数据库设计的关键。

描述概念模型主要采用之前学过的 E-R 模型。通过 E-R 模型将现实世界抽象为一个个的关系及关系之间的联系，这样就可以更加方便地进行数据库的设计和实现。

设计概念结构主要有自顶向下、自底向上、逐步扩张和混合策略 4 类方法。其中自顶向下需要先定义全局概念结构的框架，然后逐步细化；自底向上则是先定义各局部应用的概念结构，然后将它们集成起来，最后得到全局概念结构；逐步扩张需要先定义最重要的核心概念结构，然后向外扩充，以滚雪球的方式逐步生成其他概念结构，直至总体概念结构；混合策略是将自顶向下和自底向上相结合，用自顶向下策略设计一个全局概念结构的框架，以它为骨架集成由自底向上策略中设计的各局部概念结构。

一般常用策略自顶向下地进行需求分析和自底向上地设计概念结构。

7.3.1　局部 E-R 模型的设计

每个局部应用都对应了一组数据流图，局部应用涉及的数据都已经收集在数据字典中。现在就是要将这些数据从数据字典中抽取出来，这就要进行局部 E-R 图的设计。局部 E-R 图设计具体可以分为数据抽象和局部视图设计两步。

1．数据抽象

抽象是对实际的人、物、事和概念中抽取所关心的共同特性，忽略非本质的细节，并把这些特性用各种概念精确地加以描述。概念结构就是对现实世界的一种抽象。

常使用的抽象方法有分类、聚集和概括 3 种。

分类（classification）：用来定义某一类概念作为现实世界中一组对象的类型，这些对象具有某些共同的特性和行为。它抽象了对象值和型之间的“is member of”的语义，在 E-R 模型中，实体型就是这种抽象。

聚集（aggregation）：用来定义某一类型的组成成分，它抽象了对象内部类型和成分之间“is part of”的语义。在 E-R 模型中若干属性的聚集组成了实体型，就是这种抽象。

概括（generalization）：用来定义类型之间的一种子集联系，它抽象了类型之间的“is subset of”的语义。

例如，对学生实体的 3 种抽象分别如图 7.5～图 7.7 所示。

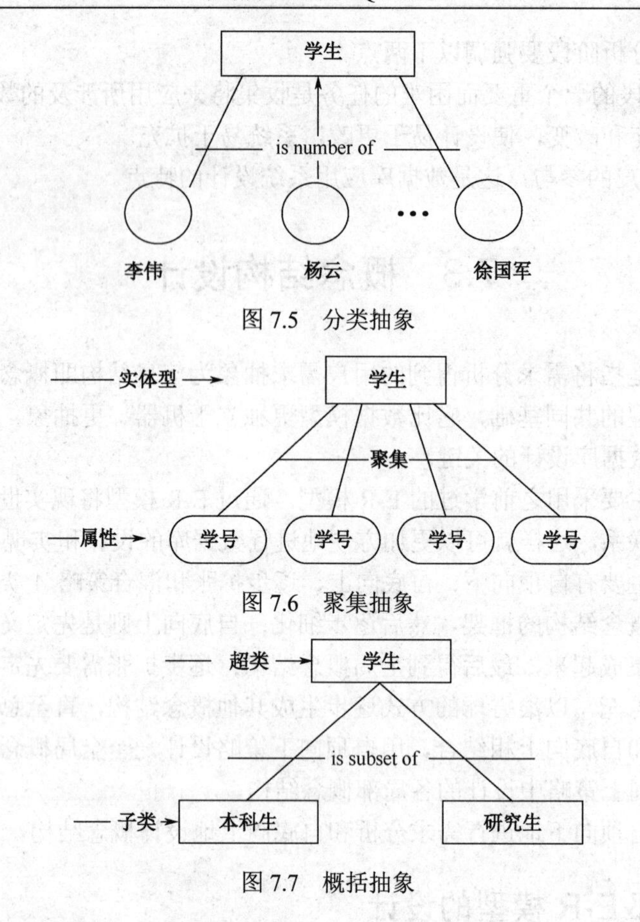

图 7.5 分类抽象

图 7.6 聚集抽象

图 7.7 概括抽象

我们在进行设计的时候一般采用聚集的方式对实体进行抽象，即可得到在学生选课系统中存在着如下实体，如图 7.8 所示。

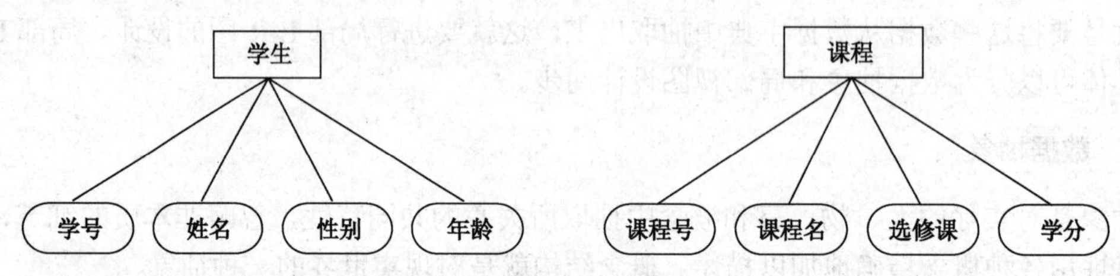

图 7.8 学生选课系统中的部分实体

2. 局部视图设计

参照数据流图，利用上述抽象方法确定局部应用中的实体、实体的属性、标识实体的码，确定实体之间的联系及其类型（1:1、1:n、m:n）。现实世界中一组具有某些共同特性和行为的对象可以抽象为一个实体，对象类型的组成成分可以抽象为实体的属性。

在设计过程中要注意为满足关系模型的性质，要对实体的属性进行如下约束。

1）属性不能再具有需要描述的性质，即属性必须是不可分的数据项，不能再由另一些属性组成。

2）属性不能与其他实体具有联系。联系只发生在实体之间。

选课关系的 E-R 图如图 7.9 所示。

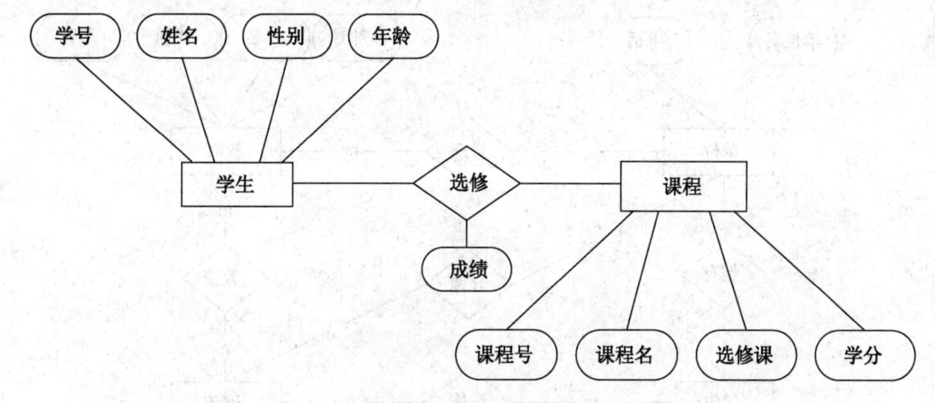

图 7.9　选课关系的 E-R 图

7.3.2　全局 E-R 模型的设计

各个局部视图即分 E-R 图建立好后，还需要对它们进行合并，集成为一个整体的数据概念结构即全局 E-R 图。在集成时可以采用多个局部 E-R 图一次集成或以累加方式逐步集成两种方法。具体集成步骤如下。

1）合并局部 E-R 图，生成初步 E-R 图。

2）依靠协商或应用语义消除各局部 E-R 图之间的冲突，主要冲突及解决方法如下。

属性冲突：若属性的类型、取值范围冲突，或属性取值单位冲突。

命名冲突：若同名异义，或一义多名。

结构冲突：若同一对象在不同应用中具有不同的抽象，通常会发生一个对象在一个应用中为实体而在另一个应用中变为属性。解决方法通常是把属性变换为实体或把实体变换为属性，使同一对象具有相同的抽象；同一实体在不同分 E-R 图中所包含的属性个数和属性排列次序不完全相同，解决方法是使该实体的属性取各分 E-R 图中属性的并集，再适当调整属性的次序；实体之间的联系在不同局部视图中呈现不同的类型，解决方法是根据应用的语义对实体联系的类型进行综合或调整。

3）修改和重构，生成基本 E-R 图。

4）优化全局 E-R 图，使得实体个数尽可能少；实体所包含的属性尽可能少；并依据分析和规范化理论来消除冗余。但有时为了提高效率，不得不以冗余信息作为代价。因此在设计数据库概念结构时，哪些冗余信息必须消除，哪些冗余信息允许存在，需要根据用户的整体需求来确定。如果人为地保留了一些冗余数据，则应把数据字典中数据关联的说明作为完整性约束条件。

学生选课系统全局 E-R 图如图 7.10 所示。

整体概念结构还必须进行进一步验证，确保它能够满足：整体概念结构内部必须具有一致性，不存在互相矛盾的表达；整体概念结构能准确地反映原来的每个视图结构，包括属性、实体及实体间的联系；整体概念结构能满足需求分析阶段所确定的所有要求；整体概念结构最终还应该提交给用户，征求用户和有关人员的意见，进行评审、修改和优化，然后把它确定下来，作为数据库的概念结构，作为进一步设计数据库的依据。

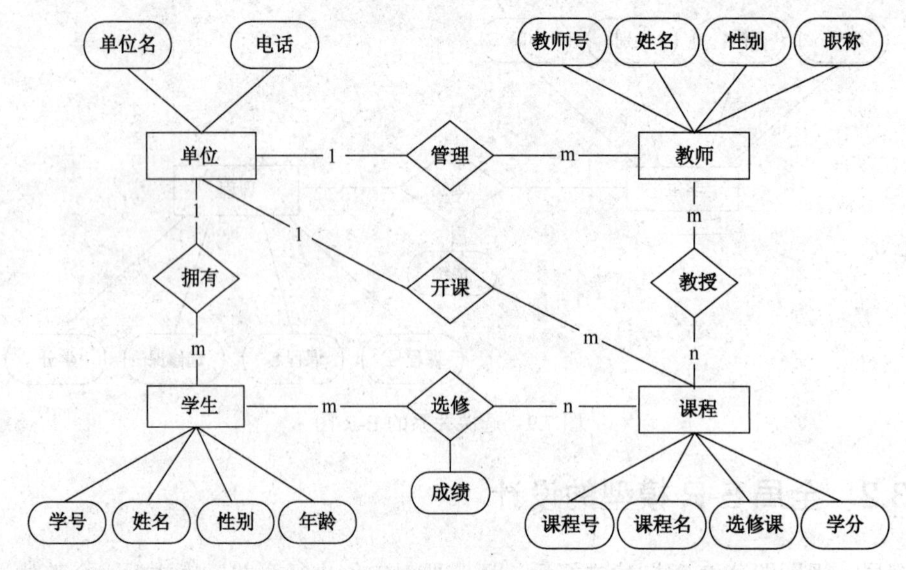

图 7.10　学生选课系统全局 E-R 图

7.4　逻辑结构设计

逻辑结构设计的任务就是把概念结构设计阶段设计好的基本 E-R 图转换为与选用数据库管理系统产品所支持的数据模型相符合的逻辑结构。目前新设计的数据库应用系统大都采用支持关系数据模型的 RDBMS，接下来就介绍 E-R 图向关系数据模型转换的原则与方法。

7.4.1　E-R 模型向关系模型转换

E-R 图是由实体、实体的属性和实体之间的联系 3 个要素组成的，而关系模型的逻辑结构是一组关系模式的集合。所以将 E-R 图转换为关系模型就是将实体、实体的属性和实体之间的联系转化为关系模式中的各组成元素。

在 E-R 图向关系模型转换的过程中要遵循的转换原则如下。

1）一个实体型转换为一个关系模式。关系的属性是实体型的属性，关系的码是实体型的码。

例如，学生实体可以转换为如下关系模式：学生（学号，姓名，年龄，所在系）。

课程实体可以转换为如下关系模式：课程（课程号，课程名，选修课，学分）。

2）一个 1:1 的联系可以转换为一个独立的关系模式，也可以与任意一端对应的关系模式合并。

① 转换为一个独立的关系模式，则

关系的属性：与该联系相连的各实体的码及联系本身的属性。

关系的候选码：每个实体的码均是该关系的候选码。

② 与某一端对应的关系模式合并，则

合并后关系的属性：加入对应关系的码和联系本身的属性。

合并后关系的码：不变。

例如，若有“班级”实体，因为一个班级只能有一个班长，一个班长也只能领导一个班级，即班长和班级的“领导”联系为1∶1联系，可以有3种转换方法。

a. 转换为一个独立的关系模式：

领导（学号，班级号）

b. “领导”联系与班级关系模式合并，则只需在班级关系中加入学生关系的码，即学号：

班级（班级号，学生人数，学号）

c. “领导”联系与学生关系模式合并，则只需在学生关系中加入班级关系的码，即班级号：

学生（学号，姓名，性别，年龄，专业，班级号）

从理论上讲，1∶1联系可以与任意一端对应的关系模式合并。但在一些情况下，与不同的关系模式合并效率会大不一样。因此究竟应该与哪端的关系模式合并需要依应用的具体情况而定。由于链接操作是最费时的操作，所以一般应以尽量减少链接操作为目标。

【例7.2】如果经常要查询某个班级的班长姓名，则将领导联系与学生关系合并更好。

3）一个1∶n联系可以转换为一个独立的关系模式，也可以与n端对应的关系模式合并。

① 转换为一个独立的关系模式，则

关系的属性：与该联系相连的各实体的码及联系本身的属性。

关系的码：n端实体的码。

② 与n端对应的关系模式合并，则

合并后关系的属性：在n端关系中加入1端关系的码和联系本身的属性。

合并后关系的码：不变。

因为将1∶n联系合并到n端对应关系模式中可以减少系统中的关系个数，简化数据库，所以一般情况下，更倾向于采用这种方法。

4）一个m∶n联系转换为一个关系模式。

关系的属性：与该联系相连的各实体的码及联系本身的属性。

关系的码：各实体码的组合。

【例7.3】“选修”联系是一个m∶n联系，可以将它转换为如下关系模式，其中学号与课程号一起作为关系的主码：

选修（学号，课程号，成绩）

5）3个或3个以上实体间的一个多元联系转换为一个关系模式。

关系的属性：与该多元联系相连的各实体的码及联系本身的属性。

关系的码：各实体码的组合。

【例7.4】若有“教材”这个实体，那么“讲授”联系就是一个三元联系，可以将它转换为如下关系模式，其中课程号、职工号和书号一起作为关系的主码，这种情况下也称为全码：

讲授（课程号，职工号，书号）

6）同一实体集实体间的联系，即自联系，也可按上述1∶1、1∶n和m∶n这3种情况分别处理。

【例7.5】如果学生实体集内部存在班长与普通同学之间领导与被领导的1∶n联系，可以将该联系与学生实体合并，这时主码学号将多次出现，但作用不同，可用不同的属性名加以区分：

学生（学号，姓名，性别，年龄，班长）

7）具有相同码的关系模式可合并，即将其中一个关系模式的全部属性加入到另一个关系模式中，然后去掉其中的同义属性（可能同名，也可能不同名），并适当调整属性的次序。这样做可以减少系统中的关系个数。

7.4.2 关系模式的优化

得到初步数据模型后，还应该适当地修改、调整数据模型的结构，以进一步提高数据库应用系统的性能，这就是数据模型的优化。数据库优化的具体内容包括对所转换得到的关系模型做规范化和性能优化处理。

关系数据模型的规范化处理应该按照以下步骤进行。

1）确定各属性间的数据依赖。

2）消除冗余的联系。

3）确定最合适的范式。应该注意的是，不是规范化程度越高的关系就越优。当一个应用的查询中经常涉及两个或多个关系模式的属性时，系统必须经常地进行链接运算，而链接运算的代价是相当高的，在这种情况下，第二范式甚至第一范式也许是最好的。

4）确定是否要对某些模式进行分解或合并。

5）对关系模式进行必要的分解，以提高数据的操作效率和存储空间的利用率。

在对数据模型优化之后，要在最终数据模型的基础上，按照属性的限制、数据库管理系统的规定和用户数据库应用的具体要求设计数据完整性约束条件。主要包括实体完整性、参照完整性和用户自定义完整性 3 种，如图 7.11 所示。

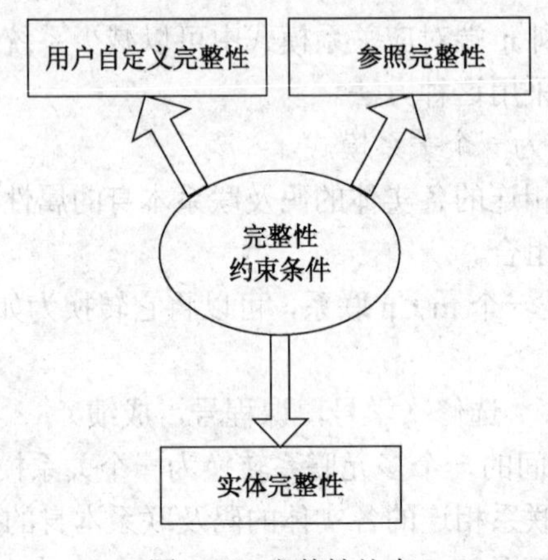

图 7.11　完整性约束

7.4.3 外模式的设计

外模式即用户模式，它是数据库用户能够看见和使用的局部数据的逻辑结构和特征的描述，是数据库用户的数据视图，是与某一应用有关的数据的逻辑表示。不同的用户在应用需求、看待数据的方式、对数据保密的要求等方面存在差异，其外模式描述就是不同的。

外模式主要是为数据库提供一种数据安全措施，如课程管理应用只能查询教师的职工号、姓名、性别、职称、教学效果数据；教师管理应用则可以查询教师的全部数据。外模式使得数据库具有一定的隔离和保密性，提高了数据独立性。

定义用户外模式时应该更注重考虑用户的习惯与方便，包括 3 个方面。

1）使用更符合用户习惯的别名。

2）保证系统安全性。

3）简化用户对系统的使用。

7.5　物理结构设计

数据库在物理设备上的存储结构与存取方法称为数据库的物理结构。为一个给定的逻辑数据模型选取一个最适合应用环境的物理结构的过程，就是数据库的物理设计。数据库物理设计包括确定数据库的物理结构和对物理结构进行评价，评价的重点是时间和空间效率两步。

7.5.1　数据库的物理设计内容和方法

数据库在物理设备上的存储结构与存取方法称为数据库的物理结构，为一个给定的逻辑数据模型选取一个最适合应用要求的物理结构的过程，就是数据库的物理设计。

不同的数据库产品所提供的物理环境、存取方法和存储结构有很大差别，能供设计人员使用的设计变量、参数范围也很不相同，因此物理结构设计的内容也是根据数据库应用系统变化而变化的。

数据库的物理设计内容主要有以下几方面。

1）数据及联系的物理表示。

2）数据存储块的大小。

3）存储设备及空间的分配。

4）存取方法的选择。

5）数据访问方式的确定。

6）数据在内存中的安排。

一个优化的物理数据库结构应该能够使得数据库上运行的各种事务响应时间小、存储空间利用率高、事务吞吐率大。

为此首先对要运行的事务进行详细分析，获得选择物理数据库设计所需要的参数这些参数包括以下内容。

1）在查询事务中要了解查询的关系、查询条件所涉及的属性、链接条件所涉及的属性和查询的投影属性。

2）在更新事务中要了解被更新的关系、每个关系上的更新操作条件所涉及的属性、修改操作要改变的属性值和每个事务在各关系上运行的频率和性能要求。

上述这些信息是确定关系存取方法的依据。

应注意的是，数据库上运行的事务会不断变化、增加或减少，以后需要根据上述设计信息的变化调整数据库的物理结构。

其次，要充分了解所用 R 数据库管理系统的内部特征，特别是系统提供的存取方法和存储结构。

数据库物理设计的方法主要就是要确定关系模式的存取方法和存储结构，下面将进行细致讨论。

7.5.2 关系模式存取方法的选择

存取方法是快速存取数据库中数据的技术。数据库管理系统一般都提供多种存取方法。常用的存取方法有 3 类：第一类是索引方法，目前主要是 B+树索引方法；第二类是聚簇（Cluster）方法；第三类是 HASH 方法。

1．索引存取方法

索引存取方法中的 B+树索引存取方法是数据库中经典的存取方法，使用最普遍。索引存取方法的选择主要应注意以下内容。

1）根据应用要求确定需要对哪些属性列建立索引、对哪些属性列建立组合索引、要对哪些索引设计为唯一索引。

2）选择索引存取方法的一般规则如下。

如果一个（或一组）属性经常在查询条件中出现，则考虑在这个（或这组）属性上建立索引（或组合索引）。

如果一个属性经常作为最大值和最小值等聚集函数的参数，则考虑在这个属性上建立索引。

如果一个（或一组）属性经常在链接操作的链接条件中出现，则考虑在这个（或这组）属性上建立索引。

关系上定义的索引数过多会因为维护索引和查找索引带来较多的额外开销。

2．聚簇存取方法

为了提高某个属性（或属性组）的查询速度，把这个或这些属性（称为聚簇码）上具有相同值的元组集中存放在连续的物理块称为聚簇。

3．HASH 存取方法

有些数据库管理系统提供了 HASH 存取方法。选择 HASH 存取方法的规则如下。

如果一个关系的属性主要出现在等值链接条件中或相等比较选择条件中且满足下列两个条件之一，则此关系可以选择 HASH 存取方法。

1）如果一个关系的大小可预知，而且不变。

2）如果关系的大小动态改变，而且数据库管理系统提供了动态 HASH 存取方法。

7.5.3 数据库存储结构的确定

确定数据库存储结构主要指确定数据的存放位置和存储结构，包括确定关系、索引、聚簇、日志、备份等的存储安排和存储结构，确定系统配置等。

确定数据的存放位置和存储结构要根据系统配置参数，如同时使用数据库的用户数、同时打开的数据库对象数、使用的缓冲区长度、个数、时间片的大小、数据库的大小等这些参数综合考虑存取时间、存储空间利用率和维护代价 3 个方面的因素。这 3 个方面常常是相互矛盾的，因此需要进行权衡，选择一个折中方案。一般情况下，系统都会为数据选择一种最合适的存储方式。

数据库中常用的存储方式有顺序存储、散列存储和聚簇存储 3 种。

1）顺序存储：用一组地址连续的存储单元（如数组）依次存储关系的各个属性元素。

2）散列存储：又称 HASH 存储，是一种试图将数据元素的存储位置与关键码之间建立确定对应关系的查找技术。散列存储法的基本思想：由结点的关键码值决定结点的存储地址。散列技术除了可以用于查找外，还可以用于存储。

3）聚簇存储：把某个或某些属性（称为聚簇码）上具有相同值的元组集中存放在连续的物理块上。

在确定数据的存放位置时，为了提高系统性能，应该根据应用情况将数据的易变部分与稳定部分、经常存取部分和存取频率较低部分分开存放。

7.6　数据库的实施和维护

完成数据库的物理设计之后，设计人员就要用 RDBMS 提供的数据定义语言和其他实用程序将数据库逻辑设计和物理设计结果严格描述出来形成目标模式。再组织数据入库，建立数据库。同时，在数据库的基础上开发出各种应用程序，建立完善、规范的管理制度，使数据库系统进入正常运行状况。随着系统运行环境的变化，数据库也要进行动态维护和扩充。

7.6.1　数据库的实施

设计人员用 RDBMS 提供的数据定义语言和其他实用程序将数据库逻辑设计和物理设计结果严格描述出来，成为 RDBMS 可以接受的源代码。在经过调试产生目标模式后组织数据入库这一过程就是数据库实施阶段。

数据库实施阶段包括两项重要的工作：一项是数据的载入；另一项是应用程序的编码和调试。一般数据库系统中，数据量都很大，数据来源于部门中的各个不同的单位，数据的组织方式、结构和格式都与新设计的数据库系统有相当的差距。组织数据录入就要将各类源数据从各个局部应用中抽取出来，输入计算机，再分类转换，最后综合成符合新设计的数据库结构的形式，输入数据库。这样的数据转换、组织入库的工作是相当费力、费时的。特别是原系统是手工数据处理系统时，各类数据分散在各种不同的原始表格、凭证、单据之中。在向新的数据库系统中输入数据时，还要处理大量的纸质文件，工作量就更大。

为提高数据输入工作的效率和质量，应该针对具体的应用环境设计一个数据录入子系统，由计算机来完成数据入库的任务。在源数据入库之前要采用多种方法对它们进行检验，以防止不正确的数据入库，这部分的工作在整个数据输入子系统中是非常重要的。

数据库应用程序的设计应该与数据库设计同时进行，因此在组织数据入库的同时还要调试应用程序。

数据库实施阶段的工作内容主要如下。

1）用 DDL 定义数据库结构，如定义基本表的属性、表之间的联系等。

2）组织数据入库，数据库结构建立好后，即可向数据库中装载数据。组织数据入库是数据库实施阶段最主要的工作。数据装载方法有人工方法和计算机辅助数据入库两种。

3）编制与调试应用程序。

4）数据库试运行。

这一阶段要实际运行数据库应用程序，执行对数据库的各种操作，测试应用程序的功能是否满足设计要求。如果不满足，对应用程序部分则要修改、调整，直到达到设计要求为止。在数据库试运行时，还要测试系统的性能指标，分析其是否达到设计目标。在对数据库进行物理设计时已初步确定了系统的物理参数值，但一般的情况下，设计时的考虑在许多方面只是近似估计，和实际系统运行总有一定的差距，因此必须在试运行阶段实际测量和评价系统性能指标。事实上，有些参数的最佳值往往是经过运行调试后找到的。如果测试的结果与设计目标不符，则要返回物理设计阶段，重新调整物理结构，修改系统参数，某些情况下甚至要返回逻辑设计阶段，修改逻辑结构。

这里特别要强调两点。第一，上面已经讲到组织数据入库是十分费时、费力的，试运行后还要修改数据库的设计，还要重新组织数据入库。因此应分期、分批地组织数据入库，先输入小批量数据做调试用，待试运行基本合格后，再大批量输入数据，逐步增加数据量，逐步完成运行评价。第二，在数据库试运行阶段，由于系统还不稳定，硬软件故障随时都可能发生。而系统操作人员对新系统还不熟悉，误操作也不可避免，因此应首先调试运行数据库管理系统的恢复功能，做好数据库的转储和恢复工作。一旦故障发生，能使数据库尽快恢复，尽量减少对数据库的破坏。

7.6.2 数据库的维护

数据库试运行合格后，数据库开发工作即基本完成，即可投入正式运行。但是，由于应用环境在不断变化，数据库运行过程中物理存储也会不断变化，对数据库设计进行评价、调整、修改等维护工作是一个长期的任务，也是设计工作的继续和提高。

在数据库运行阶段，对数据库经常性的维护工作主要是由数据库管理员完成的，它包括以下内容。

1. 数据库的转储和恢复

数据库的转储和恢复是系统正式运行后最重要的维护工作之一。数据库管理员要针对不同的应用要求制定不同的转储计划，以保证一旦发生故障能尽快将数据库恢复到某种一致的状态，并尽可能减少对数据库的破坏。常用的转储方法有副本、日志。

恢复装入最近一次副本然后利用副本相容配套的日志，执行 REDO 操作，最后重新执行应用程序。

2. 数据库的安全性、完整性控制

在数据库运行过程中，由于应用环境的变化，对安全性的要求也会发生变化，如有的数据原来是机密的，现在是可以公开查询的了，而新加入的数据又可能是机密的了。系统中用户的密级也会改变。这些都需要根据实际情况修改原有的安全性控制。同样，数据库的完整性约束条件也会变化，也需要数据库管理员不断修正，以满足用户要求。

3. 数据库性能的监督、分析和改造

在数据库运行过程中，监督系统运行，对监测数据进行分析，找出改进系统性能的方法是 DBA 的又一重要任务。目前有些数据库管理系统产品提供了监测系统性能参数的工具，可

以利用这些工具方便地得到系统运行过程中一系列性能参数的值。数据库管理员应仔细分析这些数据，判断当前系统运行状况是否最佳，应当做哪些改进。

4. 数据库的重组织与重构造

数据库运行一段时间后，由于记录不断增、删、改，会使数据库的物理存储情况变坏，降低数据的存取效率，数据库性能下降，这时数据库管理员就要对数据库进行重组织或部分重组织（只对频繁增、删的表进行重组织。数据库管理系统一般都提供数据重组织用的实用程序。在重组织的过程中，按原设计要求重新安排存储位置、回收垃圾、减少指针链等，提高系统性能。

数据库的重组织并不修改原设计的逻辑和物理结构，而数据库的重构造则不同，它是指部分修改数据库的模式和内模式。由于数据库应用环境发生变化，增加了新的应用或新的实体，取消了某些应用，有的实体与实体间的联系也发生了变化等，使原有的数据库设计不能满足新的需求，需要调整数据库的模式和内模式。例如，在表中增加或删除某些数据项，改变数据项的类型，增加或删除某个表，改变数据库的容量，增加或删除某些索引等。当然数据库的重构也是有限的，只能做部分修改。如果应用变化太大，重构也无济于事，说明此数据库应用系统的生命周期已经结束，应该设计新的数据库应用系统了。

第 8 章　SQL Server 2005 安装与配置

【学习目的与要求】

本章讨论 SQL Server 2005 安装与配置。通过本章的学习，学生应该了解 SQL Server 2005 数据库管理平台主要功能和版本特性。掌握 SQL Server 2005 的安装方法，熟悉各种配置工具的基本功能。掌握 SQL Server 2005 服务启动的方法。

8.1　SQL Server 2005 简介

8.1.1　SQL Server 发展历史

Microsoft SQL Server 2005 是用于大规模联机事务处理(OLTP)、数据仓库和电子商务应用的数据库和数据分析平台，适用于中小企业的数据库管理，但是近年来它的应用范围有所扩展，已经触及到大型、跨国企业的数据库管理。该版本具有很多新特性。SQL Server 的版本发展过程如下。

1989 年，Microsoft 公司和 Sybase 公司合作，将 Sybase 所开发的数据库产品纳入 Microsoft 公司所研发的 OS/2 中，并在获得 Ashton-Tate 的支持下，第一个挂 Microsoft 公司名称的数据库服务器 Ashton-Tate/Microsoft SQL Server 1.0 上市。

1991 年，SQL Server 1.11 版发布。

1992 年，Microsoft 公司和 Sybase 公司共同开发的 SQL Server 4.2 面世。

1993 年，Microsoft 公司推出 Windows NT 3.1，抢占服务器操作系统市场并取得了巨大的成功，同期推出的 SQL Server for Windows NT 3.1 也成为畅销产品。

1994 年，Microsoft 公司和 Sybase 公司分道扬镳。

1995 年，SQL Server 6.0 发布。

1996 年，SQL Server 6.5 发布，取得巨大成功。

1998 年，SQL Server 7.0 发布，SQL Server 7.0 开始进军企业级数据库市场。

2000 年，SQL Server 2000 发布。

2005 年，SQL Server 2005 发布。

2008 年，SQL Server 2008 发布，并且同时发布 SQL Server 2008 Express 版本。

2012 年，SQL Server 2012 发布，提供标准、企业、智能商务 3 种版本。

2014 年，SQL Server 2014 发布。

8.1.2　SQL Server 2005 的版本

SQL Server 2005 提供了 5 个不同版本。

1）SQL Server 2005 Enterprise Edition（32 位和 64 位）——企业版。

Enterprise Edition 达到了支持超大型企业进行联机事务处理（OLTP）、高度复杂的数据分析、数据仓库系统和网站所需的性能水平。Enterprise Edition 的全面商业智能和分析能力及其高可用性功能（如故障转移群集），使它可以处理大多数关键业务的企业工作负荷。Enterprise Edition 是全面的 SQL Server 版本，是超大型企业的理想选择，能够满足复杂的要求。

2）SQL Server 2005 Standard Edition（32 位和 64 位）——标准版。

SQL Server 2005 Standard Edition 是适合中小型企业的数据管理和分析平台。它包括电子商务、数据仓库和业务流解决方案所需的基本功能。Standard Edition 的集成商业智能和高可用性功能可以为企业提供支持其运营所需的基本功能。SQL Server 2005 Standard Edition 是需要全面的数据管理和分析平台的中小型企业的理想选择。

3）SQL Server 2005 Workgroup Edition（仅适用于 32 位）——工作组版。

对于那些需要在大小和用户数量上没有限制数据库的小型企业，SQL Server 2005 Workgroup Edition 是理想的数据管理解决方案。SQL Server 2005 Workgroup Edition 可以用于前端 Web 服务器，也可以用于部门或分支机构的运营。它包括 SQL Server 产品系列的核心数据库功能，并且可以轻松地升级至 SQL Server 2005 Standard Edition 或 SQL Server 2005 Enterprise Edition。SQL Server 2005 Workgroup Edition 是理想的入门级数据库，具有可靠、功能强大且易于管理的特点。

4）SQL Server 2005 Developer Edition（32 位和 64 位）——开发版。

SQL Server 2005 Developer Edition 允许开发人员在 SQL Server 顶部生成任何类型的应用程序。该应用程序包括 SQL Server 2005 Enterprise Edition 的所有功能，但许可用于开发和测试系统，而不用于生产服务器。SQL Server 2005 Developer Edition 是独立软件供应商（ISV）、咨询人员、系统集成商、解决方案供应商及生成和测试应用程序的企业开发人员的理想选择。可以根据生产需要升级 SQL Server 2005 Developer Edition。

5）SQL Server 2005 Express Edition（仅适用于 32 位）——学习版。

SQL Server Express 数据库平台基于 SQL Server 2005。它也可以替换 Microsoft Desktop Engine (MSDE)。通过与 Microsoft Visual Studio 2005 集成，SQL Server Express Edition 简化了功能丰富、存储安全且部署快速的数据驱动应用程序的开发过程。

SQL Server Express Edition 是免费的，可以再分发（受制于协议），还可以充当客户端数据库及基本服务器数据库。SQL Server Express Edition 是独立软件供应商、服务器用户、非专业开发人员、Web 应用程序开发人员、网站主机和创建客户端应用程序的编程爱好者的理想选择。如果您需要使用更高级的数据库功能，则可以将 SQL Server Express Edition 无缝升级到更复杂的 SQL Server 版本。

8.1.3　SQL Server 2005 的新特性

SQL Server 2005 扩展了 SQL Server 2000 的性能、可靠性、可用性、可编程性和易用性。SQL Server 2005 具代表性的新功能如下。

- 包含了 SQL Server 管理工具的改变，SQL Server Management Studio（SSMS）取代了 SQL Server Enterprise Manager。
- 将商业智能的开发功能由 SQL Server Enterprise Manager 切出，加入 Visual Studio 中，

即 Business Intelligence Development Studio（BIDS）。

- 新增多种 Transact-SQL 指令，如 PIVOT/UNPIVOT、Common Table Expression（CTE）等。
- 强化 XML 的处理能力，并新增本地的 XML 数据类型及支持原生 XML 数据类型的 XML 查询运算符。
- 新增 varchar（max）、nvarchar（max）、varbinary（max）型数据类型，用来取代 text、ntext 与 image 类型。
- 将.NET Framework 功能植入数据库引擎中（SQL CLR），让 VB.NET 和 C#可以开发 SQL Server Stored Procedure、Function、User-Defined Type 等。
- 原本的 DTS 重命名为 SQL Server Integration Services，强化其 ETL（Extract、Transform and Load）功能。
- Data Mining 新增到 8 种算法。
- 数据库引擎的安全性功能大幅强化，引入主体（principal）、结构（schema）及数据层次的加解密。
- 对于数据结构变更的触发程序支持（DDL Trigger）。

8.2 SQL Server 2005 的安装

8.2.1 软硬件要求

1. 硬件要求

硬件要求如表 8.1 所示。

表 8.1 SQL Server 2005 安装的硬件要求

监视器	SQL Server 图形工具需要使用 VGA 或更高分辨率：分辨率至少为 1024×768 像素
指点设备	需要 Microsoft 鼠标或兼容的指点设备
CD 或 DVD 驱动器	通过 CD 或 DVD 媒体进行安装时需要相应的 CD 或 DVD 驱动器
群集硬件要求	在 32 位和 64 位平台上，支持 8 结点群集安装

2. Internet 要求

Internet 要求如表 8.2 所示。

表 8.2 SQL Server 2005 安装的 Internet 要求

Internet 软件	Microsoft Internet Explorer 6.0 SP1 或更高版本
Internet 信息服务 (IIS)	IIS 5.0 或更高版本
ASP.NET 2.02	Reporting Services 需要 ASP.NET 2.0。安装 Reporting Services 时，如果尚未启用 ASP.NET，则 SQL Server 安装程序将启用它

3. 软件要求

SQL Server 安装程序需要 Microsoft Windows Installer 3.1 或更高版本及 Microsoft 数据访

问组件 (MDAC) 2.8 SP1 或更高版本。用户可以从此 Microsoft 网站下载 MDAC 2.8 SP1。

SQL Server 安装程序安装该产品所需的软件组件如下。

1）Microsoft .NET Framework 2.0。

2）Microsoft SQL Server Native Client。

3）Microsoft SQL Server 安装程序支持文件。

8.2.2　SQL Server 2005 的安装过程

在安装 SQL Server 2005 之前，要首先确定计算机的硬件和操作系统是否满足 SQL Server 2005 的要求。然后再用具有本地管理权限的用户账户登录到操作系统，或者给域用户指派适当的权限。关闭所有和 SQL Server 相关的服务，包括所有使用 ODBC 的服务，如 Microsoft Internet Information 服务（IIS）等，然后开始进行安装。

1）开始安装时，将 SQL Server 2005 DVD 插入 DVD 驱动器。

2）在自动运行的对话框中，单击“运行 SQL Server 安装向导”按钮，弹出“开始”对话框。选择“基于 x86 的操作系统”选项后，进入如图 8.1 所示的界面。

图 8.1　SQL Server 2005 界面

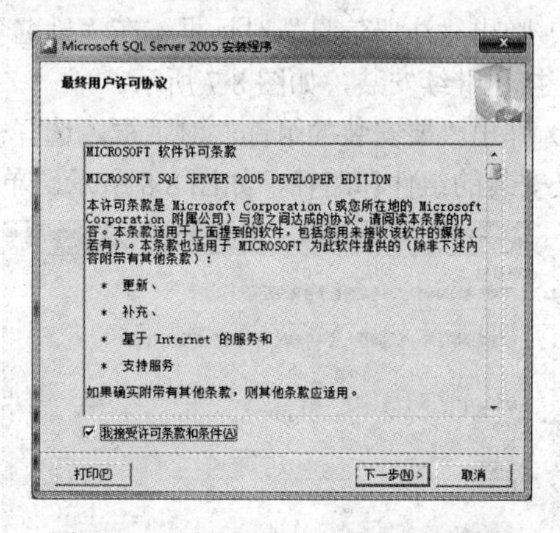

图 8.2　“最终用户许可协议”对话框

3）勾选“我接受许可条款和条件”，如图 8.2 所示，单击“下一步”按钮。

4）弹出“安装必备组件”对话框，如图 8.3 所示，单击“安装”按钮，显示在本台计算机上安装 SQL Server 2005 所需的必须组件，如图 8. 4 所示。

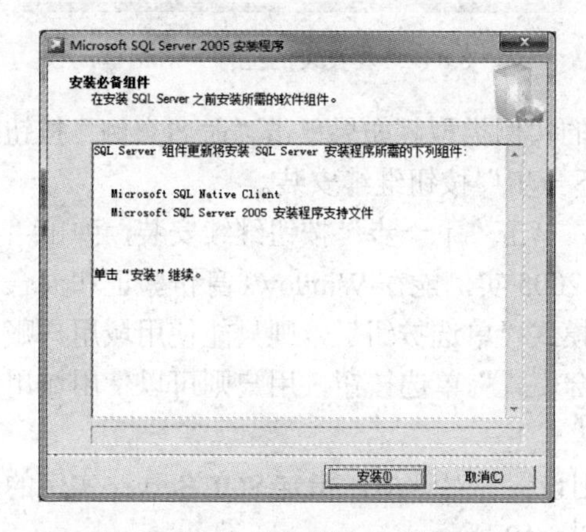

图 8.3“安装必备组件”对话框

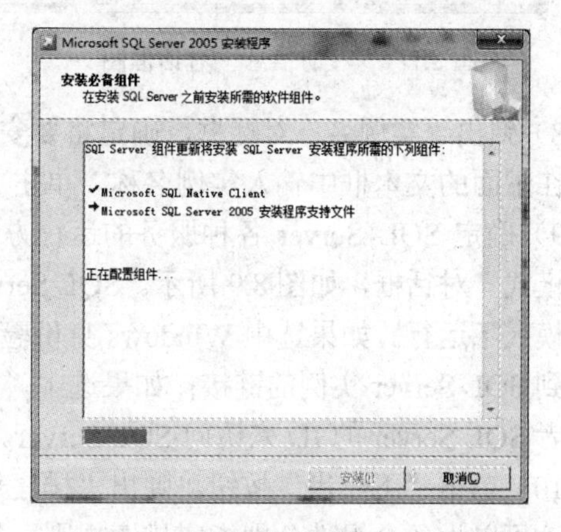

图 8.4　开始安装计算机所需的组件

5）成功安装所需组件之后弹出“欢迎使用 Microsoft SQL Server 安装向导”对话框，单击“下一步”按钮继续安装，如图 8.5 和图 8.6 所示。

图 8.5 “欢迎使用 Microsoft SQL Server 安装向导”对话框

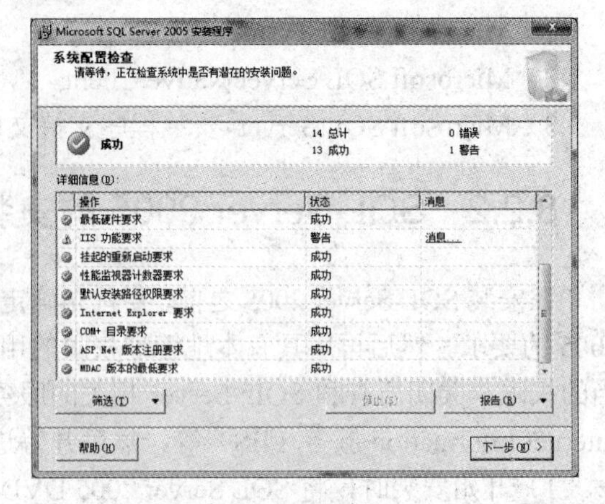

图 8.6 “系统配置检查”对话框

6）弹出“注册信息”对话框，在“姓名”和“公司”文本框中输入相应信息。单击“下一步”按钮继续安装，如图 8.7 所示。

7）弹出“要安装的组件”对话框，选择需要安装的组件，或者单击“高级”按钮，查找自定义安装的组件和路径，如图 8.8 所示。单击“下一步”按钮继续安装。

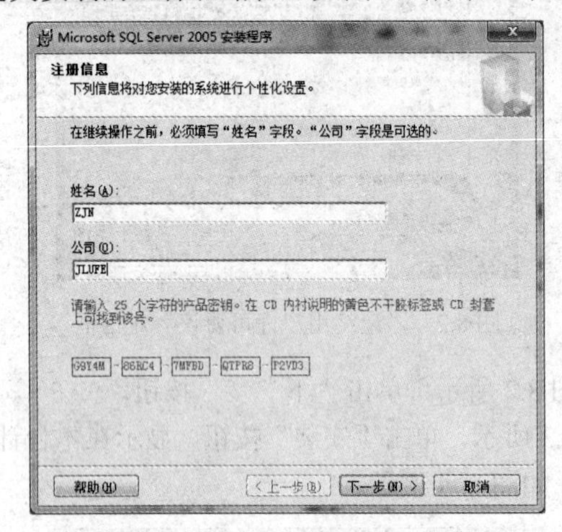

图 8.7 “注册信息”对话框图

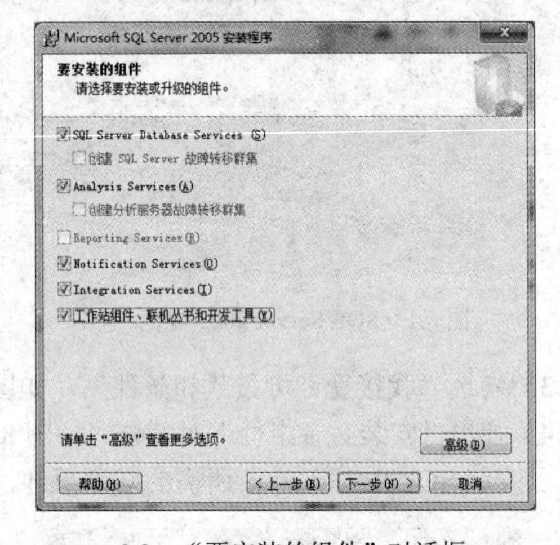

8.8 “要安装的组件”对话框

8）弹出“实例名”对话框，确定将要安装的实例类型。如果单击“命名实例”按钮，则需要在下面的文本框中输入实例名称。单击“下一步”按钮继续安装。

9）确定 SQL Server 各种服务的运行方式。单击“下一步”按钮继续安装，弹出“身份验证模式”对话框，如图 8.9 所示。SQL Server 2005 实例能在 Windows 身份验证和混合身份验证模式下运行。如果选中 Windows 身份验证模式“单选按钮”，则只能使用域用户账户来验证到 SQL Server 实例的链接；如果选中“混合模式”单选按钮，用户则可以使用域用户账户或者 SQL Server 的 ID 来访问 SQL Server。

10）单击“下一步”按钮，弹出“排序规则设置”对话框，指定 SQL Server 实例的排序规则。可以为各个组件分别指定排序规则，如图 8.10 所示。

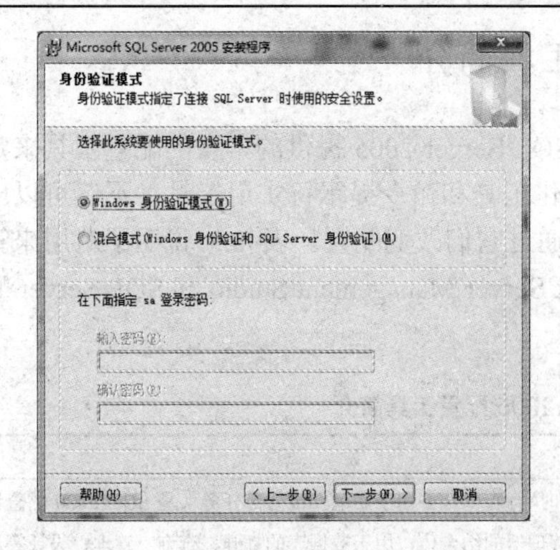

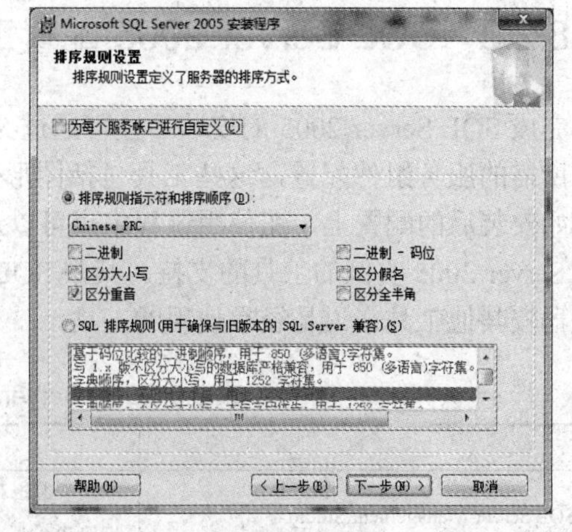

图 8.9　“身份验证模式”对话框　　　　8.10　“排序规则设置”对话框

11）弹出“错误和使用情况报告设置”对话框，可以取消勾选复选框以禁用错误报告。单击“下一步”按钮，弹出“准备安装”对话框，单击“安装”按钮，弹出“安装进度”对话框，如图 8.11 和图 8.12 所示。

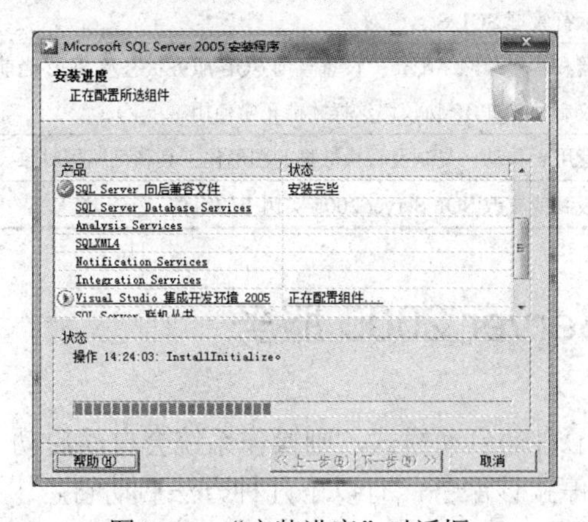

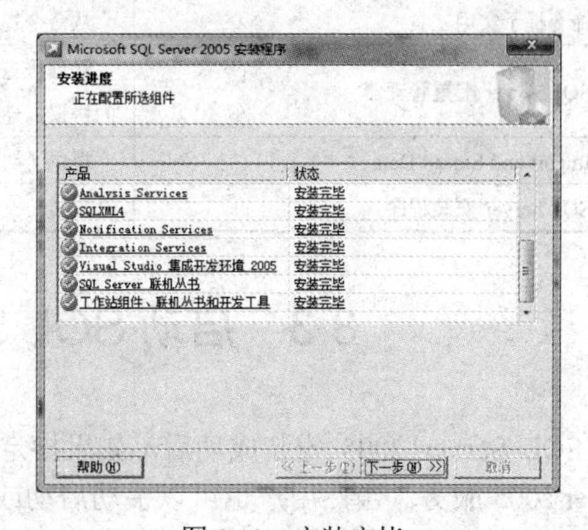

图 8.11　“安装进度”对话框　　　　图 8.12　安装完毕

12）安装完成后，弹出“完成 Microsoft SQL Server2005 安装”对话框，单击“摘要日志”链接，查看安装的摘要日志。单击“完成”按钮完成安装，退出安装向导，如图 8.13 所示。

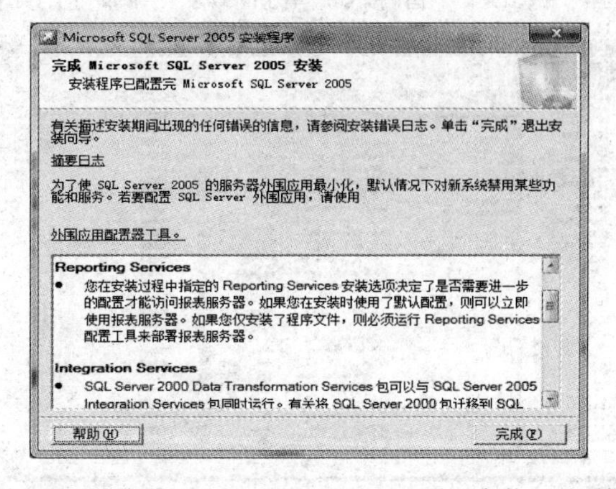

图 8.13　“完成 Microsoft SQL Server 2015 安装”对话框

8.2.3 SQL Server 2005 配置工具简介

完成 SQL Server 2005 的安装后，可通过 SQL Server 2005 提供的丰富的配置工具来定制用户所需的服务组件配置，这些工具包括图形化工具和命令提示符实用工具，不仅可以应用在初始安装后的配置上，在使用过程中也可以通过它们改变配置。表 8.3 说明了对用来管理 SQL Server 2005 实例的工具的支持。其中 SQL Server Management Studio 和 SQL Server 配置管理器较其他工具来说是经常使用的工具。

表 8.3 SQL Server 2005 配置工具简介

工　具	说　明
SQL Server Management Studio	用于编辑和执行查询，并用于启动标准向导任务（是 SQL 2000 的查询分析器和企业管理器的结合体，用于数据表的打开、查询、管理、设计等）
SQL Server 事件探查器	提供了图形用户界面，用于监视 SQL Server 数据库引擎实例或 Analysis Services 实例
数据库引擎优化顾问	可以协助创建索引、索引视图和分区的最佳组合
Business Intelligence Development Studio	用于 Analysis Services 和 Integration Services 解决方案的集成开发环境
命令提示实用工具	从命令提示符管理 SQL Server 对象
SQL Server 配置管理器	管理服务器和客户端网络配置；设置查询 SQL 服务状态及 SQL 当前使用的协议，建议启动 TCP-IP 协议，这样才能正常使用
Import and Export Data	提供了一套用于移动、复制及转换数据的图形化工具和可编程对象
SQL Server 安装程序	安装、升级到或更改 SQL Server 2005 实例中的组件

8.3 启动 SQL Server 2005 服务

SQL Server 2005 安装成功后，如果指定了自动启动模式，则操作系统会自动启动 SQL Server 2005 服务。当然用户也可以手动启动或停止该服务。有以下几种方法启动它。

1. Windows 系统中的“服务”管理器

进入 Windows 操作系统中的“服务”管理界面，右击 SQL Server 2005 对应的服务名称，在弹出的快捷菜单中选择“停止”、“暂停”、“重新启动”等命令，如图 8.14 所示。

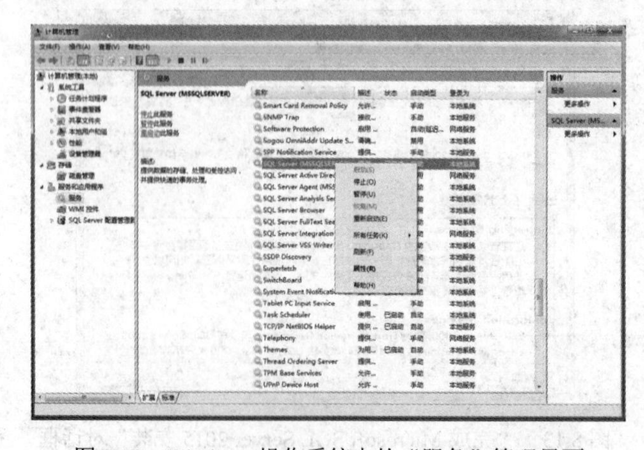

图 8.14 Windows 操作系统中的“服务”管理界面

2. 配置工具中的外围应用配置器

选择“开始”→“所有程序”→“Microsoft SQL Server 2005”→“配置工具”→“外围应用配置器”命令，进入如图 8.15 所示界面，单击“服务和链接的外围应用配置器”链接，弹出“服务和链接的外围应用配置器-localhost”对话框，如图 8.16 所示，通过“启动”、“停止”、“暂停”按钮可以实现对数据引擎服务的操作。

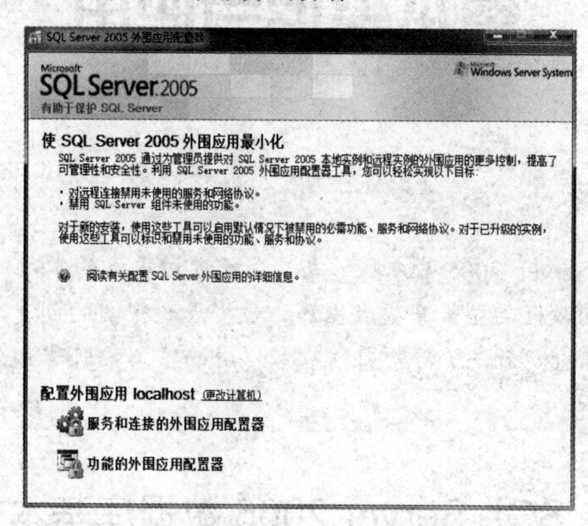

图 8.15　“SQL Server 外围应用配置器”界面

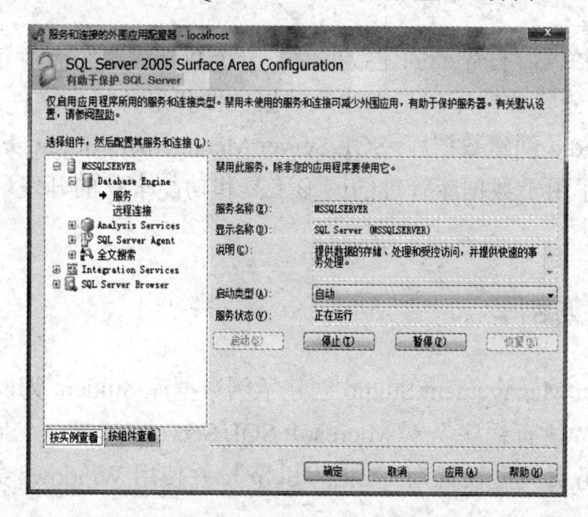

图 8.16　“服务和链接的外围应用配置器-localhost”对话框

第9章 SQL Server 2005 基本操作与应用

【学习目的与要求】

本章讨论 SQL Server 2005 基本操作与应用。通过本章的学习，要求学生熟悉 SQL Server 2005 中常用的数据类型。掌握数据库、数据表及视图的创建、修改及删除的基本操作方法。掌握索引的概念、了解索引的基本作用，熟悉索引建立、修改、删除的基本操作方法。

9.1 SQL Server 2005 数据库基本操作

使用数据库存储数据，首先要创建数据库。一个数据库必须至少包含一个数据文件和一个事务日志文件。所以创建数据库就是创建主数据文件和事务日志文件。现主要介绍使用 SQL Server Management Studio 创建数据库。SQL Server Management Studio 是 SQL Server 系统运行的核心窗口，它提供了用于数据库管理的图形工具和功能丰富的开发环境，方便数据库管理员及用户进行操作。

9.1.1 创建数据库

下面以 SQL Server Management Studio 创建示例数据库 Student 为例。步骤如下。

1）选择"开始"→"所有程序"→"Microsoft SQL Server 2005"→"SQL Server Management Studio"命令，登录服务器类型设置为"数据库引擎"，并使用 Windows 身份验证或 SQL Server 身份验证建立链接。

2）在"对象资源管理器"面板中右击"数据库"结点，在弹出的快捷菜单中选择"新建数据库"命令，如图 9.1 所示。

① 在打开的"新建数据库"窗口中的"数据库名称"文本框里输入新数据库的名称"student"，如图 9.2 所示。

② 可以修改数据库的自动增长方式、文件的增长方式，数据文件的默认增长方式是"按 MB"，日志文件的默认增长方式是"按百分比"。

③ 可以修改数据库对应文件的路径。

④ 单击"确定"按钮完成创建。

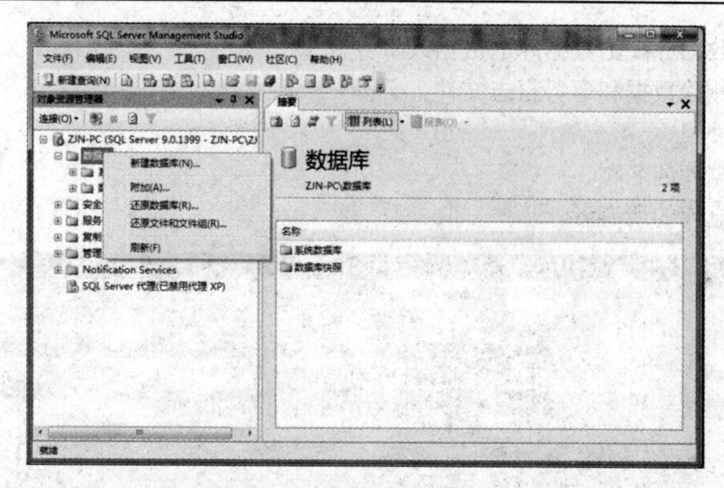

图 9.1　“Microsoft SQL Server Management Studio”窗口

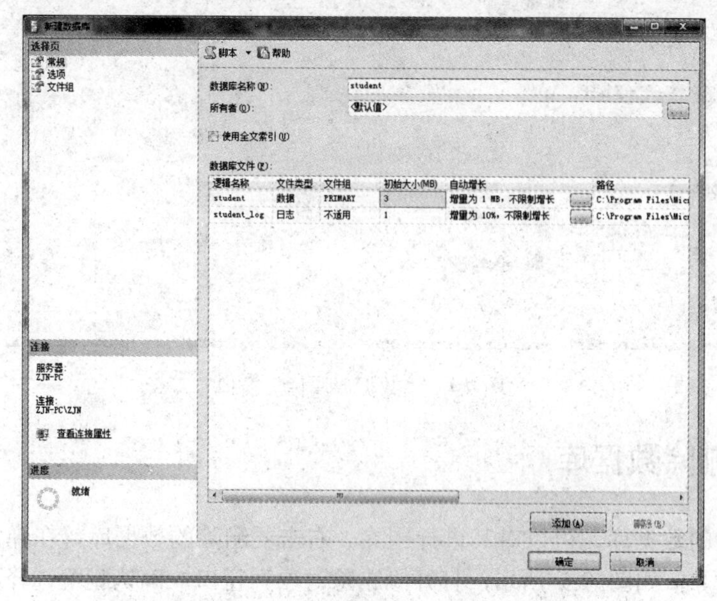

图 9.2　“新建数据库”对话框

9.1.2　修改数据库

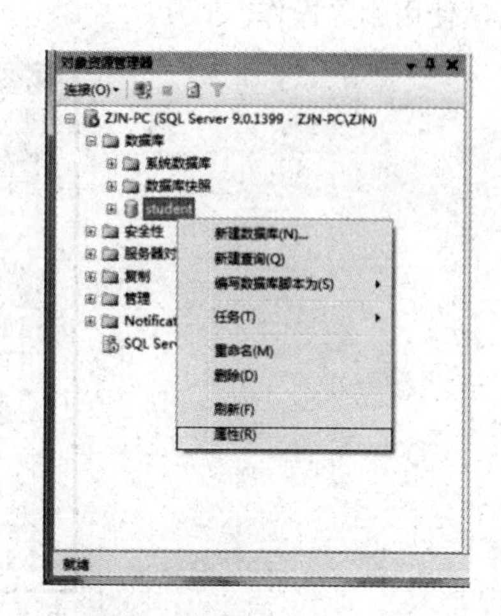

图 9.3　选择“属性”命令

随着不断地频繁使用数据库，数据库中存储的数据内容。容量等也不断地发生变化，这就应当根据实际情况修改数据库。步骤如下。

1）启动 SQL Server Management Studio，在“对象资源管理器”面板中展开“数据库”结点。右击“student”数据库结点，在弹出的快捷菜单中选择“属性”命令，如图 9.3 所示。

2）打开“数据库属性”窗口，如图 9.4 所示，进行数据库属性的修改。修改的内容包括以下方面。

① 扩充或收缩分配给数据库的数据或事务日志空间。
② 添加或删除数据和事务日志文件。
③ 创建文件组。
④ 更改数据库的名称。
⑤ 更改数据库的所有者。

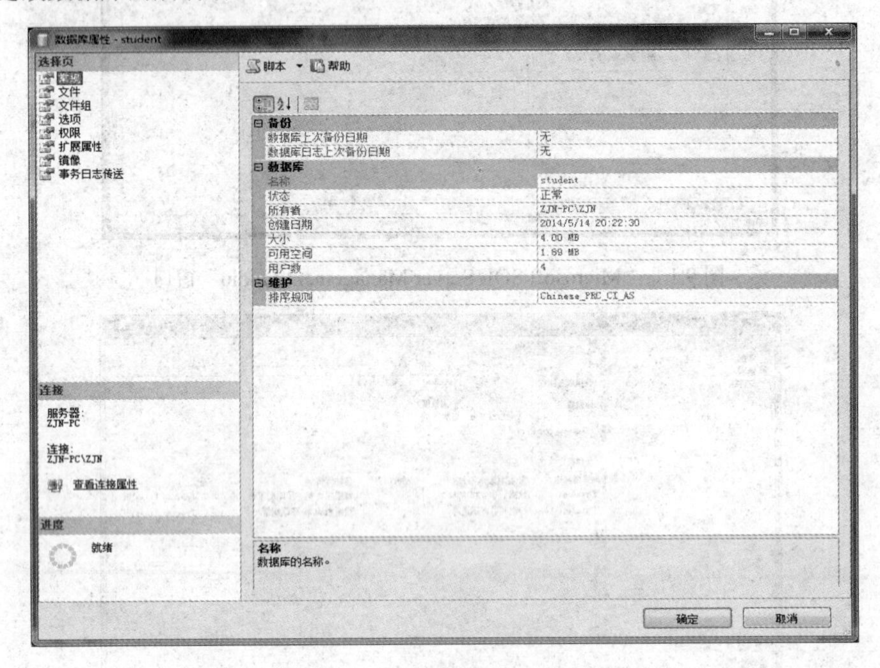

图 9.4 “数据库属性”窗口

9.1.3 删除数据库

对不再使用的数据库，可以对其进行删除。右击要删除的数据库，在弹出的快捷菜单中选择“删除”命令，如图 9.5 所示，打开“删除对象”窗口，确认删除选择，单击“确定”按钮即可完成删除。该删除操作直接删除数据库的数据文件和事务日志文件，所以用户要谨慎使用删除操作。

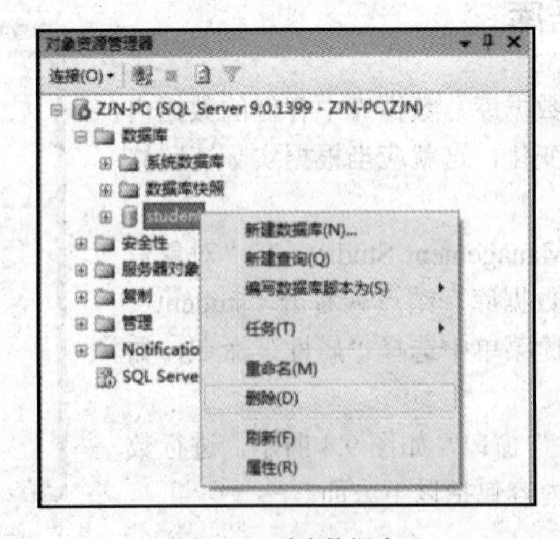

图 9.5 删除数据库

9.2　数据表和视图的基本操作

9.2.1　数据表和视图简介

1. 数据表

表（table）是数据库中用于容纳所有数据的对象，是一种很重要的数据对象，是组成数据库的基本元素，可以说没有表，也就无所谓数据库。数据以表的形式存放。表是列和行的集合。在表中，数据成二维行列格式，每一行代表一个唯一的记录，每一列代表一个域。

SQL Server 的每个数据库最多可存储 20 亿个表，每个表可以有 1024 列。表的行数及总大小仅受可用存储空间的限制。每行最多可以存储 8060 字节。如果创建具有 varchar、nvarchar 或 varbinary 列的表，则即使列的字节总数超过 8060 字节，仍可以创建此表。

SQL Server 中的数据表分为永久表和临时表两种。永久表在创建后除非用户删除，否则将一直存储在数据库文件中；而临时表则会在用户退出或者进行系统修复时被自动删除。临时表又分为局部和全局两种类型。局部临时表的名称以单个符号#打头，它们仅对当前的用户链接是可见的，当用户断开链接时就会被删除；全局临时表的名称以两个##打头，创建后对任何用户都是可见的，当所有引用该表的用户断开链接时才会被删除。

SQL Server 2005 提供了两种方法创建数据库表：一种方法是利用 T-SQL 语句中的 CREATE 命令创建表；另一种方法是利用 SQL Server Management Studio 创建表。在创建表之前尽量需要确定如下项目。

1）表的名称

2）表中每一列的列名、数据类型及长度。

3）哪一列为主键，哪些是外键。

4）需要使用约束、默认及规划的地方。

SQL Server 2005 中常用的数据类型、范围和存储如表 9.1 所示。

表 9.1　SQL Server 2005 中常用的数据类型、范围和存储

数据类型		范围	存储
精确数字	bigint	-2^{63}～$2^{63}-1$	8 字节
	int	-2^{31}～$2^{31}-1$	4 字节
	smallint	-2^{15}～$2^{15}-1$	2 字节
	tinyint	0～255	1 字节
	bit	可以取值为 1、0 或 NULL 的整数数据类型	1 字节
	money	−922 337 203 685 477.5808～922 337 203 685 477.5807	8 字节
	smallmoney	−214 748.3648～214 748.3647	4 字节
近似数字	float	−1.79E + 308～−2.23E−308、0、2.23E−308～1.79E + 308	n 决定
	real	−3.40E + 38～−1.18E−38、0、1.18E−38～3.40E + 38	4 字节
日期时间	datetime	1753 年 1 月 1 日～9999 年 12 月 31 日	
	smalldatetime	1900 年 1 月 1 日～2079 年 6 月 6 日	
字符串	Char（n）	n 的取值范围为 1～18000	n 字节
	varchar（n|max）	n 的取值范围为 1～8000，最大存储大小是 $2^{31}-1$ 字节	n+2 默认 1

续表

数据类型		范围	存储
字符串	nchar（n）	n 个字符的固定长度的 Unicode 字符数据。n 值必须在 1～4000 之间（含）	2n 默认 1
	nvarchar(n|max)	可变长度 Unicode 字符数据。n 值在 1～4000 之间（含）max 指示最大存储大小为 $2^{31}-1$ 字节	2n+2 默认 1

2. 视图

视图是一种常用的数据库对象，它是提供查看和存放数据的另一种途径。使用视图不仅可以简化数据库操作，还可以提高数据库的安全性。下面介绍视图的基本知识。

视图是用户查看数据表中数据的一种方式。一个视图是一个虚拟表，它的数据是一个或多个表或者是视图的一个或多个子集。视图是用 SQL 语句而不是用数据构造的。一个视图看起来像一个表，而且它的操作也类似表，但它并不是表，它只是一组返回数据的 SQL 语句。

在一般情况下，可以使用视图实现一个常规表的操作，用户通过它来浏览表中感兴趣的部分或全部数据。

使用视图有以下优点。

1）检索特定数据，并达到数据安全保护的目的。表中通常存放着某个对象的完整数据。当用户在检索表时，一般情况下看到的是表中所有数据，而实际上不同的用户需要的数据不同，在这种情况下，可以使用限制条件限制用户从表中检索的内容，从而用户可以根据需要查看有用数据。

2）简化数据操作。在大多数情况下，用户所查询的信息可能存储在不同的表中，而处理这些数据时，又可能牵涉到各种约束下的多表操作，这些操作一般比较烦琐，程序设计人员可以将这些内容设计到一个视图中。

3）提供安全保护功能。基表中存放着完整的数据，而不同用户只需了解他们感兴趣的部分数据。但检索表时用户可看到表中所有数据，而使用视图则能够限制用户只能检索和修改视图所定义的部分内容，基表的其余部分是相对不能访问的，从而提高了数据的安全性。

4）有利于数据交换操作。在实际工作中常需要在 SQL Server 与其他数据库系统之间进行数据交换。如果数据存放在多个表或多个数据库中，实现的操作比较麻烦，此时可以通过视图将需要的数据集中到同一个视图中，从而简化数据交换操作。

9.2.2 数据表的创建、修改和删除

以下主要介绍在 SQL Server Management Studio 中对数据表进行操作。

1. 创建表

1）链接成功数据库后，在“对象资源管理器”面板中依次展开“数据库”和“Student”结点。

2）右击“表”结点，在弹出的快捷菜单中选择“新建表”命令，如图 9.6 所示。

3）在如图 9.7 所示的面板中输入列名、长度、数据类型等基本信息，并设置该表的主键。主键字段不能为空。在下方“列属性”选项组输入表是否自动增长等其他补充信息。

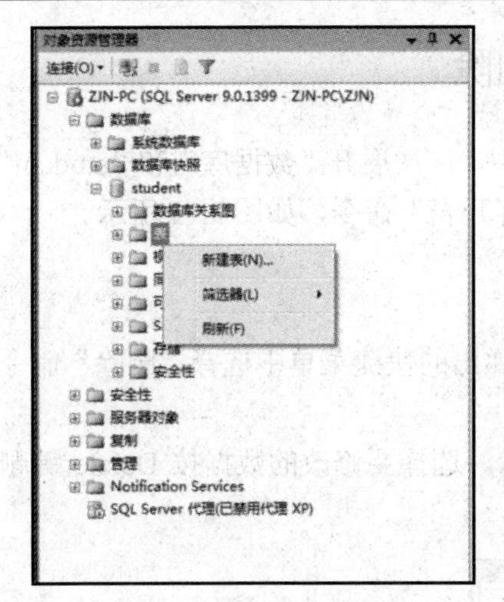

图 9.6　新建表

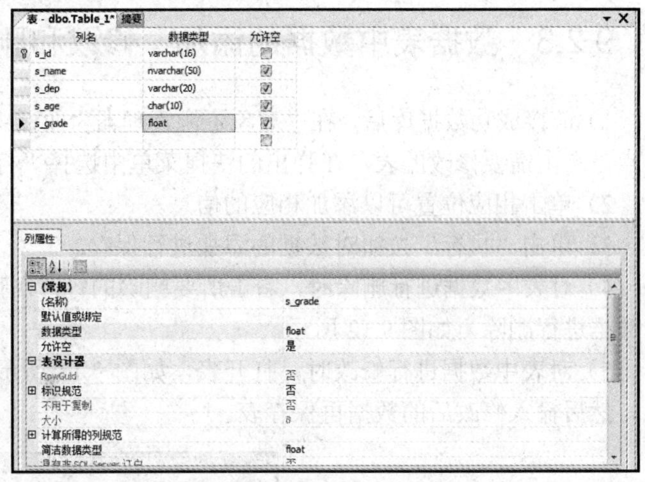

图 9.7　输入表的基本信息

4）输入完成后单击“保存”按钮，输入新表的名称，完成创建，如图 9.8 所示。

图 9.8　输入表名称

2. 修改和删除表

1）在 SQL Server Management Studio 中，展开“数据库”结点，右击需要修改的表，在弹出的快捷菜单中选择“修改”命令对表进行修改，选择“删除”命令对表进行删除，如图 9.9 所示。

2）在表设计面板中可以对该表进行管理，对列进行添加、修改和删除，如图 9.10 所示。

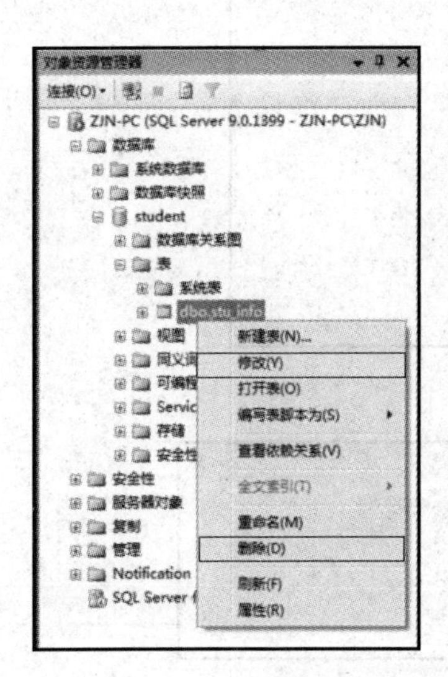

图 9.9　“修改”与“删除”表命令

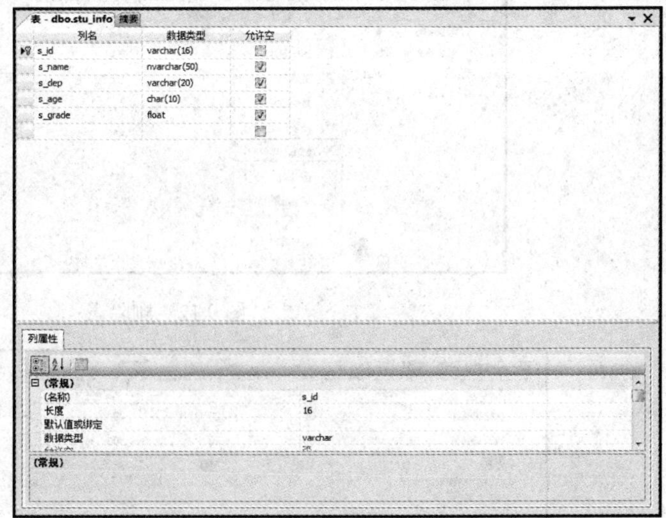

图 9.10　修改表

9.2.3 数据表中数据的添加、修改和删除

1）链接成功数据库后，在“对象资源管理器”面板中，依次展开“数据库”和“student”结点。右击需要修改的表，在弹出的快捷菜单中选择“打开表”命令，如图 9.11 所示。

2）单击相应位置可以添加相应的信息。

3）单击“执行”按钮对数据的添加进行保存。

4）对表中数据进行删除时，右击所要删除的行，在弹出的快捷菜单中选择“删除”命令对数据进行删除，如图 9.12 所示。

5）对表中数据进行修改时，打开表，如图 9.13 所示，选择要修改的数据按 Delete 键删除，然后输入修改后的数据再保存表。

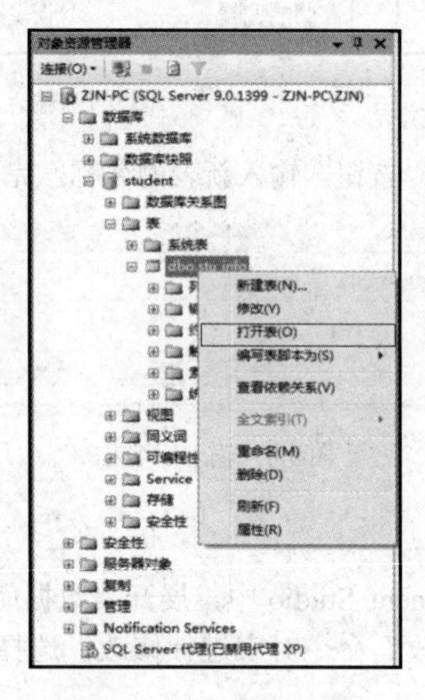

图 9.11　“打开表”命令

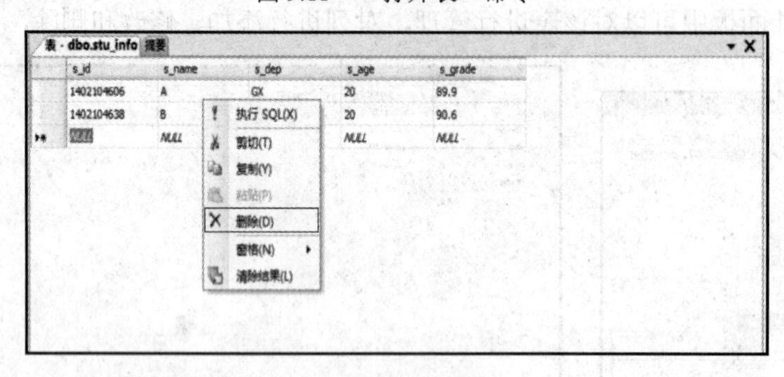

图 9.12　删除表

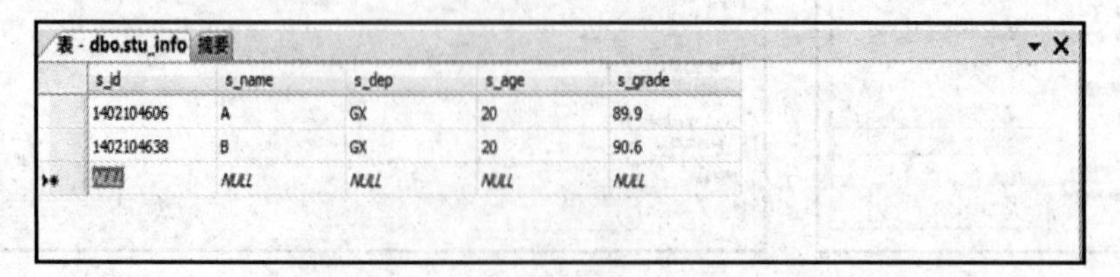

图 9.13　修改表

9.2.4　视图的创建、修改和删除

在 SQL Server 中使用向导，SQL Server Management Studio 或 CREATE VIEW 语句都可以建立视图。在创建视图前需要考虑以下原则。

1）只能在当前数据库中创建视图。但是，如果使用分布式查询定义视图，则新视图所引用的表和视图可以存在于其他数据库中，甚至其他服务器上。

2）视图名称必须遵循标识符的规则，且对每个用户必须唯一。此外，该名称不得与该用户拥有的任何表的名称相同。

3）可以在其他视图和引用视图的过程之上建立视图。SQL Server 2005 允许嵌套多达 32 级视图。

4）不能将规则或 DEFAULT 定义与视图相关联。

5）不能将 AFTER 触发器与视图相关联，只有 INSTEAD OF 触发器可以与之相关联。

6）定义视图的查询不可以包含 ORDER BY、COMPUTE 或 COMPUTE BY 子句或 INTO 关键字。

7）不能在视图上定义全文索引。

8）不能创建临时视图，也不能在临时表上创建视图。

下面介绍使用 SQL Server Management Studio 对视图进行操作。

1. 视图的创建

1）链接成功数据库后，在“对象资源管理器”面板中，依次展开“数据库”和“student”结点。右击“视图”结点，在弹出的快捷菜单中选择“新建视图”命令，如图 9.14 所示。

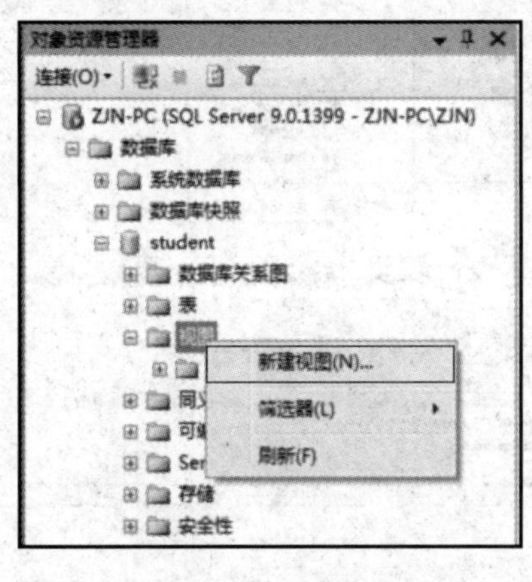

图 9.14　新建视图

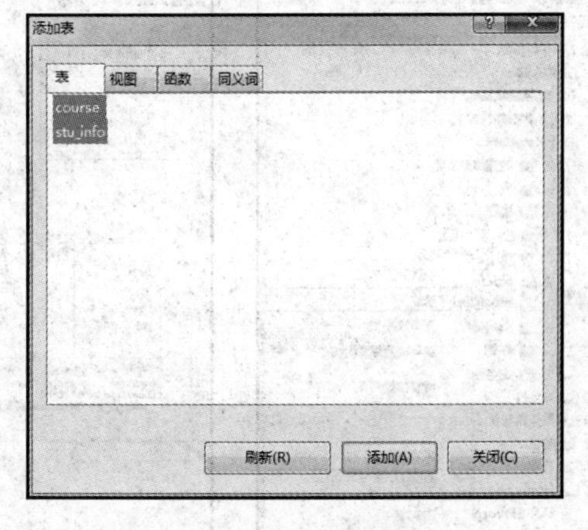

图 9.15　“添加表”对话框

2）弹出“添加表”对话框，如图 9.15 所示，视图的基表可以是表，也可以是视图、函数和同义词。在此我们选择“表”选项卡，选择“course”和“stu_info”表。单击“添加”按钮。如果不再需要继续添加，则单击“关闭”按钮。

3）在“视图”面板显示了“course”和“stu_info”表的全部信息，可以勾选视图中想要查询的列复选框。对应地在下面的选项组中列出选择的列，在“显示 SQL”面板中显示两表的链接 SQL 语句。若要查询内容，单击“执行”按钮显示查询结果，如图 9.16 所示。

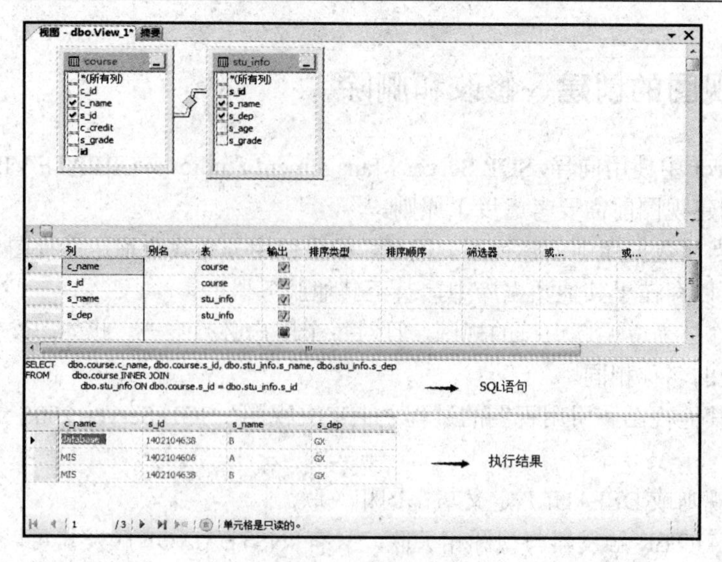

图 9.16 视图

4）单击“保存”按钮对视图进行保存。

2. 视图的修改和删除

链接成功数据库后，在“对象资源管理器”面板中，依次展开“数据库”、“student”和“视图”结点。右击需要操作的视图，在弹出的快捷菜单中选择“修改”命令，如图 9.17 所示，出现一个与创建视图一样的窗口，可以在该窗口里修改视图的定义，如图 9.18 所示。如果要删除视图，在弹出的快捷菜单中选择“删除”命令，即可完成删除。

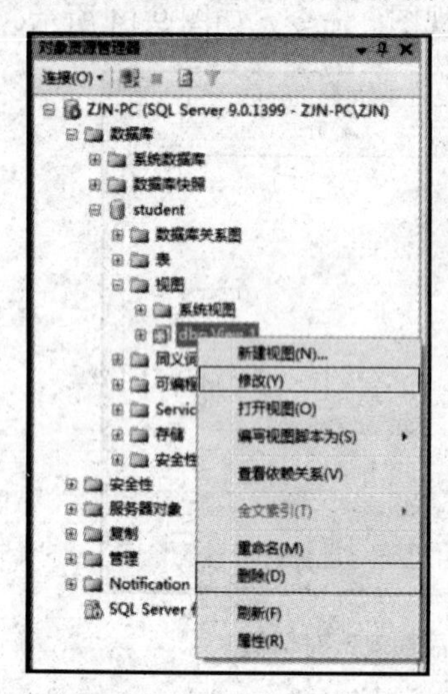

图 9.17 修改和删除视图

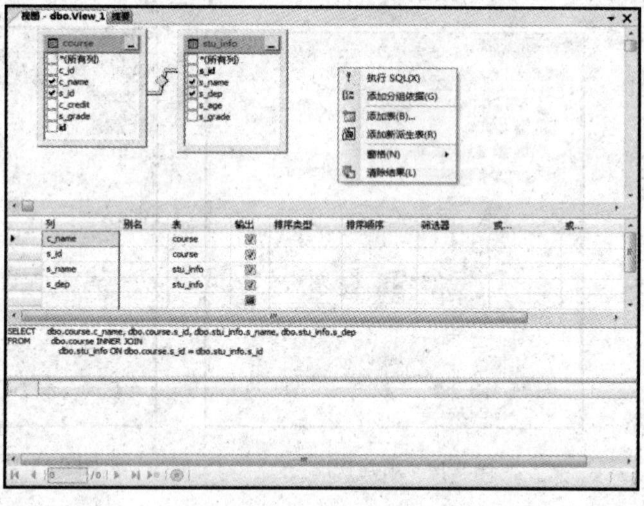

图 9.18 可供修改的视图

9.2.5 索引的使用

1. 索引

SQL Server 2005 将逐行扫描表中的数据行，并从中挑选出符合条件的数据行。当一个表中有很多行时，可以想象用这种方式执行一次查询操作所费的时间是多么漫长，这就造成了服务器的资源浪费。为了提高检索能力，数据库引入了索引机制。

索引是一个单独的、物理的数据库结构，它能够对表中的一个或者多个字段建立一种排序关系，以加快在表中查询数据的速度。对于较小的表来说，有没有索引对查找的速度影响不大，但对于一个很大的表来说，建立索引就显得十分必要了。对表的某个字段建立索引后，在这个字段上查找数据的速度会大大加快。建立索引不会改变表中记录的物理顺序。索引是依赖于表建立的，它提供了数据库中编排表数据的内部方法。一个表的存储由两部分组成：一部分用来存放表的数据页面；另一部分存放索引页面。索引就存放在索引页面上。通常索引页面相对于数据页面来说小得多。当进行数据检索时，系统先搜索索引页面，从中找到所需数据的指针，再直接通过指针从数据页面中读取数据。从某种程度上，可把数据库视为一本书，把索引看做书的目录，通过目录查找书中的信息，显然便捷得多。

创建索引主要有以下几个作用。

1）通过创建唯一索引，可以保证数据记录的唯一性。

2）可以大大加快数据的检索速度。可以加速表与表之间的链接，这一点在实现数据的参照完整性方面有特别的意义。在使用 ORDER BY 和 GROUP BY 子句进行检索数据时，可以显著减少查询中分组和排序的时间。

3）建立索引有利也有弊，它可以提高查询速度，但过多地建立索引会占据大量的磁盘空间。所以在建立索引时，数据库管理员必须权衡利弊，让索引带来的利大于弊。

SQL Server 提供了 3 种形式的索引：簇集索引、非簇集索引和主 XML 索引。

1）簇集索引：根据键值对行进行排序，所以每个表只能有一个簇集索引。

2）非簇集索引：不根据键值排序，索引数据结构与数据行是分开的。由于非簇集索引的表没有按顺序进行排列，所以查找速度明显低于带簇集索引的表。

3）主 XML 索引：XML 数据文件中，元素名将反复出现，这必然会影响到查询的效率。为了尽可能地提高 XML 的查询效率，SQL Server 2005 为 XML 类型提供了索引功能。

2. 索引的创建

1）链接成功数据库后，在“对象资源管理器”面板中，依次展开“数据库”、“student”和“表”结点，展开需要进行操作的表，在“索引”上右击，在弹出的快捷菜单中选择“新建索引”命令，如图 9.19 所示。

2）打开“新建索引”窗口，在“索引名称”文本框中输入索引名称。在“索引类型”下拉列表中选择“非聚集”选项，并勾选“唯一”复选框。

3）单击“添加”按钮，在打开的“从‘dbo.course’中选择列”窗口中选择来创建索引的字段，如图 9.20 所示。

4）单击“确定”按钮完成对索引的创建。

3. 索引的修改和删除

链接成功数据库后，在“对象资源管理器”面板中，依次展开“数据库”、“student”和“表”结点。展开需要操作的表“course”，展开“索引”结点，右击需要修改的索引，在弹出的快捷菜单中选择“重新组织”命令，在弹出的对话框里修改该索引。如果要删除索引，在弹出的快捷菜单中选择“删除”命令，即可完成删除。

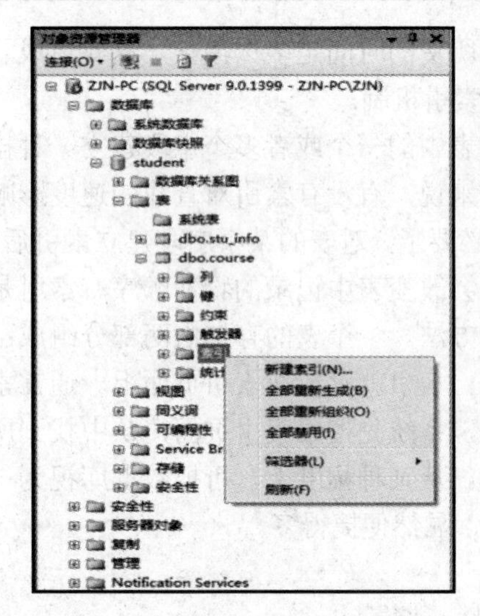

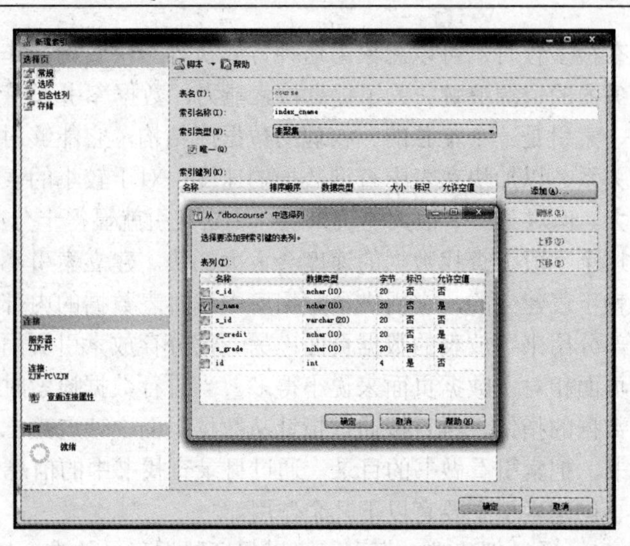

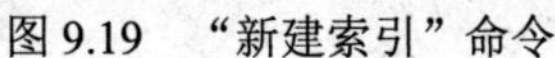
图 9.19 “新建索引”命令

图 9.20 新建索引

第 10 章　SQL Server 2005 数据库编程

【学习目的与要求】

本章讨论 SQL Server 2005 数据库编程技术。主要讨论基于 Transact-SQL 语句的程序设计问题。通过本章的学习，要求学生掌握变量声明的方法，控制语句的功能及语法规则，了解 SQL Server 2005 中常用系统函数的功能。掌握存储过程和触发器的概念和主要功能，并能熟练运用 Transact-SQL 语句编写相应的存储过程和触发器。

10.1　SQL Server 2005 Transact-SQL 编程

Transact-SQL 语句是 ANSI SQL 的扩充语句，它提供了类似于程序设计语言的基本功能，主要包括定义变量、批处理、程序流程控制语句等。Transact-SQL 语句分为以下 5 类。

变量声明：Transact-SQL 语句可以使用局部变量和全局变量。

数据定义语句：用来建立数据库及数据库对象，如 CREATE，TABLE 语句等。

数据控制语句：用来建立数据库组件的存取许可、权限等命令，如 GRANT、REVOKE 语句等。

数据操纵语句：用来操纵数据库中数据的命令，如 SELETE、UPDATE 语句等。

流程控制语句：用于控制应用程序流程的语句，如 IF、CASE 语句等。

10.1.1　变量与函数

变量是一种语言中必不可少的组成成分，利用变量可以保存批处理和脚本中的特定类型的数据值，还可以在语句间进行数据传递。Transact-SQL 语言中有两种形式的变量、一种是用户自己定义的局部变量；另一种是系统提供的全局变量。

1. 局部变量

局部变量是由用户自定义的变量，这些变量可以用来存储各种数据类型的值。它是用户根据程序的需要在程序内部创建的，它的作用范围仅限制在程序内部。局部变量被引用时还要在其名称前加上标志“@”，而且必须先用 DECLARE 命令定义后才可以使用。定义局部变量的语法形式如下。

```
DECLARE{@local_variable data_type} [⋯n]
```

其中，参数@local_variable 用于指定局部变量的名称，变量名必须以符号@开头，并且局部变量名必须符合 SQL Server 的命名规则。参数 data_type 可以是任何由系统提供的或用户定义的数据类型，但是不能是 text、ntext 或 image 数据类型。

声明并创建局部变量之后，初始值为 NULL。如果要在程序体特别是循环结构中引用，必须使用 SELECT 命令或者 SET 命令为其赋值，其语法结构如下。

```
SET{ @local_variable=expression }
```

或者

```
SELECT{ @local_variable=expression } [,…n]
```

其中，参数@local_variable 是给其赋值并声明的局部变量，参数 expression 是任何有效的 SQL Server 表达式。

【例 10.1】创建一个局部变量，并赋字符串 " Yes! " 作为局部变量的值。

```
DECLARE @char_var char(20)
SET @char_var= 'Yes!'
SELECT @char_var AS 'char_var变量值为:'
```

2. 全局变量

全局变量是由系统提供的，它用于存储一些系统信息。其作用范围并不仅仅局限于某一程序，而是任何程序均可以随时调用。用户可以在程序中用全局变量来测试系统的设定值或 Transact-SQL 命令执行后的状态值，在使用全局变量时应该注意全局变量不是由用户的程序定义的，它们是在服务器级定义的；用户只能使用预先定义的全局变量；引用全局变量时，必须以标记符“@@”开头；局部变量名称不能与全局变量名称相同，否则应用程序中会出现不可预测的结果。

SQL Server 支持的全局变量及其含义如表 10.1 所示。

表 10.1　SQL Server 支持的全局变量

全 局 变 量	含　义
@@CONNECTIONS	返回自最近一次启动 SQL Server 以链接或者试图链接的次数
@@CPU_BUSY	返回自最近一次启动 SQL Server（以 CPU 的工作时间，时间为毫秒）
@@CURSOR_ROWS	返回本次链接最后打开的游标中当前存在的合格行的数量
@@DATEFIRST	返回 SET DATEFRIST 参数的当前值，SET DATEFRIST 参数用于指定每周的第一天是星期几；1 对应星期一，2 对应星期二，以此类推，7 对应星期日
@@DBTS	返回当前数据库 timestamp 数据类型的值。这一 timestamp 值保证在数据库中是唯一的
@@ERROR	返回最后执行的 Transact-SQL 语句的错误代码
@@FETCH_STATUS	返回最后一条 FETCH 语句的状态值
@@IDENTITY	返回最后插入的标识列的列值
@@IDLE	返回 SQL Serve 自上次启动 CPU 闲置的时间，单位为毫秒
@@IO_BUSY	返回 SQL Serve 自上次启动 CPU 执行输入输出操作的时间，单位为毫秒
@@LANGID	返回当前所使用语言的标识符（ID）
@@LANGUAGE	返回当前使用的语言名
@@LOCK_TIMEOUT	返回当前会话的当前锁的超时设置，单位为毫秒
@@MAX_CONNECTIONS	返回 SQL Serve 上允许的用户同时链接的最大数
@@MAX_PRECISION	返回 decimal 和 numeric 数据类型精度的最大值
@@NESTLEVEL	返回当前存储过程执行的嵌套层次，其初始值为 0
@@OPTIONS	返回当前 SET 选项的信息
@@PACK_RECEIVED	返回 SQL Server 自上次启动后从网络上读取的输入数据包数量
@@PACK_SENT	返回 SQL Server 自上次启动后写到网络上的输出数据包的数量

续表

全局变量	含　义
@@PACKER_ERRORS	返回网络数据包的错误数量
@@PROCID	返回当前存储过程的标识符（ID）
@@REMSERVER	返回远程数据库服务器的名称
@@ROWCOUNT	返回上一次语句影响的数据行的行数
@@SERVERNAME	返回运行 SQL Server 的本地服务器的名称
@@SERVICENAME	返回 SQL Server 当前运行的服务名称
@@SPID	返回当前用户进程的服务器进程标识符（ID）
@@TEXTSIZE	返回 SET 语句的 TEXTSIZE 选项的当前值，它指定 SELECT 语句返回的 text 或 image 数据类型的最大长度，单位为字节
@@TIMETICKS	返回每一时钟的微秒数
@@TOTAL_ERRORS	返回磁盘读写错误数
@@TOTAL_READ	返回读写磁盘（不是读写高速缓存）的次数
@@TOTAL_WRITE	返回读写磁盘的次数
@@TRANCOUNT	返回当前链接的活动事务数
@@VERSION	返回 SQL Server 当前安装的日期、版本和处理器类型

3. 系统函数

内部函数的主要作用是用来帮助用户获得系统的有关信息、执行有关计算、实行数据转换及统计功能等操作。

SQL 所提供的函数可以分为系统函数、日期函数、字符串函数、数学函数、集合函数和行集函数。

1）系统函数

系统函数对 SQL Server 服务器和数据库对象进行操作，并返回服务器配置和数据库对象数值等信息，它为用户提供一种便捷的系统表检索手段，系统函数可用于选择列表、WHERE 子句及其他允许使用表达式的地方。

常用的系统函数如表 10.2 所示。

表 10.2　系统函数

函　数	功　能
DATALENGTH（expression）	返回表达式数据长度的字节数，返回类型为 int，对于 NULL、DATALENGTH 的返回值仍为 NULL
COALESCE（expression）	返回参数中的一个非空表达式，如果所有的参数值均为 NULL，则 COALESCE 返回值为 NULL
CURRENT_TIMESTAMP	返回系统当前日期和时间，返回数据类型为 datetime，它相当于 GETDATE( )函数
GETANSINULL（database）	返回本次会话中数据库的默认空值设置
HOST_ID( )	返回本机标识符，返回的数据类型为 int
HOST_NAME( )	返回主机名称，返回的数据类型为 nchar
PARSENAME	返回一个对象名称中指定部分的名称，一个数据对象由对象名、所有者、数据库名和服务器名组成
APP_NAME( )	返回建立当前会话的程序名称，返回值类型为 nvarchar(128)
STATS_DATE(table_id,index_id)	返回索引最后一次被修改的统计日期，其中 table_id 和 index_id 分别为表和索引的标识符

2）日期函数

日期函数用于处理 datetime 和 smalldatetime 类型的数据，SQL Server 所提供的日期函数如表 10.3 所示。

表 10.3　SQL Server 所提供的日期函数

函　数	功　能
MONTH(date)	返回日期中的月份，返回数据类型为 int
DAY(date)	返回日期中的日数，所返回的数据类型为 int
GETDATE()	以 SQL Server 内部格式，返回当前的日期和时间
DATEADD(datepart,number,date)	返回 datetime 或者 smalldatetime 数据类型，其值为 date 值加上 datepart 和 number 参数指定的时间间隔
DATEDIFF(datepart,date1,date2)	返回 date1、date2 之间的时间间隔，其单位由 datepart 参数指定
DATENAME(datepart,date)	返回日期中指定部分对应的名称
DATEPART(datepart,date)	返回日期中指定部分对应的整数值
YEAR(date)	返回日期中的年份，其返回数据类型为 int

3）字符串函数

字符串函数实现字符串之间的转换、查找、截取等操作。常用的字符串函数如表 10.4 所示。

表 10.4　常用的字符串函数

函　数	功　能
ASCII	返回字符表达式最左端字符的 ASCII 代码值
CHAR	将 int ASCII 代码转换为字符的字符串函数
CHARINDEX	返回字符串中指定表达式的起始位置
DIFFERENCE	以整数返回两个字符表达式的 SOUNDEX 值之差
LEFT	返回从字符串左边开始指定个数的字符
LEN	返回给定字符串表达式的字符个数，其中不包含尾随空格
LOWER	将大写字符数据转换为小写字符数据后返回字符表达式
LTRIM	删除起始空格后返回字符表达式
NCHAR	根据 Unicode 标准所进行的定义，用给定证书代码返回 Unicode 字符
PATINDEX	返回指定表达式中某模式第一次出现的起始位置，如果在全部有效的文本和字符数据类型中没有找到该模式，则返回零
REPLACE	用第三个表达式替换第一个字符串表达式中出现的所有第二个给定字符串表达式
QUOTENAME	返回带有分隔符的 Unicode 字符串，分隔符的加入可使输入的字符串成为有效的 Microsoft SQL-Server 分隔标识符
REPLICATE	以指定的次数重复字符表达式
REVERSE	返回字符表达式的反转
RIGHT Integer_experssion	返回字符串中从右边开始指定个数的 Integer_experssion 字符
RTRIM	截断所有尾随空格后返回一个字符串
SOUNDEX	返回由 4 个字符组成的代码（SOUNDEX）以评估两个字符串的相似性
SPACE	返回由重复的空格组成的字符串

续表

函　数	功　能
STR	由数字数据转换来的字符数据
STUFF	删除指定长度的字符，并在指定的起始点插入另一组字符
SUBSTRING	返回字符 binary、text 或 image 表达式的一部分
UNICODE	按照 Unicode 标准的定义，返回输入表达式的第一个字符的整数值
UPPER	返回将小写字符数据转换为大写字符的表达式

4）数学函数

数学函数实现三角运算、指数运算、对数运算等数学运算。常用的数学函数及其功能如表 10.5 所示。

表 10.5　常用的数学函数

函　数	功　能
ABS	返回给定数字表达式的绝对值
ACOS	返回以弧度表示的角度值，该角度值的余弦为给定的 float 表达式，本函数又称反余弦函数
ASIN	返回以弧度表示的角度值，该角度值的正弦为给定的 float 表达式，本函数又称反正弦函数
ATAN	返回以弧度表示的角度值，该角度值的正切为给定的 float 表达式，本函数又称反正切函数
ATN2	返回以弧度表示的角度值，该角度值的正切介于两个给定的 float 表达式之间，又称反正切函数，是由两个夹角定义的反正切函数
CEILING	返回大于或等于所给数字表达式的最小整数
COS	返回给定 float 表达式中给定角度（以弧度为单位）的三角余弦值
COT	返回给定 float 表达式中指定角度（以弧度为单位）的三角余切值
DEGREES	当给出以弧度为单位的角度时，返回相应的以度数为单位的角度
EXP	返回所给的 float 表达式的指数值
FLOOR	返回小于或等于所给数字表达式的最大整数
LOG	返回给定 float 表达式的自然对数
LOG7	返回给定 float 表达式的以 7 为底的对数
PI	返回 PI 的常量值
POWER	返回给定表达式乘指定次方的值
RADIANS	对于在数字表达式中输入的度数值返回弧度值
RAND	返回 0～1 之间的随机 float 值
ROUND	返回数字表达式并四舍五入为指定的长度或精度
SIGN	返回给定表达式的正（+1）、零（0）或负（-1）号
SIN	以近似数字（float）表达式返回给定角度（以弧度为单位）的三角正弦值
SQUARE	返回给定表达式的平方
SQRT	返回给定表达式的平方根
TAN	返回输入表达式的正切值

5）集合函数

集合函数实现求最大值项、最小值项和平均值等运算。常用的集合函数如表 10.6 所示。

表 10.6 常用的集合函数

函 数	功 能
COUNT	返回一个集合中的项数
MIN	返回表达式中的最小值项
MAX	返回表达式中的最大值项
SUM	计算表达式中的各项和
AVG	计算表达式中的各项平均值

6）行集函数

行集函数返回对象，该对象可在 Transact-SQL 语句中用于表引用，所有行集函数都不具有确定性，每次用一组特定输入值调用它们时，所返回的结果不总是相同的。Transact-SQL 编程语言提供了 CONTAINSTABLE、FREETEXTTABLE、OPENDATASOURCE、OPENQUERY、OPENROWSET 和 OPENXML 等行集函数。

10.1.2 流程控制语句

流程控制语句是指用来控制程序执行和流程分支的语句。在 SQL Server 2005 中，流程控制语句主要用来控制 SQL 语句、语句块或存储过程的执行流程。下面详细介绍 SQL Server 提供的流程控制语句。

1. IF…ELSE 语句

IF…ELSE 语句是条件判断语句，其中 ELSE 子句是可选的，最简单的 IF 语句没有 ELSE 子句部分。IF…ELSE 语句用来判断当某一条件成立时执行某段程序，条件不成立时执行另一段程序。IF…ELSE 语句的语法格式如下。

```
IF Boolean_expression
{sql_statement|statement_block}
[ELSE
{sql_statement|statement_block}]
```

【例 10.2】使用 IF…ELSE 语句判断两个数的大小。

```
DECLARE @x int,@y int
SET @x=8
SET @y=3
IF @x>@y
PRINT  '@x大于@y'
ELSE
PRINT '@x小于等于@y'
```

2. BEGIN…END 语句

BEGIN…END 语句能够将多个 Transact-SQL 语句组合成一个语句块，并将它们视为一个单元处理。在条件语句和循环等控制流程语句中，当符合特定条件要执行两个或多个语句时，就需要使用 BEGIN…END 语句。BEGIN…END 语句的语法格式如下。

```
BEGIN
{sql_statement|statement_block}
END
```

【例 10.3】使用 BEGIN…END 语句交换两个变量的值。

```
DECLARE @x int,@y int,@t int
SET @x=5
SET @y=6
BEGIN
SET @t=@x
SET @x=@y
SET @y=@t
END
Print @x
Print @y
```

3．GOTO 语句

GOTO 命令用来改变程序执行的流程，使程序跳到标识符指定的程序行，再继续往下执行。使用 GOTO 语句时首先要定义一个标签，其语法格式如下。

```
Label:
```

然后使用 GOTO 语句转移到所定义的标签，其语法格式如下。

```
GOTO Label
```

【例 10.4】使用 GOTO 语句。

```
DECLARE @x int
SELECT @x=1
Loving:
    PRINT @x
    SELECT @x=@x+1
WHILE @x<= 3 GOTO Loving
```

4．WHILE、BREAK、CONTINUE 语句

WHILE 语句根据所指定的条件重复执行一个 Transact-SQL 语句或语句块，只要条件成立，WHILE 语句就会重复执行下去。WHILE 语句还可以与 BREAK、CONTINUE 语句一起使用，BREAK 语句使程序从循环中跳出，CONTINUE 语句则使程序跳出循环体。其语法格式如下。

```
WHILE Boolean_expression
{sql_statement|statement_block}
[BREAK]
{sql_statement|statement_block}
[CONTINUE]
```

【例 10.5】使用 WHILE 语句计算 100 以内的所有整数和。

```
DECLARE @sum int,@i int
SELECT @sum=0,@i=1
WHILE @i<100
   BEGIN
      SET @sum=@sum+@i
      SET @i=@i+1
   End
```

```
PRINT '100以内的所有整数和为:'
PRINT @sum
```

5. WAINFOR 语句

WAITOR 语句指定一个时刻或延缓一段时间来执行一个 Transact-SQL 语句、语句块存储过程。其语法格式如下。

```
WAITFOR {DELAY 'time'|TIME 'time'}
```

DELAY 是在完成 WAITOR 语句之前等待的时间间隔，最多可达 24 小时。

TIME 用来设定等待结束的时间点，格式为'hh:mm:ss'，不允许有日期部分。

【例 10.6】在 WAITOR 语句中使用 DELAY 参数设置查询语句执行前需要等待的时间间隔。

```
USE test
WAITOR DELAY '00:00:02'
SELECT * FROM student
```

6. RETURN 语句

RETURN 语句使程序从查询或存储过程中无条件返回，其后面的语句不再执行。可以使用 RETURN 语句调用它的存储过程或应用程序返回整数值。RETURN 语句的语法格式如下。

```
RETURN [integer_expression]
```

【例 10.7】使用 RETURN 语句。

```
DECLARE @x int
SET @x=3
IF @x>0
PRINT '遇到RETURN之前'
RETURN
PRINT'遇到RETURN之后'
```

10.1.3 CASE 表达式

CASE 表达式是用于多重选择的条件判断语句，结果返回单个值。在 CASE 中虽然在这种条件下可以使用 IF…ELSE 语句实现，但是使用 CASE 表达式可以简化 SQL 表达式。可根据表达式的值选择相应的结果。CASE 语句通常是使用可读性更强的值替换代码或缩写。

在 SQL Server 中的 CASE 表达式分为简单 CASE 表达式和搜索 CASE 表达式两种。

1. 简单 CASE 表达式

简单 CASE 语句先计算 CASE 后面的表达式的值，然后将其与 WHEN 后面的表达式逐一进行比较，若相等，则返回 THEN 后面的表达式，否则返回 ELSE 后面的表达式。其语法格式如下。

```
CASE input_expression
WHEN when_expression  THEN result_expression
[…n]
{ELSE else_result_expression}
END
```

2．搜索 CASE 表达式

搜索 CASE 表达式是指按指定顺序对每个 WHEN 子句后面的逻辑表达式进行计算，返回第一个计算结果为 TRUE 的 THEN 后面的表达式。如果所有的逻辑表达式都为假，则返回 ELSE 后面的表达式；若没有指定 ELSE 子句，则返回 NULL 值。其语法格式如下。

```
CASE
WHEN Boolean_expression  THEN result_expression
[…n]
{ELSE else_result_expression}
END
```

【例 10.8】使用搜索 CASE 语句查询学生的成绩情况。

```
USE test
GO
SELECT Sno AS 学号,Cno AS 课程号,
  成绩等级=CASE
      WHEN Grade>=90  THEN '优秀'
      WHEN Grade>=70  THEN '良好'
      WHEN Grade>=60  THEN '及格'
      WHEN Grade<60 THEN '不及格'
      END
FROM Score
ORDER BY Sno
```

10.1.4　输出语句

Transact-SQL 支持输出语句，用于输出显示处理的数据结果。

常用的输出语句有两种：PRINT 局部变量或字符串；SELECT 局部变量 AS 自定义列名。

这两种常用输出语句的区别如下。

1）一条 PRINT 语句只能输出一个值，而一条 SELECT 语句可以输出多个值；

2）PRINT 语句以文本的形式输出，SELECT 语句以表格方式输出。因此 SELECT 语句中可以使用列别名，而 PRINT 语句中不可以使用列别名。

3）PRINT 语句在消息窗格中输出，SELECT 语句在结果窗格中输出。

【例 10.9】使用输出语句的示例。

```
PRINT  '服务器的名称' +@@SERVERNAME
SELECT @@SERVERNAME AS '服务器的名称'
```

使用 PRINT 语句要求单个局部变量或字符串表达式作为参数。

【例 10.11】输出当前错误号。

错误的示例：

```
PRINT  '当前错误号' +@@ERROR
```

全局变量@@ERROR 返回的是整数值，因此应该使用转换函数把数据转换为字符串，示例如下。

```
PRINT  '当前错误号' +convert(varchar(5),@@ERROR)
```

10.2 存储过程

10.2.1 存储过程基本知识

在使用 Transact-SQL 语言编程时，把某些需要多次调用的实现某个特定任务的代码段编写成一个过程保存在数据库中，并由 SQL Server 服务器通过过程名来调用它们，这些过程就叫做存储过程。存储过程是一组编译好的、存储在服务器上的完成特定功能的 Transact-SQL 代码，是某数据库的对象。

在 SQL Server 2005 中的存储过程分为以下 3 类。

1. 系统存储过程

系统存储过程是指用来完成 SQL Server 2005 中许多管理活动的特殊存储过程，系统存储过程由 SQL Server 2005 提供，用户可以直接使用。它在 SQL Server 安装成功后，就已经存储在系统数据库 master 中并以 sp_为前缀，系统存储过程主要是从系统表中获取信息，主要用于系统管理、用户登录管理、权限设置、数据库对象管理、数据复制等操作。

2. 用户自定义的存储过程

用户自定义存储过程是由用户创建并能完成某一特定功能的存储过程，是主要的存储过程类型。用户自定义存储过程可以接收输入参数，向客户端返回表格或标量结果和消息，调用数据定义语言和数据操作语言语句，以及返回输入参数。

3. 扩展存储过程

扩展存储过程是指使用某种编程语言创建的外部例程，是可以在 SQL Server 实例中动态加载和运行的 DDL。

存储过程的优点如下。

（1）模块化程序设计

存储过程可保存在数据库中，以后可反复调用，并可对其进行单独的修改和维护。

（2）提高执行速度

当需要执行大量的 SQL 代码时，存储过程要比 SQL 批代码的执行速度快。存储过程会被分析和优化，在执行的时候使用的是在高速缓存中的内容，客户端的 SQL 语句每次要被发送、编译和优化。

（3）减少网络流量

当需要执行大量的 SQL 代码时，存储过程通过一条执行代码就可以实现，不需要在网络中传输大量的代码。

（4）提高安全机制

用户可以被授予执行存储过程的权限，即让用户没有存储过程中引用表或者视图的权限。

10.2.2 存储过程的建立和运行

在 SQL Server 中可以使用 SQL Server Management Studio 界面操作与 Transact-SQL 语句

创建存储过程。存储过程在创建时会被进行语法分析，如果没有语法问题，则存储过程的名称会被保存到 sysobjects 系统表中，存储过程的内容保存到 syscomments 系统表中。如果发现有语法错误，就不会创建存储过程。存储过程在第一次执行时，会被优化编译并保存在高速缓存中。存储过程的建立方式如下。

1. 使用 SQL Server Management Studio 创建存储过程

1）启动 SQL Server Management Studio，在“对象资源管理器”面板中展开“数据库”结点，再展开所选择的具体数据库结点，选择“可编程性”结点，右击“存储过程”，在弹出的快捷菜单中选择“新建存储过程”命令。

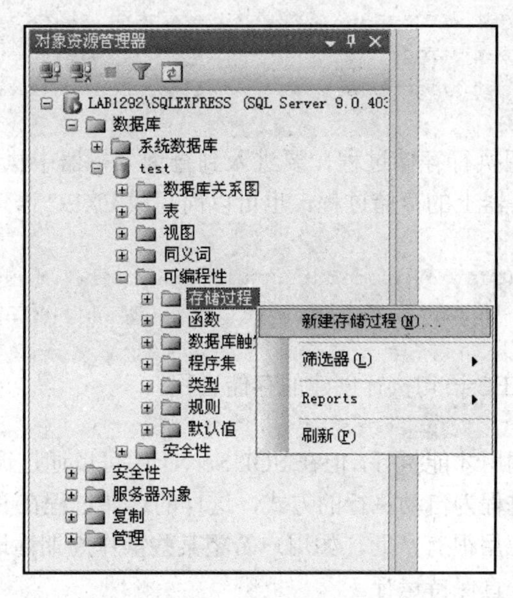

图 10.1　新建存储过程

2）在右侧查询编辑器中出现存储过程的模板，用户可以在此基础上编辑存储过程，单击“执行”按钮，即可创建该存储过程。

2. 使用 Transact-SQL 创建存储过程

CREATE PROCEDURE 语句用于在服务器上创建存储过程。其语法格式如下。

```
CREATE PROC [EDURE] procedure_name [;number]
[{@parameter data_type}[ VARYING ] [=default] [OUTPUT]] [,…n]
[WITH{RECOMPILE | ENCRYPTION | RECOMPILE,ENCRYPTION}]
[FOR REPLICATION]
AS sql_statement […n ]
```

【例 10.12】在销售公司，员工的工资是和销售额相关的，销售额在 0～500 元时，开基本工资的 50%；销售额在 500～1000 元时，开基本工资；销售额在 1000～2000 元时，开基本工资的 1.5 倍，要求创建存储过程。

题中表为 employee。

```
employee_id        int
employee_name      char
basic_wage         float
```

```
sale                float
wage                float
```

创建存储过程：

```
USE test
GO
IF EXISTS (select name from sysobjects where name='count_wage' and type='P')
DROP PROCEDURE count_wage
GO
CREATE PROCEDURE count_wage
AS
update employee set wage=basic_wage*0.5 where sale<500;
update employee set wage=basic_wage*1.0 where sale>=500 and sale<1000;
update employee set wage=basic_wage*1.5 where sale>=1000 and sale<2000;
GO
```

创建存储过程后要想执行存储过程，要进入到查询分析器中执行存储过程。EXECUTE 语句用于执行存储在服务器上的存储过程，也可以简写成 EXEC 语句。其语法格式如下。

```
[[ EXECUTE [UTE]]
    {[[@return_status =]{procedure_name [;number ] | @procedure_name_var}
    [[@parameter =]{value |@variable [OUTPUT] | [DEFAULT ]][ ,...n ]
[ WITH RECOMPILE]
```

【例 10.13】 调用 EXEC 语句执行创建的存储过程。

```
exec count_wage;
```

存储过程需要直接调用才能执行，但在 SQL Server 中可以通过调用 sp_procoption 系统存储过程来设置一个存储过程为自动执行的方式，这样的存储过程在 SQL Server 启动时自动执行。这种设置对于一些应用很有帮助，如用户希望某些操作周期性地执行，某些操作作为后台进程完成，某些操作一直保持运行。

用户必须是固定服务器角色 sysadmin 的成员，才可以设置指定的存储过程为自动执行的存储过程。其语法格式如下。

```
sp_procoption [@ProcName =] 'procedure'
   , [@OptionName =] 'option'
   , [@OptionValue =] 'value'
```

【例 10.14】 设置一个存储过程为自动执行存储过程。

① 创建一个存储过程 up_autoexec。

```
USE MASTER
GO
CREATE  PROCEDURE up_autoexec
AS
PRINT  '自动执行存储过程'
GO
```

② 执行下面语句，将存储过程 up_autoexec 设置为自动执行存储过程。

```
sp_procoption 'up_autoexece',  'startup',  'true'
```

③ 执行下面语句，还可以取消一个存储过程的自动执行。

```
sp_procoption 'up_autoexece',  'startup',  'false'
```

10.2.3　存储过程的修改与删除

1. 使用 SQL Server Management Studio 管理存储过程

使用 Microsoft SQL Server Management Studio 查看存储过程如下。

1）在“对象资源管理器”面板中展开“数据库”结点，再展开所选择的具体数据库结点，选择“可编程性”结点。

2）右击要操作的存储过程名，操作如图 10.2 所示，在弹出的快捷菜单中选择“属性”命令，打开“存储过程属性”窗口，如图 10.3 所示，查看该存储过程属于哪个数据库、创建日期等，还可以为存储过程添加用户并授予权限。

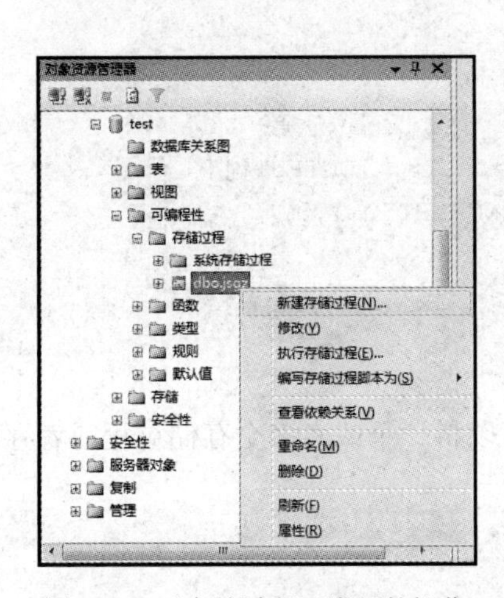

图 10.2　对存储过程可进行的操作

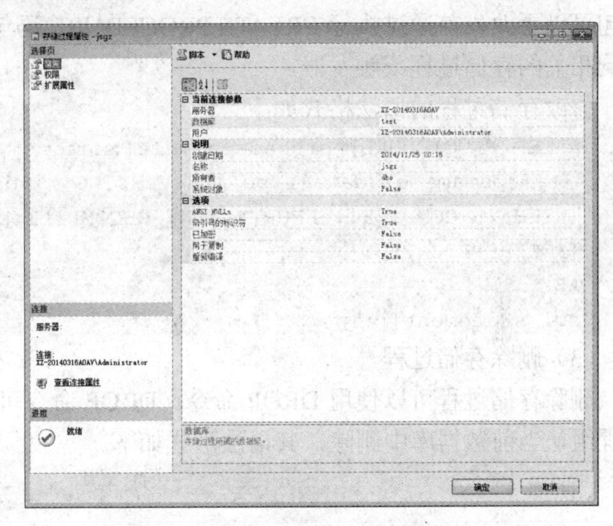

图 10.3　“存储过程属性”窗口

3）图 10.2 中选择相应的命令，还可以对存储过程进行修改、删除、重命名操作。右击要删除的存储过程，在弹出的快捷菜单中选择“删除”命令，则会打开“删除对象”窗口，如图 10.4 所示，单击“确定”按钮，即可完成删除操作。单击“显示依赖关系”按钮，则可以在删除前查看与该存储过程有依赖关系的其他数据库对象的名称。

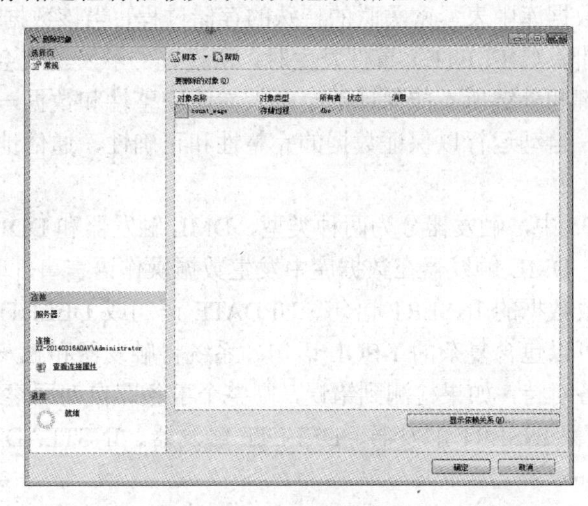

图 10.4　“删除对象”窗口

2. 使用 Transact-SQL 语言管理存储过程

（1）查看存储过程的基本信息

查看存储过程的一般信息，语法格式如下。

```
exec sp_help [ [ @objname = ] name ]
```

查看存储过程的文本信息，格式语法如下。

```
exec sp_helptext [ [ @objname = ] name ]
```

查看存储过程的相关性信息，语法格式如下。

```
exec sp_depends [ [ @objname = ] name ]
```

（2）修改存储过程

存储过程可以根据用户的要求或者基表定义的改变而改变，使用 ALTER PROCEDURE 语句可以更改先前通过执行 CREATE PROCEDURE 语句创建的过程，但不会更改权限，也不影响相关的存储过程或触发器。

修改存储过程的语法格式如下。

```
ALTER PROC[EDURE] procedure_name[;number]
  [{@parameter data_type } [ VARYING] [=default] [OUTPUT]][, …n]
[WITH {RECOMPILE | ENCRYPTION| RECOMPILE,ENCRYPTION}]
[FOR REPLICATION]
AS
sql_statement[…n]
```

（3）删除存储过程

删除存储过程可以使用 DROP 命令。DROP 命令可以将一个或者多个存储过程或者存储过程组从当前数据库中删除，其语法形式如下。

```
Drop procedure{ procedure} [,…n]
```

10.3 触发器

10.3.1 触发器基本知识

触发器是一种与数据库中表紧密关联的特殊的存储过程，当该数据表有插入（INSERT）、更改（UPDATE）或删除（DELETE）事件发生时，所设置的触发器就会自动被执行。它的主要作用就是实现由主键和外键所不能保证的复杂的参照完整性和数据一致性。当触发器所保护的数据发生变化后，自动运行以保证数据的完整性和正确性，通俗地说，就是通过一个动作调用一个存储过程。

在 SQL Server 2005 中，触发器分为两种类型、DML 触发器和 DDL 触发器。

1）DML 触发器。DML 触发器在数据库中发生数据操作语言事件时将启用。DML 包括在指定表或视图中修改数据的 INSERT 语句、UPDATE 语句或 DELETE 语句。DML 触发器可以查询其他表，还可以包含复杂的 T-SQL 语句。系统将触发器和触发它的语句作为可在触发器内回滚的单个事务对待，如果检测到错误，则整个事务即自动回滚。DML 触发器又可以分为 UPDATE 触发器 、INSERT 触发器、DELETE 触发器、INSTEAD OF 触发器和 AFTER 触发器 5 种类型。

2）DDL 触发器。DDL 触发器是 SQL Server 2005 新增的功能，当服务器或数据库中发生数据定义语言事件时将调用这些触发器。与 DML 触发器不同的是，相应的触发事件是由数据定义语言引起的事件。它们不会为响应针对表或视图的 INSERT 语句、UPDATE 语句或 DELETE 语句而激发，相反，它们会为响应多种数据定义语言语句而激发，这些语句主要是以 CREATE、ALTER 和 DROP 并头的语句。DDL 触发器只能在触发事件发生后才会调用执行，即它只能是 AFTER 触发器。

触发器可以使用 T-SQL 语句进行复杂的逻辑处理，它基于一个表创建，可以对多个表进行操作，因此常常用于复杂的业务规则。一般可以使用触发器完成的操作有级联修改数据库中相关表；执行比核查约束更为复杂的约束操作；拒绝或回滚违反引用完整性的操作；检查对数据表的操作是否违反引用完整性，并选择相应的操作；比较表修改前后数据之间的差别，并根据差别采取相应的操作等。

10.3.2　触发器的建立和使用

1. 使用 SQL Server Management Studio 创建触发器

具体操作如下。

1）启动 SQL Server Management Studio，在“对象资源管理器”面板中展开“数据库”结点，再展开所选择的具体数据库结点，选择“表”结点。

2）展开将要在上面创建触发器的表结点，右击“触发器”，在弹出的快捷菜单中选择“新建触发器”命令，如图 10.5 所示。

3）打开“新建触发器”模板文档窗口，根据相应提示输入创建触发器的文本。

4）单击 SQL Server Management Studio 窗口工具栏上的“执行”按钮，即可创建触发器。

注意，这样创建的是 DML 触发器。

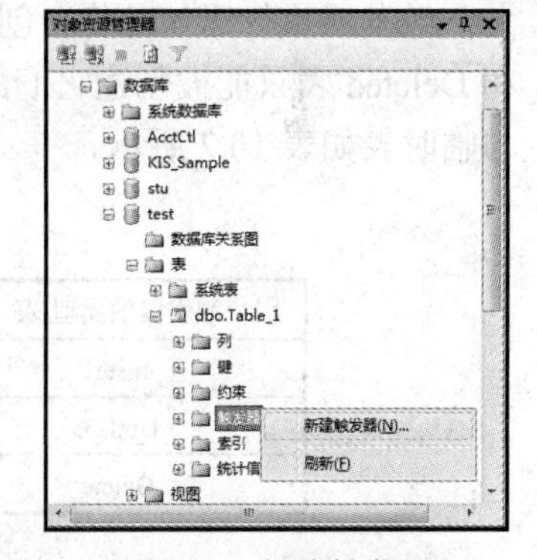

图 10.5　新建触发器

使用 Microsoft SQL Server Management Studio 创建 DDL 触发器与使用 Microsoft SQL Server Management Studio 创建 DML 触发器的方法一样，只要最后输入创建 DDL 触发器的 SQL 语句即可。

2. 使用 Transact-SQL 创建触发器

Transact-SQL 语言使用 CREATE TRIGGER 语句创建 DML 触发器的基本语句格式如下。

```
CREATE TRIGGER [ schema_name . ]trigger_name
ON { table | view }
[ WITH ENCRYPTION ]
FOR | AFTER | INSTEAD OF
[ INSERT ] [ , ] [ UPDATE ] [ , ] [ DELETE ]
[ WITH APPEND ]
[ NOT FOR REPLICATION ]
AS dml_sql_statement
```

创建 DDL 触发器的基本语句格式如下。

```
CREATE TRIGGER trigger_name
ON { ALL SERVER | DATABASE }
```

```
[ WITH <ddl_trigger_option> [ ,…n ] ]
FOR | AFTER
AS
ddl_sql_statement
```

【例 10.15】在学生选课系统 STU 中有学生表、课程表和学生选课表。要求在学生 student 表上创建一个触发器，如果删除了学生表中的一条学生的信息，则触发此触发器，同时删除选课 SCORE 表中这个学生的选课记录。

在查询分析器中创建触发器如下。

```
USE STU
GO
IF EXISTS(SELECT NAME FROM SYSOBJECTS WHERE NAME = 'EXAMPLE4'  AND TYPE = 'TR')
DROP TRIGGER EXAMPLE4
GO
CREATE TRIGGER EXAMPLE4 ON STUDENT
FOR DELETE
AS
DELETE FROM SCORE WHERE SNO IN (SELECT DISTINCT SNO FROM DELETED)
GO
```

触发器执行语句时将会创建一个或者两个临时表，即 Inserted 表和 Deleted 表。Inserted 表和 Deleted 表只能被创建它们的触发器引用，它们的作用范围仅限于该触发器。触发器的类型与临时表如表 10.7 所示。

表 10.7　触发器的类型与临时表

触发器的类型/表	Inserted 表	Deleted 表
Insert	插入的记录	不创建
Update	修改后的记录	修改前的记录
Delete	不创建	删除的记录

1）当记录插入时，相应的插入触发器创建 Inserted 表，该表与触发器对应的表有相同的表结构。

2）当删除记录时，被删除的记录会被复制到由删除触发器创建的 Deleted 表中，Deleted 表的列结构与触发器对应的表有相同的列结构。

3）当用 Update 修改数据时，更新触发器将同时创建 Inserted 和 Deleted 表，这两个表和触发器对应的表有相同的表结构。

10.3.3 触发器的修改与删除

1. 修改触发器

修改 DML 和 DDL 触发器的语法结构与创建它们的语法结构类似，除了使用的开始关键词变为 ALTER 和在修改 DML 触发器时不能使用 WITH APPEND 参数选项外，其他语法结构都相同。修改触发器也有两种方式。

（1）使用 SQL Server Management Studio 修改触发器

启动 SQL Server Management Studio，在“对象资源管理器”面板中展开“数据库”结点，再展开所选择的具体数据库结点，选择“表”结点，最后选择“触发器”结点。在“触发器”结点中，右击需要查看的触发器，在弹出的快捷菜单中选择“修改”命令，从而修改触发器。

（2）使用 Transact-SQL 语言修改触发器

修改 DML 触发器的 ALTER TRIGGER 语法结构如下。

```
ALTER TRIGGER[ schema_name.]trigger_name
ON {table | view}
FOR | AFTER | INSTEAD OF
[ INSERT ] [ , ] [ UPDATE ] [ , ] [ DELETE ]
AS dml_sql_statement
```

修改 DDL 触发器的 ALTER TRIGGER 语法结构如下。

```
ALTER TRIGGER trigger_name
ON { DATABASE | ALL SERVER }
FOR | AFTER
AS ddl_sql_statement
```

2. 删除触发器

1）使用 DROP TRIGGER 命令删除触发器，基本语句格式如下。

```
DROP TRIGGER {trigger}[,…n]
```

2）使用 SQL Server Management Studio 删除触发器

启用 SQL Server Management Studio，在“对象资源管理器”面板中依次展开“数据库”、要操作的数据库、要操作的“表”和“触发器”结点，右击相应的触发器，在弹出的快捷菜单中选择“删除”命令，即可删除相应的触发器。

第 11 章　SQL Server 2005 的安全性和完整性设置

【学习目的与要求】

本章主要讨论在 SQL Server 2005 中如何实现数据库安全性和完整性的设置。通过本章的学习，学生应该了解 SQL Server 2005 提供的安全管理机制，并掌握安全控制的方法，熟悉登录名和数据库角色的使用。了解 SQL Server 2005 提供的完整性机制，掌握定义和检验数据完整性的四种方法。

11.1　SQL Server 2005 安全管理

合理有效的数据库安全机制是可以既保证被授权用户能够方便地访问数据库中的数据，又能够防止非法用户的入侵。SQL Server 2005 提供了一套设计完善、操作简单的安全管理机制。SQL Server 的安全管理模式是建立在安全身份验证和访问许可两者机制上的，如图 11.1 表示。

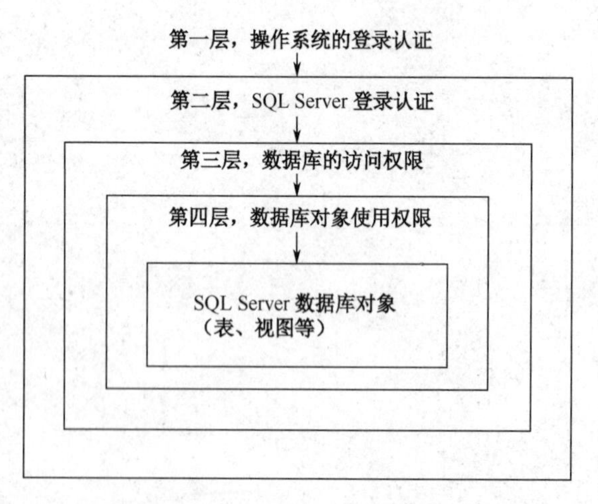

图 11.1　SQL Server 安全管理模式

SQL Server 2005 的安全管理可以分为 3 个等级：操作系统级、SQL Server 级和数据库级。

1）操作系统级的安全性。

在用户使用客户计算机通过网络实现 SQL Server 服务器的访问时，用户首先要获得计算机操作系统的使用权，即 Windows 身份认证和 SQL Server 认证。一般在能够实现网络互连的前提下，用户没有必要登录运行 SQL Server 服务器的主机，除非 SQL Server 服务器就运行在本地计算机上。SQL Server 可以直接访问网络端口，所以可以实现对 Windows NT 安全体系以外的服务器及其数据库的访问，操作系统安全性是操作系统管理员或者网络管理员的任务。由于 SQL Server 采用了集成 Windows NT 网络安全性机制，所以使得操作系统安全性的地位得到提高，但同时也加大了管理数据库系统安全性的灵活性和难度。

2）SQL Server 级的安全性。

提供 SQL Server 身份验证是为了向后兼容，SQL Server 的服务器级安全性建立在控制服务器登录账号和口令的基础上，SQL Server 采用了标准 SQL Server 登录和集成 Windows NT 登录两种方式，无论是使用哪种登录方式，用户在登录时提供的登录账号和口令，决定了用户能否获得 SQL Server 的访问权，以及在获得访问权以后，用户在访问 SQL Server 时可以拥有的权利。安全级别高的密码是抵御入侵者的一道强而有力的防线。

3）数据库级的安全性。

在用户通过 SQL Server 服务器的安全性检验后，将直接面对不同的数据库入口，这是用户将接受的第三次安全性检验。在建立用户的登录账号信息时 SQL Server 会提示用户选择默认的数据库，以后用户每次链接上服务器后，都会自动转到默认的数据库上。对任何用户来说 master 数据库的门总是打开的，设置登录账号时没有指定默认的数据库，则用户的权限将局限在 master 数据库以内。

11.1.1　登录名

登录账户是控制访问 SQL Server 系统的账户，若不先指定有效登录账户，用户就不能链接到 SQL Server。Sysadmin 固定服务器角色成员定义了两类登录账户：SQL Server 身份验证的登录账户和 Windows 身份验证的登录账户。SQL Server 账户的登录名称与登录密码由 SQL Server 2005 系统负责验证，Windows 账户的登录名称与登录密码则由 Windows NT 负责验证。

登录名只是让用户登录到 SQL Server 中，登录名本身并不能让用户访问服务器中的数据库，要访问特定的数据库，还必须具有用户名。对于访问 SQL Server 的登录，有两种验证模式，即 Windows 身份验证和混合模式身份验证。

1. 创建登录名

创建登录名的步骤如下。

1）打开 SQL Server Management Studio 并链接到目标服务器，在“对象资源管理器”面板中，展开“安全性”结点，在“登录名”上右击，在弹出的快捷菜单中，选择“新建登录名”命令，如图 11.2 所示。

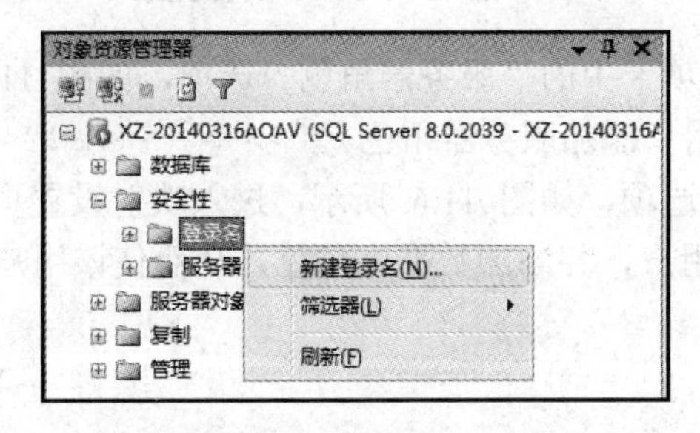

图 11.2　新建登录名

2）打开“登录名-新建”窗口，选中需要创建的登录模式前的单选按钮，选定验证方式（Windows身份验证（图11.3）或SQL Server身份验证（图11.4）），并完成相关参数的设置。

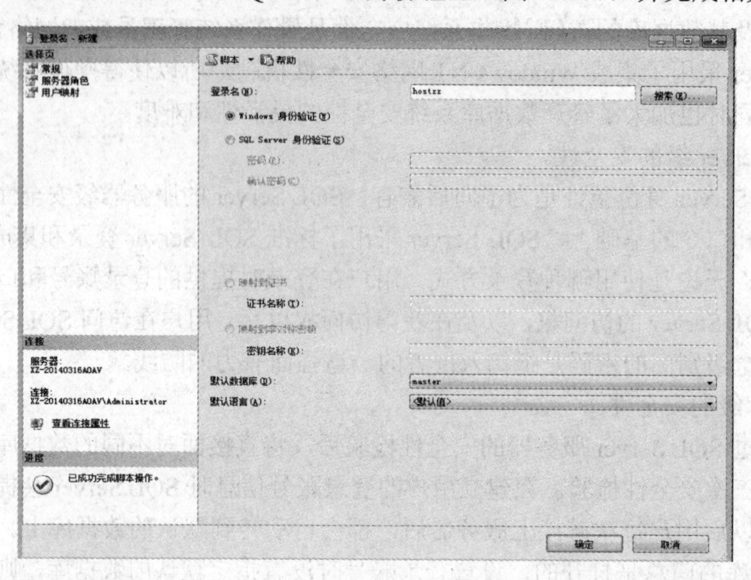

图11.3　Windows身份验证

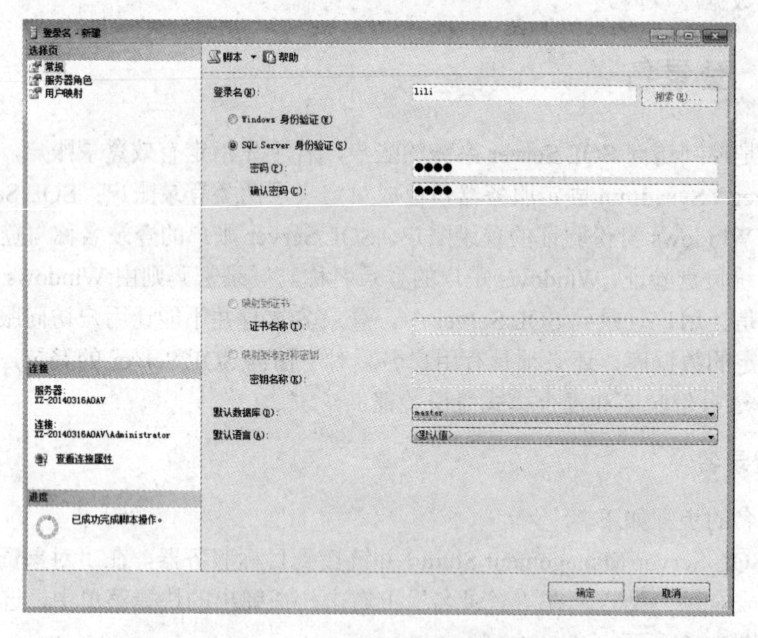

图11.4　SQL Server身份验证

3）选择“选择页”选项卡中的“服务器角色”选项，如图11.5所示，出现服务器角色设定页面，用户可以为此用户添加服务器角色。

4）选择“用户映射”选项，如图11.6所示，进入映射设置页面，可以为这个新建的登录添加映射到此登录名的用户，并添加数据库角色，从而使该用户获得数据库的相应角色对应的数据库权限。

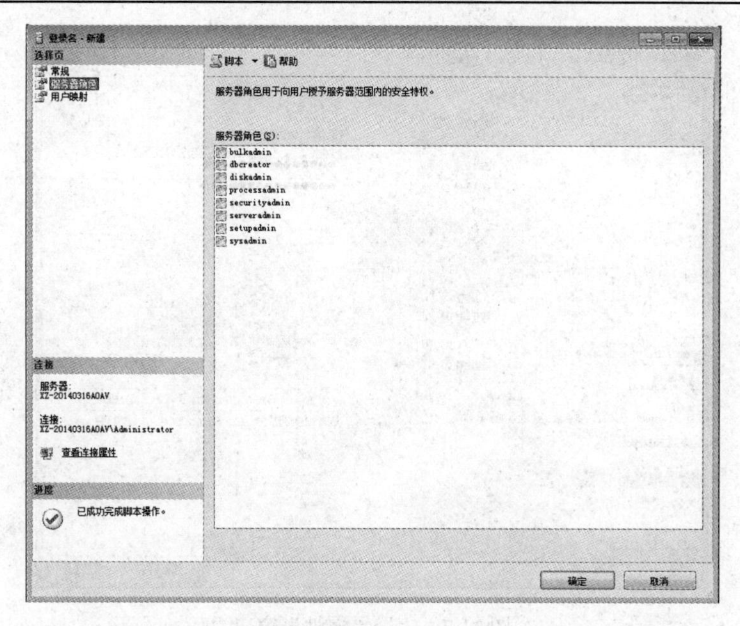

图 11.5　服务器角色设定页面

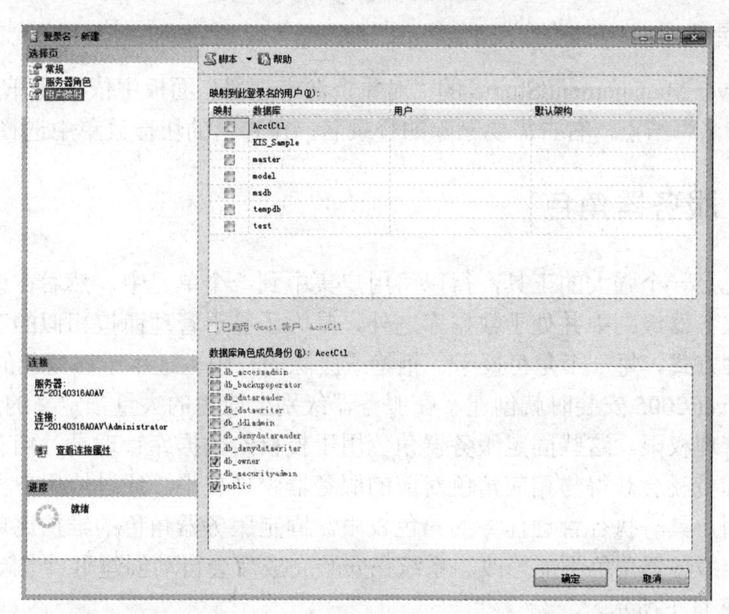

图 11.6　映射设置页面

5）最后单击“登录名”对话框底部的“确定”按钮，完成登录名的创建。

2. 修改登录名

创建好登录账户后，可以根据实际情况对其属性进行修改。在 SQL Server Management Studio 的“对象资源管理器”面板中依次展开“服务器”、“安全性”和“登录名”结点，右击需要修改的登录名，在弹出的快捷菜单中选择“属性”命令，如图 11.7 所示，在打开的“登录属性”窗口中可以对相应的属性进行修改。

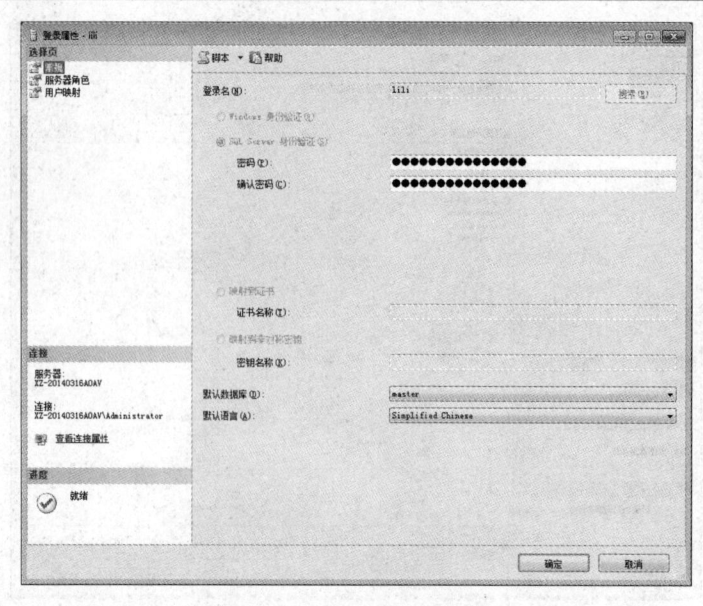

图 11.7 “登录属性”窗口

3. 删除登录名

在 SQL Server Management Studio 的“对象资源管理器”面板中依次展开“服务器”、“安全性”和“登录名”结点，右击需要删除的登录名，在弹出的快捷菜单中选择“删除”命令。

11.1.2 服务器角色

服务器角色是一个强大的工具，得以将用户集中到一个单元中，然后在该单元中应用权限。它存在于服务器级别中并处于数据库之外，是为了易于管理而按相似的工作属性对用户进行分组的一种方式。每一个角色授予、拒绝或废除的权限也适用于该角色的任何成员。

在 SQL Server 2005 安装时就创建了在服务器级别上应用的大量预定义的角色，每个角色对应着相应的管理权限。这些固定服务器角色用于授权给数据库管理员，拥有某种或某些角色的数据库管理员就会获得与相应角色对应的服务器管理权限。通过给用户分配固定服务器角色，可以使用户具有执行管理任务的角色权限。固定服务器角色的维护比单个权限维护更容易，但是固定服务器角色不能修改。系统在安装完成后会自动创建 8 个固定的服务器角色及其权限，如表 11.1 所示。

表 11.1 服务器角色及其权限

固定服务器角色	权　限
sysadmin	在 SQL Server 中执行任何操作
serveradmin	更改服务器范围的配置设置，关闭服务器
setupadmin	添加、删除链接服务器，执行某些系统存储过程
securityadmin	管理服务器的登录名及其属性
processadmin	管理在 SQL Server 实例中运行的进程
dbcreator	创建、更改、删除和还原任何数据库
diskadmin	管理磁盘文件
bulkadmin	执行 BULK INSERT 大容量插入语句

在 SQL Server Management Studio 中，可以按照以下步骤为用户分配固定服务器角色，从而使该用户获取相应的权限。

1）在“对象资源管理器”面板中，展开服务器结点，单击展开“安全性”结点，这时候在次结点下面可以看到固定的服务器角色，在要给用户添加的目标角色上右击，在弹出的快捷菜单中选择“属性”命令。如图 11.8 所示。

2）打开“服务器角色属性”对话框，如图 11.9 所示，单击“添加”按钮。

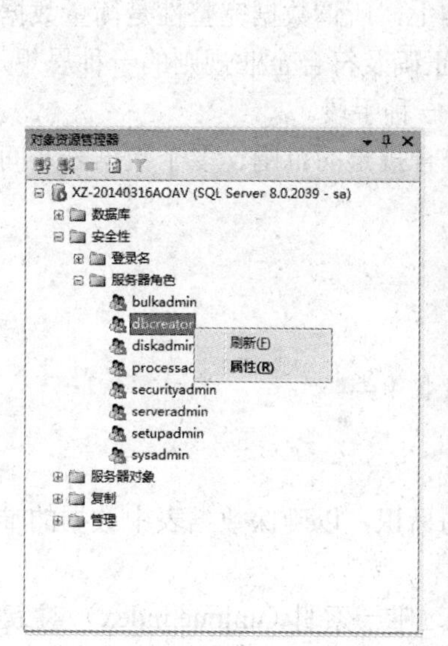

图 11.8　服务器角色属性

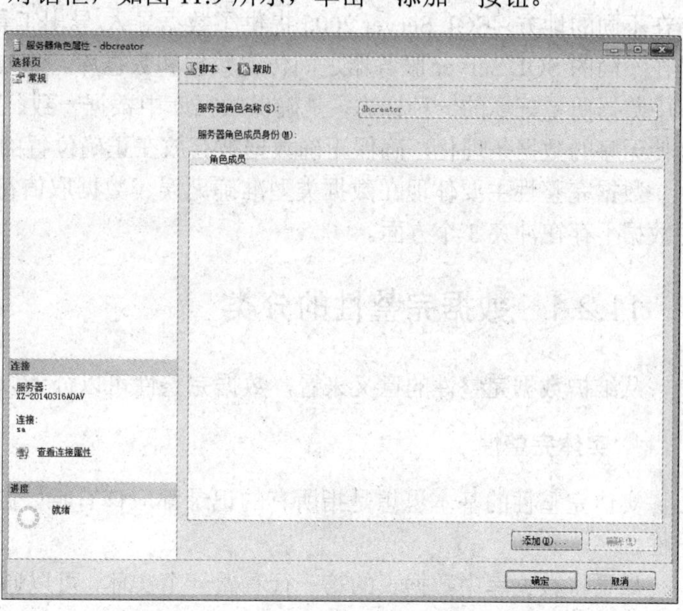

图 11.9　“服务器角色属性”窗口

3）弹出“选择登录名”对话框，如图 11.10 所示，单击“浏览”按钮。

4）弹出“查找对象”对话框，如图 11.11 所示，在该对话框中勾选目标用户前的复选框，选中其用户，单击“确定”按钮。

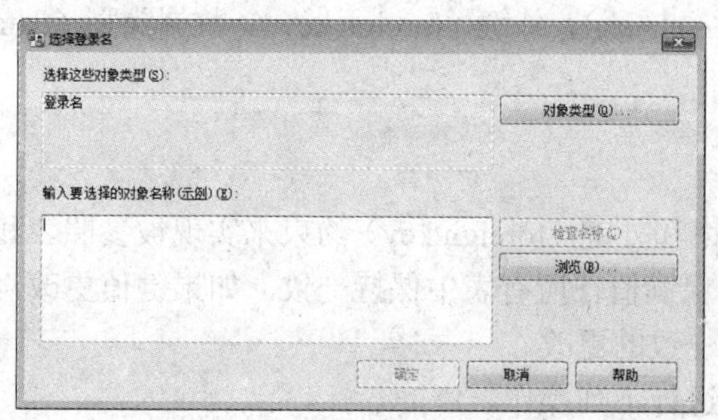

图 11.10　“选择登录名”对话框

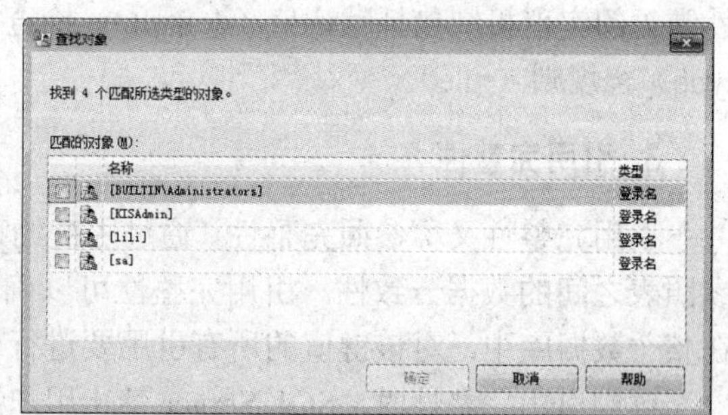

图 11.11　“查找对象”对话框

5）返回“选择登录名”对话框，可以看到选中的目标用户已包含在对话框中，确定无误后，单击“确定”按钮。

6）返回“服务器角色属性”对话框，确定添加的用户无误后，单击“确定”按钮，完成为用户分配角色的操作。

11.2 完整性

数据完整性是 SQL Server 用于保证数据库中数据一致性的一种机制，防止非法数据存入数据库。SQL Server 提供了相应的组件以实现数据库的完整性，通常数据总以不同的格式存储在不同的地方。SQL Server 2005 提供了数据导入/导出工具，这是一个向导程序，它的作用是在不同的 SQL Server 服务器之间传递数据和数据库。事实上，所谓数据完整性是衡量数据库中数据质量好坏的一种标志，是确保数据库中数据一致、正确及符合企业规则的一种思想，是使无序的数据条理化，确保正确数据被存放在正确位置的一种手段。

数据完整性主要体现在数据类型准确无误、数据取值符合规定的范围、多个数据表之间的数据不存在冲突 3 个方面。

11.2.1 数据完整性的分类

从维护数据完整性的意义来看，数据完整性可以分为以下 4 类。

1. 实体完整性

实体完整性的基本思想是指所有的记录都应该有唯一的标识，以确保数据表中数据的唯一性。

如果将数据库中数据表的第一行看做一个实体，可以通过唯一索引（unique index）、主键（primary key）、唯一码（unique key）、标识列（identity column）来实现实体完整性。

2. 值域完整性

实体完整性考虑究竟应该向表中输入哪些值，而值域完整性则考虑如何限制向表中输入的值。它要求数据表中指定列的数据具有正确的数据类型、格式和有效的数据范围。域完整性常见的实现机制包括默认值（default）、检查（check）、外键（foreign key）、数据类型（data type）合规则（rule）。

3. 引用完整性

引用完整性又称参照完整性，通过主键约束和外键（foreign key）约束来实现被参照表和参照表之间的数据一致性。引用完整性可以确保键值在所有表中保持一致，如果键值更改，在整个数据库中，对该键值的所有引用要进行一致的更改。

强制引用完整性时，SQL Server 禁止用户进行下列操作。

- 在主表中没有关联的记录时，将记录添加到相关表中。
- 更改主表中的值并导致相关表中的记录孤立。
- 从主表中删除记录，但仍存在与该记录匹配的相关记录。

4. 用户定义完整性

用户定义完整性是用户希望定义的除实体完整性、域完整性和参照完整性之外的数据完整性。用户定义的完整性主要是体现实际运用的业务规则。它反映某一具体应用所涉及的数据必须满足的语义要求。

SQL Server 提供了定义和检验完整性的机制，包括规则（rule）、触发器（trigger）、存储过程（stored procedure）和创建数据表时的所有约束（constraint）。

规则是对录入数据列中的数据所实施的完整性约束条件，它指定了插入到数据列中的可能值。规则是 SQL Server 2005 数据库中独立于表、视图和索引的数据对象，删除表不会删除规则。另外，规则的特点是一个列上可以使用多个规则。

11.2.2　完整性约束

约束（Constraint）是数据库服务器强制用户必须遵从的业务逻辑，它是强制完整性的标准机制。它定义了列允许的取值，限制用户可能输入指定列的值，从而强制引用完整性。SQL Server 2005 中的约束机制包括以下 5 种。

1. 主键约束

利用表中的一列或多列数据来唯一地标识一行数据。在表中，决不允许有主键相同的两行存在。在受主键约束的任何一列上都一定要有确定的数据，不能输入 NULL 值代替。为了有效实现数据的管理，每一张表都应该有自己的主键，且只能有一个主键。当在一个已经存放了数据的表上增加主键时，SQL Server 会自动对表中的数据进行检查，以确保这些数据能够满足主键约束的要求：不存在为 NULL 的值，不存在重复的值。

在企业管理器中创建主键的方法：建立表格时，在指定的列上右击，在弹出的快捷菜单中选择“设置主键”命令，则该列将被设置为主键。在该列上再次选择“设置主键”命令将撤销针对该列的主键约束，如图 11.12 所示。

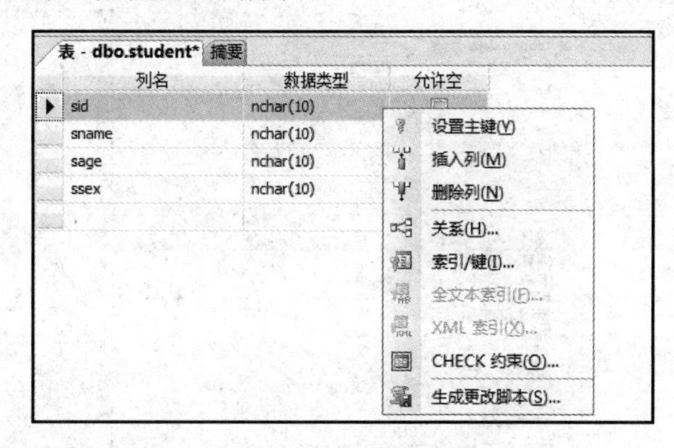

图 11.12　设置主键

2. 唯一约束

唯一约束主要是同来确保不受主键的约束列上的数据的唯一性，主键与唯一约束的主要区别在于：唯一约束主要用在非主键的一列或多列上要求数据唯一的情况；唯一约束允许该列上存在 NULL 值，而主键决不允许出现这种情况；可以在一个表上设置多个唯一约束，而在一个表上只能设置一个主键。

3. 检查约束

检查约束通过检查输入表列的数据的值来维护值域的完整性，它就像一个门卫，依次检查每一个要进入数据库的数据，只有符合条件的数据才允许通过。核查约束同外键约束的相同之处在于，都是通过检查数据值的合理性来实现数据完整性的维护。但是，外键约束是从另一张表上获得合理的数据，而核查约束则是通过对一个逻辑表达式的结果进行判断来对数据进行核查。

4. 外键约束

外键约束主要用来维护两个表之间的一致性关系。外键的建立主要是通过将一个表中的主键所在列包含在另一个表中，这些列就是另一个表的外键。外键约束不仅可以与另一张表上的主键约束建立联系，也可以与另一张表上的唯一约束建立联系。当一行新的数据被加入到表格中，或对表格中已经存在的外键上的数据进行修改时，新的数据必须存在于另一张表的主键上，或者为 NULL。外键的作用不止是对输入自身表格的数据进行限制，同时也限制了对主键所在表的数据进行修改，当主键所在表的数据被另一张表的外键引用时，用户将无法对主键中的数据进行修改或者删除，除非实现删除或修改引用的数据。当将外键约束添加到一个已经存在数据的列上时，在默认情况下，SQL Server 将会自动检查表中已经存在的数据，以确保所有的数据都与主键保持一致，或者为 NULL。但是，也可以根据实际情况的需要，设置 SQL Server 不对现存数据进行外键约束的检查。

5. 默认约束

若在表中某列定义了默认约束，用户在插入新的数据行时，如果该列没有指定数据，那么系统将默认值赋给该列，当然该默认值也可以是空值(NULL)。

【例 11.1】 打开表设计器，在 student 表中性别列使用默认值“男”。

默认值设置如图 11.13 所示。

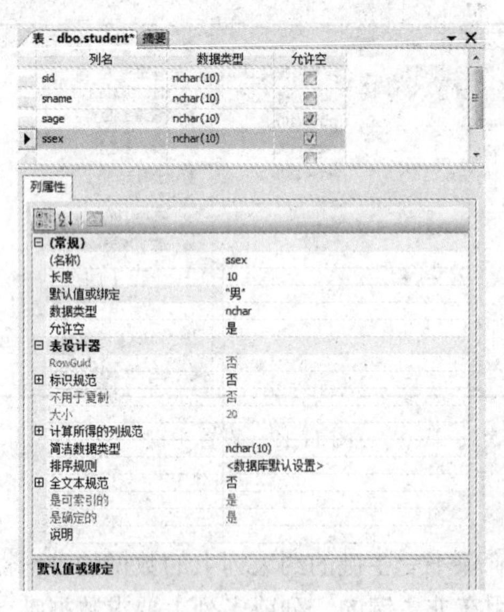

图 11.13　默认值设置

第 12 章　Java 数据库应用程序开发

【学习目的与要求】

数据库操作是管理软件开发中必须要面临的问题，Java 中提供了处理数据库的功能，本章将介绍使用 JDBC 技术访问数据库从而达到查找满足条件的记录的目的，也可向数据库添加、修改、删除数据，即可以通过执行 SQL 语句来操作数据库。

数据库操作是管理软件开发中必须要面临的问题，Java 中提供了处理数据库的功能。在 Java 语言中，JDBC 技术是被广泛使用的一种数据库操作技术，JDBC 技术是链接数据库与应用程序的纽带。使用 JDBC 技术访问数据库可达到查找满足条件的记录的目的，也可向数据库添加、修改主、删除数据，即可以通过执行 SQL 语句来操作数据库。本章将通过 Java 语言操作数据库。

12.1　JDBC 技术

与数据库的交互是管理软件的一个重要组成部分，在 Java 语言中通常使用 JDBC 技术来实现与数据库的链接。

12.1.1　JDBC 介绍

JDBC (Java Data Base Connectivity，Java 数据库链接）是一种可用于执行 SQL 语句的 Java API（应用程序设计接口），它由一些 Java 语言编写的类和界面组成。JDBC 为数据库应用开发人员、数据库前台工具开发人员提供了一种标准的应用程序设计接口，使开发人员可以用纯 Java 语言编写完整的数据库应用程序。

通过使用 JDBC，可以很方便地将 SQL 语句传送给几乎任何一种数据库，也就是说，开发人员可以不必写一个程序访问 Oracle，再写一个程序访问 SQL Server。

简单地说，JDBC 能实现以下 3 个功能：同一个数据库建立链接；向数据库发送 SQL 语句；处理数据库返回的结果。

12.1.2　JDBC 体系结构

JDBC 的出现使 Java 程序对各种数据库的访问能力大大增强。JDBC 有一个非常独特的动态链接结构，它使得系统模块化。使用 JDBC 来完成对数据库的访问包括以下 4 个主要组件：

Java 应用程序、JDBC 驱动器管理器、驱动器和数据源。JDBC 的体系结构如图 12.1 所示。

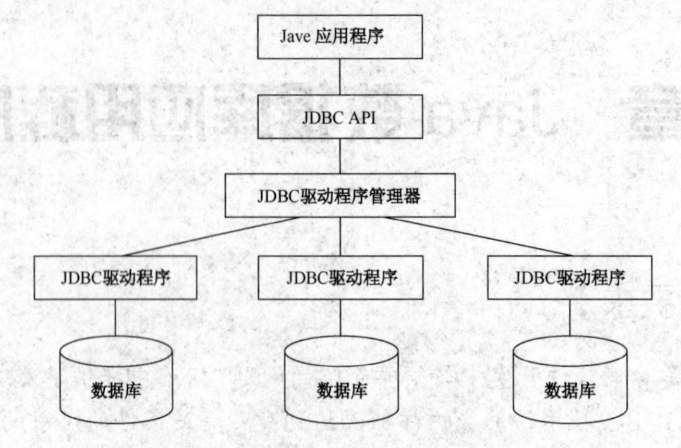

图 12.1　JDBC 的体系结构

可以看出，JDBC 的体系结构有 4 个组件，分别为应用程序、JDBC API、JDBC 驱动程序管理器和为各种数据库定制的 JDBC 驱动程序，提供与不同数据库的透明链接。其中 JDBC API 的作用就是屏蔽不同的数据库间 JDBC 驱动程序之间的差别，使得程序设计人员有一个标准的、纯 Java 的数据库程序设计接口，为在 Java 中访问任意类型的数据库提供技术支持。JDBC 驱动程序管理器为应用程序装载数据库驱动程序。JDBC 驱动程序与具体的数据库相关，用于建立与数据源的链接，向数据库提交 SQL 请求。

用 JDBC 来实现访问数据库记录可以采用下面几个步骤。

1）通过驱动器管理器获取链接接口。

2）获得 Statement 或它的子类。

3）限制 Statement 中的参数。

4）执行 Statement。

5）查看返回的行数是否超出范围。

6）关闭 Statement。

7）处理其他的 Statement。

8）关闭链接接口。

12.1.3　JDBC 驱动程序

Java 的应用程序员通过 SQL 包中定义的一系列抽象类对数据库进行操作，而实现这些抽象类，实际完成操作则是由数据库驱动器 Driver 运行的。JDBC 的 Driver 可分为以下 4 种类型。

1．JDBC-ODBC 桥

每一台客户机都装入 ODBC 的驱动器。它的优点是可以访问 ODBC 能访问的所有数据库，缺点是执行效率比较低。

2．Java 到本地 API

这种驱动器将标准的 JDBC 调用转变为对数据库 API 的本地调用，该类型的驱动程序是本地部分 Java 技术性能的本机 API 驱动程序。各客户机使用的数据库可能是 Oracle，可能是

Sybase，也可能是 Access，都需要在客户机上装有相应数据库管理系统的驱动程序。这些驱动程序大多数都提供比使用 JDBC-ODBC 驱动程序更好的性能。

3．JDBC 网络纯 Java 驱动程序

这种驱动器将 JDBC 指令转化成独立于数据库管理系统的网络协议形式，再由服务器转化为特定数据库管理系统的协议形式。

4．Java 到本地数据库协议

这种驱动器将 JDBC 指令转化成网络协议后不再转换，由数据库管理系统直接使用，相当于客户机直接与服务器联系，对局域网适用。

对于第二、第三、第四类驱动器采用的是直接链接，使用直接链接时必须在完成对数据库的操作后将链接关闭。否则，太多的链接将导致系统性能下降，甚至超过数据库服务器的链接限制，以至于其他程序无法建立到数据库服务器的链接。在这 4 种驱动器中，后两类“纯 Java”的驱动器效率更高，也更具有通用性。但目前第一、第二类驱动器比较容易获得，使用也较普遍。

12.1.4　JDBC 的接口

JDBC 提供了丰富的类和接口用于数据库编程，可以方便地进行数据访问和处理。JDBC 的接口分为两个层次：一个是面向程序开发人员的 JDBC API；另一个是底层的 JDBC Driver API。这些类和接口都位于 java.sql 包中。

1．面向程序开发人员的 JDBC API

JDBC API 被描述成为一组抽象的 Java 接口，使得应用程序可以对某个数据库打开链接，执行 SQL 语句并处理结果。

JDBC API 主要包括 Java.sql.DriverManager、java.sql.Connection、java.sql.Statement 和 java.sql. ResultSet。

（1）java.sql.DriverManager

DriverManager 类是 JDBC 的管理层，作用于用户和驱动程序之间。它跟踪可用的驱动程序，并在数据库和相应驱动程序之间建立链接。另外，DriverManager 类也处理诸如驱动程序登录时间限制及登录和跟踪消息的显示等事务。

（2）java.sql.Connection

Connection 对象代表与特定数据库的链接（会话）。在链接上下文中执行 SQL 语句并返回结果。Connection 对象的数据库能够提供描述表、所支持的 SQL 语法、存储过程及此链接功能等的信息。此信息是使用 getMetaData 方法获得的。

（3）java.sql.Statement

Statement 对象用于将 SQL 语句发送到数据库中。另外还有两类 Statement 对象，它们都可作为执行 SQL 语句的容器：Statement、PreparedStatement（继承于 Statement）和 CallableStatement（继承于 PreparedStatement）都专用于发送特定类型的 SQL 语句。

Statement 用于执行不带参数的简单 SQL 语句。

PreparedStatement 用于执行带或不带 IN 参数的预编译 SQL 语句。

CallableStatement 用于执行对数据库存储过程的调用。

（4）java.sql.ResultSet

ResultSet 对象表示数据库查询所获得的结果集表，即通过执行数据库查询语句而产生的数据记录集。ResultSet 对象具有指向其当前数据行的游标。最初，游标被置于第一行之前。next 方法将游标移动到下一行。因为该方法在 ResultSet 对象没有下一行时返回 false，所以可以在 while 循环中使用它来迭代结果集。

2．JDBC Driver API

JDBC Driver API 是面向驱动程序开发商的编程接口。对于大多数数据驱动程序来说，仅实现 JDBC API 提供的抽象类即可。也就是说，每个驱动程序都必须提供对于 java.sql.Connection、java.sql.Statement、java.sql.PreparedStatement 和 java.sql.ResultSet 等主要接口的实现方法。如果目标数据库管理系统提供了 OUT 参数的内嵌过程，那么还必须提供 java.sql.CallableStatement 接口。当 java.sql.DriverManager 需要为一个特定的数据库 URL 加载驱动程序时，每个驱动程序就需要提供一个能实现 java.sql.Driver 接口的类。

12.2 链接数据库

如果要访问数据库，首先要加载数据库驱动。数据库驱动只需在第一次访问数据库时加载一次。然后每次访问时创建一个 Connection 实例，获取数据库链接。使用 JDBC 链接数据库执行 SQL 语句时，一般有 6 个步骤，但必须完成以下 3 个步骤。

1）用 DriverManager 加载及注册适当的 JDBC 驱动程序。

2）用 JDBC URL 定义驱动程序与数据源之间的链接，并建立一个链接对象。

3）建立一个 SQL 陈述对象（statement object），并且利用它来执行 SQL 语句。

在 Java 中可以使用 JDBC-ODBC 桥驱动链接数据库，也可使用 JDBC 驱动程序来直接链接。我们以第二种为例。

1．下载驱动程序文件

从网上（官网网址：http://www.microsoft.com）下载 JDBC 驱动程序文件 sqljdbc4.jar。

2．加载驱动程序

将下载后的数据库驱动程序文件 sqljdbc4.jar 添加到项目中后，要加载驱动程序才能操作数据库。加载 SQL Server 2005 数据库驱动程序的代码如下。

```
try {
    Class.forName("com.microsoft.sqlserver.jdbc.SQLServerDriver");
} catch(Exception e)
     System.out.print("链接数据库错误");
     e.printStackTrace();
     }
```

该语句使用了 Class 类（java.lang 包）中的方法 forName 载入该驱动程序的类，从而创建了该驱动程序的一个实例。

3．创建指定数据库的 URL

要建立与数据库的链接，首先要创建指定数据库 URL，代码如下。

```
jdbc:sqlserver://hostname\\instanceName:portt;DatabaseName=dbname
```

其中 hostname 表示主机名称（可以是 IP 地址、域名）；instanceName 表示实例名称（SQL 2005 默认实例为 SQLEXPRESS）；dbname 表示要链接的数据库名称。

例如，

```
URL="jdbc:sqlserver://localhost:1433;DatabaseName=supers"
```

4．建立与数据库的链接

完成上述步骤后，应用程序仍不能链接到数据库，必须要创建一个数据库的链接（即创建一个链接对象）才能连到数据库。通常用 DriverManager 的 getConnection（）方法来建立。其语法格式如下。

```
public static  Connection .getConnection(string URL, String user, string
password)  throws SQLException
```

其中，URL 表示指定数据库的 URL；user 表示链接数据库的用户名；password 表示数据链接用户的密码。

例如，

```
Connection  conn=DriverManager.getConnection(URL,"sa","sasa");
```

5．访问数据库

链接数据库后即可访问数据库。首先要使用 Connection 类对象的 createStatement()方法或 createPreparedStatement()方法从指定的数据库链接得到一个 Statement 的实例,然后再用这个实例的 excuteQuery()和 excuteUpdate()方法来分执行 SQL 语句删除操作。代码如下。

```
Statement  stmt=conn.createStatement(1005,1008);
```

如果执行 SQL 查询语句要返回查询结果，可用 ava.sql.ResultSet 类来保存。代码如下。

```
ResultSet rs=stmt.excuteQuery(sql);
```

例如，

```
ResultSet rs=stmt.query("select * from students");
```

其中字符接口中变量 sql 为执行查询的 SQL 语句，查询结果存放到 ResultSet 的对象 rs 中。

ResultSet 对象具有指向当前数据行的光标。执行完查询时，光标位于第一行记录之前。可以通过该对象的 next()方法将光标移到下一行，如果没有下一行 next()方法，则返回 false。编程中可以在 while 循环中使用 next()方法来遍历查询的结果集。

```
While(rs.next()){  //rs为ResultSet对象
      String name=rs.getString("Name") //也可用
      String name=rs .getString(0)     //0 代表该字段在查询结果集中的位置
      String  sno=rs.getString("stuNo");

}
```

6．关闭数据链接并释放资源

对数据库的访问结束后，及时地关闭 ResultSet 对象、Statement 对象和 Connection 对象，从而释放所占的资源。释放资源要使用 close()方法，代码如下。

```
rs.close();
stmt.close()
conn.close();
```

如果通过 getConnection()方法获取的 Connection 实例关闭了，那么在此实例基础上建立的 Statement 实例和 ResultSet 对象也就关闭了。

12.3 综合案例——学生成绩管理系统

本节以学生成绩管理系统为例，介绍使用 JDBC 对数据库中的数据进行增加、删除、修改、查询。

学生成绩管理系统实现了学生信息管理、成绩管理、课程管理及系统用户管理功能。本系统以 MYEclipse 为开发工具，数据库采用 SQL Server 2005，系统在 Windows 7 和 Windows XP 操作系统环境下均调试成功。

12.3.1 建立数据库和相关数据表

编写代码前需要先创建数据库和数据表。在学生成绩管理系统中创建 stuzdm 数据库并在其中创建 4 张表，表的结构如下。

1）loginuser 表如表 12.1 所示，该表为系统用户表。

表 12.1 loginuser 表

字 段 名	类 型	长 度	说 明
ID	int		标识规范
Username	nvarchar	50	用户名 主键
Password	nvarchar	50	密码

2）studetn 表如表 12.2 所示，该表为学生信息表。

表 12.2 studetn 表

字 段 名	类 型	长 度	说 明
ID	int		标识规范
Sno	nvarchar	10	学号 主键
Sname	nvarchar	50	姓名
Ssex	nvarchar	1	性别
Sage	int		年龄
Sdept	nvarchar	50	系

3）course 表如表 12.3 所示，该表为课程信息表。

表 12.3 course 表

字 段 名	类 型	长 度	说 明
ID	int		标识规范
Cno	nvarchar	10	课程号 主键
Cname	nvarchar	50	课程名
Cpno	nvarchar	50	选修课
Ccredit	int		学分

4）sc 表，如表 12.4 所示，该表为成绩信息表。

表 12.4　sc 表

字 段 名	类　型	长　度	说　明
ID	int		标识规范 主键
Sno	nvarchar	10	学号
Cno	nvarchar	50	课程号
Grade	int		成绩

12.3.2　创建数据库封装类

数据库封闭类实现对数据库的查询、更新、关闭等操作，具体如下。

1）创建 java project 工程文件。

2）导入库文件 sqljdbc4.jar。

3）创建数据库封装类 mydb。具体代码如下。

```
import java.sql.*;
public class mydb {
    Connection con=null;
    Statement stmt=null;
    ResultSet rs=null;
    String sql=null;
    String dbname="stuzdm";//数据库的名称
    String URL1="jdbc:sqlserver://localhost:1433;DatabaseName="+dbname;

    public void getConnection(){
    try {
           //Class.forName("sun.jdbc.odbc.JdbcOdbcDriver"); //如果链接access
           Class.forName("com.microsoft.sqlserver.jdbc.SQLServerDriver");
           //jdbc:sqlserver://hostname\\instanceName:portt;DatabaseName
           =dbname              //安装时用2005及以后版本的实例

           con=DriverManager.getConnection(URL1,"sa","sasa");
           //sa为登录用户名， sasa为密码

           }catch(Exception e) {
      System.out.print("链接数据库错误");
      e.printStackTrace();
      }
}
//查询数据
public ResultSet executeQuery(String sql){
     // this.getConnection();
     try{
```

```
        if (con==null)        this.getConnection();
        stmt=con.createStatement(1005,1008);
        rs=stmt.executeQuery(sql);
        } catch(Exception e) {
          e.printStackTrace();
        }
        return rs;
    }

    public int executeUpdate(String sql){
        int num=0;
        try{
                if (con==null)   this.getConnection();
                stmt=con.createStatement(1005,1008);
                num=stmt.executeUpdate(sql);
      } catch(Exception e) {
                e.printStackTrace();
        }
        return num;
    }
    public void conclose(){
        try{
            if (rs!=null){
            rs.close();
            rs=null;
         }
         if (stmt!=null){
            stmt.close();
            stmt=null;
        }
        if (con!=null){
            con.close();
            con=null;
        }
        } catch(Exception e) {
            e.printStackTrace();
        }
        finally {
              con=null;
              }
        }
    }
```

12.3.3　创建学生信息增加类

学生信息增加主要完成新增学生记录功能，具体代码如下。

```
/*
 * Stadd.java
 *
 * Created on __DATE__, __TIME__
 */

/**
 *
 * @author  __USER__
 */
public class Stadd extends javax.swing.JFrame {

    /** Creates new form Stadd */
    public Stadd() {
        initComponents();
    }
    //GEN-BEGIN:initComponents
    // <editor-fold defaultstate="collapsed" desc="Generated Code">
    private void initComponents() {
        bindingGroup = new org.jdesktop.beansbinding.BindingGroup();

        buttonGroup1 = new javax.swing.ButtonGroup();
        jLabel1 = new javax.swing.JLabel();
        sno = new javax.swing.JTextField();
        jLabel2 = new javax.swing.JLabel();
        sname = new javax.swing.JTextField();
        jLabel3 = new javax.swing.JLabel();
        jLabel4 = new javax.swing.JLabel();
        jLabel5 = new javax.swing.JLabel();
        sage = new javax.swing.JTextField();
        sdept = new javax.swing.JTextField();
        jButton1 = new javax.swing.JButton();
        jRadioButton1 = new javax.swing.JRadioButton();
        jRadioButton2 = new javax.swing.JRadioButton();
        jButton2 = new javax.swing.JButton();


       org.jdesktop.beansbinding.Binding binding = org.jdesktop.
       beansbinding.Bindings
               .createAutoBinding(

       org.jdesktop.beansbinding.AutoBinding.UpdateStrategy.READ_WRITE,
                   buttonGroup1, org.jdesktop.beansbinding.ObjectProperty
                           .create(), buttonGroup1,
```

```
                org.jdesktop.beansbinding.BeanProperty
                        .create("buttonCount"));
        bindingGroup.addBinding(binding);

        setAlwaysOnTop(true);
        setFont(new java.awt.Font("Aharoni", 0, 12));
        setLocationByPlatform(true);


        jLabel1.setText("学号");
        jLabel2.setText("姓名");
        jLabel3.setText("性别");
        jLabel4.setText("年龄");
        jLabel5.setText("院系");
        jButton1.setText("添加");

        jButton1.addActionListener(new java.awt.event.ActionListener() {
            public void actionPerformed(java.awt.event.ActionEvent evt) {
                jButton1ActionPerformed(evt);
            }
        });

        jRadioButton1.setText("男");
        jRadioButton1.setActionCommand("jRadioButton1");
        jRadioButton2.setLabel("女");
        jButton2.setText("退出");
        jButton2.addActionListener(new java.awt.event.ActionListener() {
            public void actionPerformed(java.awt.event.ActionEvent evt) {
                jButton2ActionPerformed(evt);
            }
        });

        javax.swing.GroupLayout layout = new javax.swing.GroupLayout(
                getContentPane());
        getContentPane().setLayout(layout);
        layout.setHorizontalGroup(layout

.createParallelGroup(javax.swing.GroupLayout.Alignment.LEADING)
                .addGroup(
                        layout.createSequentialGroup()
                .addGroup(
                        layout.createParallelGroup(

        javax.swing.GroupLayout.Alignment.LEADING)
                .addGroup(

        layout.createSequentialGroup()
                .addGap(89, 89, 89)
```

```
        .addGroup(
            layout.createParallelGroup(
javax.swing.GroupLayout.Alignment.LEADING)

        .addGroup(
            layout.createSequentialGroup()

        .addComponent(

                jLabel1,

javax.swing.GroupLayout.PREFERRED_SIZE,

                34,

javax.swing.GroupLayout.PREFERRED_SIZE)

        .addPreferredGap(

javax.swing.LayoutStyle.ComponentPlacement.RELATED)

        .addComponent(

                sno,

javax.swing.GroupLayout.PREFERRED_SIZE,

                99,

javax.swing.GroupLayout.PREFERRED_SIZE))

        .addGroup(

                layout.createSequentialGroup()

        .addComponent(

                jLabel2,

javax.swing.GroupLayout.PREFERRED_SIZE,

                34,

javax.swing.GroupLayout.PREFERRED_SIZE)

        .addPreferredGap(
```

```
javax.swing.LayoutStyle.ComponentPlacement.RELATED)
        .addComponent(
                sname,
javax.swing.GroupLayout.PREFERRED_SIZE,
                99,
javax.swing.GroupLayout.PREFERRED_SIZE))
        .addGroup(
                layout.createSequentialGroup()
        .addComponent(
                jLabel3,
javax.swing.GroupLayout.PREFERRED_SIZE,
                34,
javax.swing.GroupLayout.PREFERRED_SIZE)
        .addPreferredGap(
javax.swing.LayoutStyle.ComponentPlacement.RELATED)
        .addComponent(
                jRadioButton1)
        .addGap(18,18,18)
        .addComponent(
                jRadioButton2))
        .addGroup(
                layout.createSequentialGroup()
        .addComponent(
```

```
                jLabel4,
javax.swing.GroupLayout.PREFERRED_SIZE,
                34,
javax.swing.GroupLayout.PREFERRED_SIZE)
        .addPreferredGap(
javax.swing.LayoutStyle.ComponentPlacement.RELATED)
        .addComponent(
                sage,
javax.swing.GroupLayout.PREFERRED_SIZE,
                99,
javax.swing.GroupLayout.PREFERRED_SIZE))
        .addGroup(
            layout.createSequentialGroup()
        .addPreferredGap(
javax.swing.LayoutStyle.ComponentPlacement.RELATED)
        .addComponent(
                jLabel5,
javax.swing.GroupLayout.PREFERRED_SIZE,
                34,
javax.swing.GroupLayout.PREFERRED_SIZE)
        .addPreferredGap(
javax.swing.LayoutStyle.ComponentPlacement.RELATED)
        .addComponent(
```

```
                sdept,

javax.swing.GroupLayout.PREFERRED_SIZE,

                99,

javax.swing.GroupLayout.PREFERRED_SIZE))))
        .addGroup(
            layout.createSequentialGroup()
        .addGap(140, 140, 140)
        .addComponent(jButton1)
        .addGap(18, 18, 18)
        .addComponent(jButton2)))
        .addContainerGap(128, Short.MAX_VALUE)));
            layout.setVerticalGroup(layout
    .createParallelGroup(javax.swing.GroupLayout.Alignment.LEADING)
        .addGroup(
            layout.createSequentialGroup()
        .addGap(55, 55, 55)
        .addGroup(
            layout.createParallelGroup(

javax.swing.GroupLayout.Alignment.BASELINE)
        .addComponent(jLabel1)
        .addComponent(
                                            sno,

javax.swing.GroupLayout.PREFERRED_SIZE,

javax.swing.GroupLayout.DEFAULT_SIZE,

javax.swing.GroupLayout.PREFERRED_SIZE))
        .addPreferredGap(

javax.swing.LayoutStyle.ComponentPlacement.RELATED)
        .addGroup(
            layout.createParallelGroup(

javax.swing.GroupLayout.Alignment.BASELINE)
        .addComponent(jLabel2)
        .addComponent(
                                            sname,

javax.swing.GroupLayout.PREFERRED_SIZE,
```

```
javax.swing.GroupLayout.DEFAULT_SIZE,

javax.swing.GroupLayout.PREFERRED_SIZE))
          .addPreferredGap(

javax.swing.LayoutStyle.ComponentPlacement.RELATED)
          .addGroup(
              layout.createParallelGroup(

javax.swing.GroupLayout.Alignment.LEADING)
          .addComponent(jLabel3)
          .addGroup(
              layout.createPara
                  llelGroup(

javax.swing.GroupLayout.Alignment.BASELINE)
          .addComponent(
              jRadioButton1)
          .addComponent(
              jRadioButton2)))
          .addGap(6, 6, 6)
          .addGroup(
              layout.createParallelGroup(

javax.swing.GroupLayout.Alignment.BASELINE)
          .addComponent(jLabel4)
          .addComponent(
                                                          sage,

javax.swing.GroupLayout.PREFERRED_SIZE,

javax.swing.GroupLayout.DEFAULT_SIZE,

javax.swing.GroupLayout.PREFERRED_SIZE))
          .addPreferredGap(

javax.swing.LayoutStyle.ComponentPlacement.RELATED)
          .addGroup(
              layout.createParallelGroup(

javax.swing.GroupLayout.Alignment.BASELINE)
          .addComponent(
                                                          sdept,

javax.swing.GroupLayout.PREFERRED_SIZE,
```

```
    javax.swing.GroupLayout.DEFAULT_SIZE,

    javax.swing.GroupLayout.PREFERRED_SIZE)
            .addComponent(jLabel5))
            .addGap(26, 26, 26)
            .addGroup(
                layout.createParallelGroup(

    javax.swing.GroupLayout.Alignment.BASELINE)
            .addComponent(jButton1)
            .addComponent(jButton2))
            .addContainerGap(47, Short.MAX_VALUE)));

    jRadioButton1.getAccessibleContext().setAccessibleName
    ("jRadioButton1");
    jRadioButton2.getAccessibleContext().setAccessibleName
    ("jRadioButton2");
    buttonGroup1.add(jRadioButton1);
    buttonGroup1.add(jRadioButton2);
    bindingGroup.bind();
    this.jRadioButton1.setSelected(true);
    pack();
}// </editor-fold>
    //GEN-END:initComponents

private void jButton2ActionPerformed(java.awt.event.ActionEvent evt) {
    this.setVisible(false);
    //退出
}

private void jButton1ActionPerformed(java.awt.event.ActionEvent evt) {

    String sno = "", sname = "", ssex = "", sage = "", sdept = "";
    sno = this.sno.getText().trim();
    sname = this.sname.getText().trim();
    sage = this.sage.getText().trim();
    sdept = this.sdept.getText().trim();
    ssex = this.jRadioButton1.isSelected() ? "男" : "女";
    //javax.swing.JOptionPane.showMessageDialog(this, ssex + sdept);
    if (sno.length() < 2 || sname.length() < 2 || sdept.length() < 2) {
        javax.swing.JOptionPane.showMessageDialog(this, "信息不完整！");
        return;
    }
    int nl = -100;
    try {
        nl = Integer.parseInt(sage);
```

```
        } catch (Exception e092) {
            javax.swing.JOptionPane.showMessageDialog(this, "年龄错误！");
            return;
        }
        mydb myrs = new mydb();
        if (sno.indexOf("'") > -1 || sname.indexOf("'") > -1
                || sdept.indexOf("'") > -1) {
            javax.swing.JOptionPane.showMessageDialog(this, "信息不正确！");
            return;
        }
        String sql = "'" + sno + "','" + sname + "','" + ssex + "','" + sage
                + "','" + sdept + "'";
        if (myrs.executeUpdate("insert into student(sno,sname,ssex,sage,
        sdept) values("
                + sql + ")") > 0) {
            javax.swing.JOptionPane.showMessageDialog(this, "增加成功！");
            this.sno.setText("");
            this.sname.setText("");
            this.sage.setText("");
            this.jRadioButton1.setSelected(true);
        } else
            javax.swing.JOptionPane.showMessageDialog(this, "增加失败！");
        myrs.conclose();

    }

    /**
     * @param args the command line arguments
     */
    public static void main(String args[]) {
        java.awt.EventQueue.invokeLater(new Runnable() {
            public void run() {
                Stadd mystdd = new Stadd();
                mystdd.setVisible(true);
            }
        });
    }

    //GEN-BEGIN:variables
    // Variables declaration - do not modify
    private javax.swing.ButtonGroup buttonGroup1;
    private javax.swing.JButton jButton1;
    private javax.swing.JButton jButton2;
    private javax.swing.JLabel jLabel1;
    private javax.swing.JLabel jLabel2;
    private javax.swing.JLabel jLabel3;
```

```
    private javax.swing.JLabel jLabel4;
    private javax.swing.JLabel jLabel5;
    private javax.swing.JRadioButton jRadioButton1;
    private javax.swing.JRadioButton jRadioButton2;
    private javax.swing.JTextField sage;
    private javax.swing.JTextField sdept;
    private javax.swing.JTextField sname;
    private javax.swing.JTextField sno;
    private org.jdesktop.beansbinding.BindingGroup bindingGroup;
    // End of variables declaration//GEN-END:variables

}
```

12.3.4 创建学生信息修改和删除类

完成对记录的修改和删除，具体代码如下。

```
/*
 * stuxg.java
 *
 * Created on __DATE__, __TIME__
 */

/**
 *
 * @author __USER__
 */

public class stuxg extends javax.swing.JFrame {

    /** Creates new form stuxg */
    public stuxg() {
        initComponents();
    }

    //GEN-BEGIN:initComponents
    // <editor-fold defaultstate="collapsed" desc="Generated Code">
    private void initComponents() {

        buttonGroup1 = new javax.swing.ButtonGroup();
        jLabel1 = new javax.swing.JLabel();
        sno = new javax.swing.JTextField();
        jLabel2 = new javax.swing.JLabel();
        sname = new javax.swing.JTextField();
        jLabel3 = new javax.swing.JLabel();
        jRadioButton1 = new javax.swing.JRadioButton();
        jRadioButton2 = new javax.swing.JRadioButton();
```

```
jLabel4 = new javax.swing.JLabel();
sage = new javax.swing.JTextField();
jLabel5 = new javax.swing.JLabel();
sdept = new javax.swing.JTextField();
jButton1 = new javax.swing.JButton();
jButton2 = new javax.swing.JButton();
jButton3 = new javax.swing.JButton();
setTitle("学生信息修改");
jLabel1.setText("学号");

sno.addFocusListener(new java.awt.event.FocusAdapter() {
    public void focusLost(java.awt.event.FocusEvent evt) {
        snoFocusLost(evt);
    }
});

jLabel2.setText("姓名");
jLabel3.setText("性别");
jRadioButton1.setText("男");
jRadioButton1.setActionCommand("jRadioButton1");
jRadioButton2.setLabel("女");
jLabel4.setText("年龄");
jLabel5.setText("院系");
buttonGroup1.add(jRadioButton1);
buttonGroup1.add(jRadioButton2);
jButton1.setText("修改");

jButton1.addActionListener(new java.awt.event.ActionListener() {
    public void actionPerformed(java.awt.event.ActionEvent evt) {
        jButton1ActionPerformed(evt);
    }
});

jButton2.setText("退出");
jButton2.addActionListener(new java.awt.event.ActionListener() {
    public void actionPerformed(java.awt.event.ActionEvent evt) {
        jButton2ActionPerformed(evt);
    }
});
jButton3.setText("删除");
jButton3.addActionListener(new java.awt.event.ActionListener() {
    public void actionPerformed(java.awt.event.ActionEvent evt) {
        jButton3ActionPerformed(evt);
    }
});
```

```
javax.swing.GroupLayout layout = new javax.swing.GroupLayout(
        getContentPane());
getContentPane().setLayout(layout);
layout.setHorizontalGroup(layout
        .createParallelGroup(javax.swing.GroupLayout.Alignment.
         LEADING)
        .addGroup(
                layout.createSequentialGroup()
        .addGroup(
                layout.createParallelGroup(

javax.swing.GroupLayout.Alignment.LEADING)
        .addGroup(
                layout.createSequentialGroup()
        .addGap(89, 89, 89).addGroup(

                layout.createParallelGroup(

javax.swing.GroupLayout.Alignment.LEADING)

        .addGroup(

                layout.createSequentialGroup()

        .addComponent(

                jLabel1,

javax.swing.GroupLayout.PREFERRED_SIZE,

                34,

javax.swing.GroupLayout.PREFERRED_SIZE)

        .addPreferredGap(

javax.swing.LayoutStyle.ComponentPlacement.RELATED)

        .addComponent(

                sno,

javax.swing.GroupLayout.PREFERRED_SIZE,

                99,

javax.swing.GroupLayout.PREFERRED_SIZE))
```

```
        .addGroup(
                layout.createSequentialGroup()
        .addComponent(
                jLabel2,
javax.swing.GroupLayout.PREFERRED_SIZE,
                34,
javax.swing.GroupLayout.PREFERRED_SIZE)
        .addPreferredGap(
javax.swing.LayoutStyle.ComponentPlacement.RELATED)
        .addComponent(
                sname,
javax.swing.GroupLayout.PREFERRED_SIZE,
                99,
javax.swing.GroupLayout.PREFERRED_SIZE))
        .addGroup(
                layout.createSequentialGroup()
        .addComponent(
                jLabel3,
javax.swing.GroupLayout.PREFERRED_SIZE,
                34,
javax.swing.GroupLayout.PREFERRED_SIZE)
        .addPreferredGap(
javax.swing.LayoutStyle.ComponentPlacement.RELATED)
        .addComponent(
```

```
                jRadioButton1)
        .addGap(18, 18, 18)
        .addComponent(
                jRadioButton2))
        .addGroup(
                layout.createSequentialGroup()
        .addComponent(
                jLabel4,
javax.swing.GroupLayout.PREFERRED_SIZE,
                34,
javax.swing.GroupLayout.PREFERRED_SIZE)
        .addPreferredGap(
javax.swing.LayoutStyle.ComponentPlacement.RELATED)
        .addComponent(
                sage,
javax.swing.GroupLayout.PREFERRED_SIZE,
                99,
javax.swing.GroupLayout.PREFERRED_SIZE))
        .addGroup(
                layout.createSequentialGroup()
        .addPreferredGap(
javax.swing.LayoutStyle.ComponentPlacement.RELATED)
        .addComponent(
                jLabel5,
```

```
javax.swing.GroupLayout.PREFERRED_SIZE,

                34,

javax.swing.GroupLayout.PREFERRED_SIZE)

        .addPreferredGap(

javax.swing.LayoutStyle.ComponentPlacement.RELATED)

        .addComponent(

                sdept,

javax.swing.GroupLayout.PREFERRED_SIZE,

                99,

javax.swing.GroupLayout.PREFERRED_SIZE))))

        .addGroup(

                layout.createSequentialGroup()

        .addGap(140, 140, 140)

        .addComponent(

                jButton1)

        .addGap(18, 18, 18)

        .addComponent(

                jButton2)

        .addPreferredGap(

javax.swing.LayoutStyle.ComponentPlacement.UNRELATED)

        .addComponent(

                jButton3)))

        .addContainerGap(59, Short.MAX_VALUE)));
                layout.setVerticalGroup(layout
        .createParallelGroup(javax.swing.GroupLayout.
         Alignment.LEADING)
```

```
            .addGap(0, 300, Short.MAX_VALUE)
            .addGroup(
                    layout.createSequentialGroup()
            .addGap(55, 55, 55)
            .addGroup(
                    layout.createParallelGroup(

javax.swing.GroupLayout.Alignment.BASELINE)
            .addComponent(jLabel1)
            .addComponent(
                                                    sno,

javax.swing.GroupLayout.PREFERRED_SIZE,

javax.swing.GroupLayout.DEFAULT_SIZE,

javax.swing.GroupLayout.PREFERRED_SIZE))

            .addPreferredGap(

javax.swing.LayoutStyle.ComponentPlacement.RELATED)

            .addGroup(
                    layout.createParallelGroup(

javax.swing.GroupLayout.Alignment.BASELINE)
            .addComponent(jLabel2)
            .addComponent(
                                                    sname,

javax.swing.GroupLayout.PREFERRED_SIZE,

javax.swing.GroupLayout.DEFAULT_SIZE,

    javax.swing.GroupLayout.PREFERRED_SIZE))

            .addPreferredGap(

javax.swing.LayoutStyle.ComponentPlacement.RELATED)

            .addGroup(

                    layout.createParallelGroup(

javax.swing.GroupLayout.Alignment.LEADING)
            .addComponent(jLabel3)
            .addGroup(
```

```
                layout.createParallelGroup(

javax.swing.GroupLayout.Alignment.BASELINE)

        .addComponent(

                jRadioButton1)

        .addComponent(

                jRadioButton2)))

        .addGap(6, 6, 6)
        .addGroup(
                layout.createParallelGroup(

javax.swing.GroupLayout.Alignment.BASELINE)

        .addComponent(jLabel4)
        .addComponent(
                                                sage,

javax.swing.GroupLayout.PREFERRED_SIZE,

javax.swing.GroupLayout.DEFAULT_SIZE,

javax.swing.GroupLayout.PREFERRED_SIZE))

        .addPreferredGap(

javax.swing.LayoutStyle.ComponentPlacement.RELATED)

        .addGroup(

                layout.createParallelGroup(

javax.swing.GroupLayout.Alignment.BASELINE)
        .addComponent(
                                                sdept,

javax.swing.GroupLayout.PREFERRED_SIZE,

javax.swing.GroupLayout.DEFAULT_SIZE,

javax.swing.GroupLayout.PREFERRED_SIZE)

        .addComponent(jLabel5))
        .addGap(26, 26, 26)
```

```
            .addGroup(
                    layout.createParallelGroup(

    javax.swing.GroupLayout.Alignment.BASELINE)
            .addComponent(jButton1)
            .addComponent(jButton2)
            .addComponent(jButton3))
            .addContainerGap(47, Short.MAX_VALUE)));

    pack();
}// </editor-fold>
    //GEN-END:initComponents

private void snoFocusLost(java.awt.event.FocusEvent evt) {

    if (this.sno.getText().length() < 1
            || this.sno.getText().indexOf("'") > -1) {
        javax.swing.JOptionPane.showMessageDialog(this, "学号不正确！");

        return;
    }

    mydb my = new mydb();
    String xb = "";

    java.sql.ResultSet rs;

    try {
        rs = my.executeQuery("select * from student where sno='"
                + this.sno.getText() + "'");
        if (rs.next()) {
            this.sname.setText(rs.getString("sname"));
            this.sage.setText(rs.getString("sage"));
            this.sdept.setText(rs.getString("sdept"));
            xb = rs.getString("ssex");

            //javax.swing.JOptionPane.showMessageDialog(this, xb);
            if (xb.indexOf("男") > -1)
                this.jRadioButton1.setSelected(true);
            else
                this.jRadioButton2.setSelected(true);
        } else {
            this.sname.setText("");
            this.sage.setText("");
            this.sdept.setText("");
```

```
                this.jRadioButton1.setSelected(false);
                this.jRadioButton2.setSelected(false);
                javax.swing.JOptionPane.showMessageDialog(this, "无此学号的
                学生！");
            }
        } catch (Exception jj) {
            ;
        } finally {
            my.conclose();
        }

    }

    private void jButton3ActionPerformed(java.awt.event.ActionEvent evt) {
        if(javax.swing.JOptionPane.showConfirmDialog(this,"确认要删除吗？
")!=javax.swing.JOptionPane.YES_OPTION) return;
        if (this.sno.getText().length() < 2) {
            javax.swing.JOptionPane.showMessageDialog(this, "学号不正确！");
            return;
        }
        mydb myrs = new mydb();
        try {
            if (myrs.executeUpdate("delete from student  where sno='"
                    + this.sno.getText() + "'") > 0) {

                javax.swing.JOptionPane.showMessageDialog(this, "删除成功！");
                this.sno.setText("");
                this.sname.setText("");
                this.sage.setText("");
                this.jRadioButton1.setSelected(true);
            } else
                javax.swing.JOptionPane.showMessageDialog(this, "删除失败！");
        } catch (Exception gj) {
            ;
        } finally {
            myrs.conclose();
        }
        // 删除
    }

    private void jButton2ActionPerformed(java.awt.event.ActionEvent evt) {
        this.setVisible(false);
        //退出
    }

    private void jButton1ActionPerformed(java.awt.event.ActionEvent evt) {
```

```
        String sno = "", sname = "", ssex = "", sage = "", sdept = "";
        sno = this.sno.getText().trim();
        sname = this.sname.getText().trim();
        sage = this.sage.getText().trim();
        sdept = this.sdept.getText().trim();
        ssex = this.jRadioButton1.isSelected() ? "男" : "女";
        //javax.swing.JOptionPane.showMessageDialog(this, ssex + sdept);
        if (sno.length() <1 || sname.length() < 1 || sdept.length() <1) {
            javax.swing.JOptionPane.showMessageDialog(this, "信息不完整！");
            return;
        }
        int nl = -100;
        try {
            nl = Integer.parseInt(sage);
        } catch (Exception e092) {
            javax.swing.JOptionPane.showMessageDialog(this, "年龄错误！");
            return;
        }
        mydb myrs = new mydb();
        if (sno.indexOf("'") > -1 || sname.indexOf("'") > -1
                || sdept.indexOf("'") > -1) {
            javax.swing.JOptionPane.showMessageDialog(this, "信息不正确！");
            return;
        }
        String xb = this.jRadioButton1.isSelected() ? "男" : "女";
        String sql = "sname='" + this.sname.getText() + "',sage='"
                + this.sage.getText() + "',sdept='" + this.sdept.getText()
                + "', ssex= '" + xb + "' where sno='" + this.sno.getText()
                + "'";
        try {
            if (myrs.executeUpdate("update  student set  " + sql) > 0) {

                javax.swing.JOptionPane.showMessageDialog(this, "修改成功！");
                this.sno.setText("");
                this.sname.setText("");
                this.sage.setText("");
                this.jRadioButton1.setSelected(true);
            } else
                javax.swing.JOptionPane.showMessageDialog(this, "修改失败！");
        } catch (Exception gj) {
            ;
        } finally {
            myrs.conclose();
        }
    }
```

```
    /**
     * @param args the command line arguments
     */
    public static void main(String args[]) {
        java.awt.EventQueue.invokeLater(new Runnable() {
            public void run() {
                new stuxg().setVisible(true);
            }
        });
    }

    //GEN-BEGIN:variables
    // Variables declaration - do not modify
    private javax.swing.ButtonGroup buttonGroup1;
    private javax.swing.JButton jButton1;
    private javax.swing.JButton jButton2;
    private javax.swing.JButton jButton3;
    private javax.swing.JLabel jLabel1;
    private javax.swing.JLabel jLabel2;
    private javax.swing.JLabel jLabel3;
    private javax.swing.JLabel jLabel4;
    private javax.swing.JLabel jLabel5;
    private javax.swing.JRadioButton jRadioButton1;
    private javax.swing.JRadioButton jRadioButton2;
    private javax.swing.JTextField sage;
    private javax.swing.JTextField sdept;
    private javax.swing.JTextField sname;
    private javax.swing.JTextField sno;
    // End of variables declaration//GEN-END:variables

}
```

12.3.5　创建学生信息查询类

完成对学生信息的查询，具体代码如下。

```
import java.sql.SQLException;
import javax.swing.table.DefaultTableModel;
//stucx.java
public class stucx extends javax.swing.JFrame {
   /** Creates new form stucx */
   public stucx() {
       initComponents();
   }
   //GEN-BEGIN:initComponents
   // <editor-fold defaultstate="collapsed" desc="Generated Code">
   private void initComponents() {
       jComboBox1 = new javax.swing.JComboBox();
```

```
tjz = new javax.swing.JTextField();
cx = new javax.swing.JButton();
jLabel1 = new javax.swing.JLabel();
jLabel2 = new javax.swing.JLabel();
jScrollPane1 = new javax.swing.JScrollPane();
jTable1 = new javax.swing.JTable();
jButton1 = new javax.swing.JButton();
jComboBox1.setFont(new java.awt.Font("宋体", 0, 12));
jComboBox1.setModel(new javax.swing.DefaultComboBoxModel(new
String[] {
        "学号", "姓名", "性别", "院系" }));
jComboBox1.setName("tj");
cx.setText("查询");
cx.setActionCommand("cx");
cx.addActionListener(new java.awt.event.ActionListener() {
    public void actionPerformed(java.awt.event.ActionEvent evt) {
        cxactionPerformed(evt);
    }
});
jLabel1.setFont(new java.awt.Font("宋体", 0, 12));
jLabel1.setText("查询字段");

jLabel2.setFont(new java.awt.Font("宋体", 0, 12));
jLabel2.setText("值");


jTable1.setRowHeight(24);

jScrollPane1.setViewportView(jTable1);

jButton1.setText("退出");
jButton1.addActionListener(new java.awt.event.ActionListener() {
    public void actionPerformed(java.awt.event.ActionEvent evt) {
        jButton1ActionPerformed(evt);
    }
});

javax.swing.GroupLayout layout = new javax.swing.GroupLayout(
        getContentPane());
getContentPane().setLayout(layout);
layout.setHorizontalGroup(layout
        .createParallelGroup(javax.swing.GroupLayout.Alignment.
         LEADING)
        .addGroup(
                layout.createSequentialGroup()
        .addGroup(
                layout.createParallelGroup(

javax.swing.GroupLayout.Alignment.LEADING)
        .addGroup(
```

```
                layout.createSequentialGroup()
        .addGap(54, 54,
                                                                54)
        .addComponent(jLabel1)

        .addPreferredGap(

javax.swing.LayoutStyle.ComponentPlacement.RELATED)
        .addComponent(
                jComboBox1,

javax.swing.GroupLayout.PREFERRED_SIZE,
                                                                104,

javax.swing.GroupLayout.PREFERRED_SIZE)
        .addPreferredGap(

javax.swing.LayoutStyle.ComponentPlacement.UNRELATED)
        .addComponent(
                jLabel2)

        .addPreferredGap(

javax.swing.LayoutStyle.ComponentPlacement.RELATED)
        .addComponent(
                                                                tjz,

javax.swing.GroupLayout.PREFERRED_SIZE,
                                                                116,

javax.swing.GroupLayout.PREFERRED_SIZE)
        .addGap(33, 33, 33)

        .addComponent(
                                                                cx)
        .addGap(78, 78, 78)

        .addComponent(

                jButton1))
        .addGroup(

                layout.createSequentialGroup()
        .addGap(23, 23,
                                                                23)
        .addComponent(

                jScrollPane1,

javax.swing.GroupLayout.PREFERRED_SIZE,
```

```
                                                                651,

javax.swing.GroupLayout.PREFERRED_SIZE)))
        .addContainerGap(30, Short.MAX_VALUE)));
                layout.setVerticalGroup(layout
        .createParallelGroup(javax.swing.GroupLayout.
         Alignment.LEADING)
        .addGroup(
                javax.swing.GroupLayout.Alignment.TRAILING,
                layout.createSequentialGroup()
        .addContainerGap(32, Short.MAX_VALUE)
        .addGroup(
                layout.createParallelGroup(

javax.swing.GroupLayout.Alignment.BASELINE)
        .addComponent(jLabel1)
        .addComponent(
                jComboBox1,

javax.swing.GroupLayout.PREFERRED_SIZE,

javax.swing.GroupLayout.DEFAULT_SIZE,

javax.swing.GroupLayout.PREFERRED_SIZE)
        .addComponent(cx)
        .addComponent(jLabel2)
        .addComponent(
                                                   tjz,

javax.swing.GroupLayout.PREFERRED_SIZE,

javax.swing.GroupLayout.DEFAULT_SIZE,

javax.swing.GroupLayout.PREFERRED_SIZE)
        .addComponent(jButton1))
        .addGap(34, 34, 34)
        .addComponent(jScrollPane1,

javax.swing.GroupLayout.PREFERRED_SIZE,

javax.swing.GroupLayout.DEFAULT_SIZE,

javax.swing.GroupLayout.PREFERRED_SIZE)
        .addGap(74, 74, 74)));

cx.getAccessibleContext().setAccessibleName(" cx ");

pack();
javax.swing.table.DefaultTableModel dtm = new DefaultTableModel();
jTable1.setModel(dtm);
```

```
        databind(dtm, " ");
    }// </editor-fold>
        //GEN-END:initComponents

    private void jButton1ActionPerformed(java.awt.event.ActionEvent evt) {
        this.setVisible(false);
    }

    private void databind(DefaultTableModel dtm, String sql) {
        String[] bt = { "学号", "姓名", "性别", "年龄", "院系" };
        for (int i = 0; i < bt.length; i++)
            dtm.addColumn(bt[i]);
        String[] s = new String[5];
        mydb my = new mydb();
        java.sql.ResultSet rs1;
        try {
            rs1 = my.executeQuery("select * from student where 1=1" + sql
                    + "  order by id desc");

            while (rs1.next()) {
                s[0] = rs1.getString("sno");
                s[1] = rs1.getString("sname");
                s[2] = rs1.getString("ssex");
                s[3] = rs1.getString("sage");
                s[4] = rs1.getString("sdept");

                dtm.addRow(s);
            }

        } catch (Exception ffgghh) {
            ;
        } finally {
            my.conclose();

        }
    }

    private void cxactionPerformed(java.awt.event.ActionEvent evt) {
        int tj = jComboBox1.getSelectedIndex();
        if (tjz.getText().indexOf("'") > -1) {
            javax.swing.JOptionPane.showMessageDialog(this, "非法输入");
            return;
        }
        String sql = " ";
        switch (tj) {
        case 0:
            sql = " and sno like '%" + tjz.getText() + "%'";
            break;
        case 1:
            sql = " and sname like '%" + tjz.getText() + "%'";
```

```
            break;
        case 2:
            sql = " and ssex like '%" + tjz.getText() + "%'";
            break;
        case 3:
            sql = " and sdept like '%" + tjz.getText() + "%'";
            break;

        }
        javax.swing.table.DefaultTableModel dtm = new DefaultTableModel();
        jTable1.setModel(dtm);
        databind(dtm, sql);

    }

    /**
     * @param args the command line arguments
     */
    public static void main(String args[]) {
        java.awt.EventQueue.invokeLater(new Runnable() {
            public void run() {
                new stucx().setVisible(true);
            }
        });
    }

    //GEN-BEGIN:variables
    // Variables declaration - do not modify
    private javax.swing.JButton cx;
    private javax.swing.JButton jButton1;
    private javax.swing.JComboBox jComboBox1;
    private javax.swing.JLabel jLabel1;
    private javax.swing.JLabel jLabel2;
    private javax.swing.JScrollPane jScrollPane1;
    private javax.swing.JTable jTable1;
    private javax.swing.JTextField tjz;
    // End of variables declaration//GEN-END:variables

}
```

以上代码实现了对学生信息的增加、删除、修改和查询功能，其他功能模块和菜单等请参考 stuzdm 系统的源代码。在 Java 应用程序开发中建议使用 swing 可视化开发工具来设计。

第13章 Visual C++数据库应用程序开发

【学习目的与要求】

数据库操作是管理软件开发中必须要面临的问题，VC++中提供了处理数据库的功能。在操作数据时，有多种技术，而ADO技术有广泛的应用，本章将介绍ADO的相关知识以及运用ADO对数据表中的记录进行查询、增加、修改、删除操作。

数据库操作是管理软件开发中必须要面临的问题，Visual C++中提供了处理数据库的功能。在操作数据时，有多种技术，而ADO技术有广泛的应用。本章将介绍ADO的相关知识及运用ADO对数据表中的记录进行查询、增加、修改、删除操作。

13.1 Visual C++数据库开发的特点及数据库开发技术概述

Visual C++提供了多种多样的数据库访问技术——ODBC API、MFC ODBC、DAO、OLE DB、ADO 等。这些技术各有自己的特点，它们提供了简单、灵活、访问速度快、可扩展性好的开发技术。本书将介绍用ADO技术进行数据库应用程序的开发。

1. ADO简介

ADO（ActiveX Data Objects）是Microsoft数据库应用程序开发的接口，是建立在OLE DB之上的高层数据库访问技术，不仅简单易用，并且不失灵活性，是Visual C++利用数据库快速开发的不错选择。ADO的优点在于使用简便、速度快、内存耗用少，具有远程数据服务功能，能够在一次往返过程中实现数据从服务器移动到客户端程序，然后在客户端进行数据处理并将更新结果返回服务器。

2. 在Visual C++中应用ADO技术

在Visual C++中使用ADO操作数据库有两种方法：一种是使用ActiveX控件；另一种是使用ADO对象。

（1）ActiveX控件

使用ActiveX控件操作数据库相对简单，但灵活性不如ADO对象，只要将ActiveX控件绑定数据源，即可对数据库进行操作。

（2）ADO对象

ADO是一组由Microsoft公司提供的COM组件，基于面向对象思想的编程接口。它建立在COM体系结构之上，它的所有接口都是自动化接口，因此在C++、Visual Basic、Delphi等支持COM的开发语言中，通过接口都可以访问到ADO。使用ADO对象操作数据库虽然比ActiveX控件复杂，但是使用它将会具有更大的灵活性，将ADO封装到类中就可以很好地简化对数据库的操作。

13.2 ADO 对象简介

ADO 对象模型非常精炼，由 3 个主要对象（Connection、Command、Recordset）和几个辅助对象组成，我们重点介绍前 3 个对象，其他对象的具体介绍可参考《ADO 2.5 手册》。ADO 对象间的关系如图 13.1 所示。

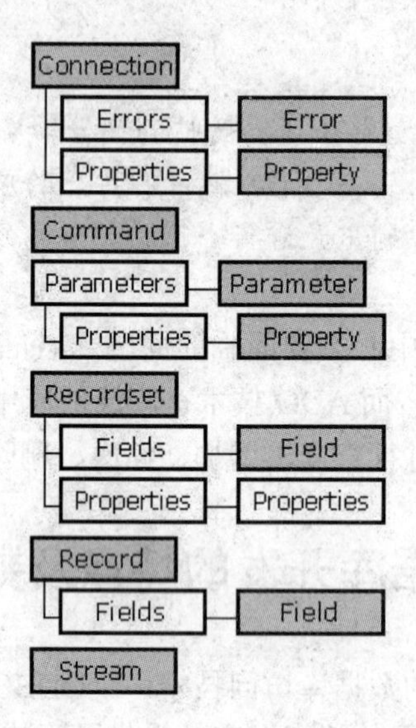

图 13.1 ADO 对象间的关系

（1）ADO 对象及说明如表 13.1 所示。

表 13.1 ADO 对象及说明

对 象	说 明
Connection	启用数据的交换
Command	体现 SQL 语句
Parameter	体现 SQL 语句参数
Recordset	启用数据的定位和操作
Field	体现 Recordset 对象列
Error	体现链接错误
Property	体现 ADO 对象特性

（2）ADO 集合及说明如表 13.2 所示。

表 13.2 ADO 集合及说明

集 合	说 明
Errors	为响应单个链接错误而创建的所有 Error 对象
Parameters	与 Command 对象关联的所有 Parameter 对象
Fields	与 Recordset 对象关联的所有 Field 对象
Properties	与 Connection、Command、Recordset 或 Field 对象关联的所有 Property 对象

（3）ADO 事件处理程序及说明如表 13.3 和表 13.4 所示。

表 13.3　ADO 事件处理程序及说明 1

ConnectionEvents	说　明
BeginTransComplete、CommitTransComplete、RollbackTransComplete	事务管理——通知链接中的当前事务已开始、提交或回卷
WillConnect、ConnectComplete、Disconnect	链接管理——通知当前链接将要开始、已经开始或结束
WillExecute、ExecuteComplete	命令执行管理——通知链接中的当前命令将要开始或已经结束
InfoMessage	信息——通知获得与当前操作相关的附加信息

表 13.4　ADO 事件处理程序及说明 2

RecordsetEvents	说　明
FetchProgress、FetchComplete	检索状态——通知数据检索操作的进程或检索操作已经完成
WillChangeField、FieldChangeComplete	字段更改管理——通知当前字段的值将要更改或已经更改
WillMove、MoveComplete、EndOfRecordset	定位管理——通知在 Recordset 中当前行的位置将要更改、已经更改或已到达 Recordset 的结尾
WillChangeRecord、RecordChangeComplete	行更改管理——通知有关 Recordset 当前行中某些内容将要更改，或已经更改
WillChangeRecordset、RecordsetChangeComplete	记录集更改管理——通知当前 Recordset 中某些内容将要更改，或已经更改

每个 Connection、Command、Recordset 和 Field 对象都有 Properties 集合。

13.2.1　ADO 链接对象

ADO 链接对象（Connection）用于创建与数据库互动所需的链接，Connection 对象提供 OLE DB 数据源和对话对象之间的关联，它通过用户名称和口令来处理用户身份的鉴别，并提供事务处理的支持；它还提供执行方法，从而简化数据源的链接和数据检索的进程。任何数据库的操作行为都必须在链接基础上进行。因此在使用 ADO 之前，首先需要创建一个 Connection 对象。必须注意的是，这个动作不是绝对的，ADO 本身会在没有 Connection 对象的情形之下，自行创建所需的链接对象。通常使用它来创建一个数据链接或执行一条不返回任何结果的 SQL 语句，如一个存储过程。

1. ADO 链接对象操作

使用 Connection 对象的集合、方法和属性可执行下列操作。

- 在打开链接前使用 ConnectionString、ConnectionTimeout 和 Mode 属性对链接进行配置。
- 设置 CursorLocation 属性以便调用支持批更新的“客户端游标提供者”。
- 使用 DefaultDatabase 属性设置链接的默认数据库。
- 使用 IsolationLevel 属性为在链接上打开的事务设置隔离级别。
- 使用 Provider 属性指定 OLE DB 提供者。
- 使用 Open()方法建立到数据源的物理链接。使用 Close()方法将其断开。
- 使用 Execute()方法执行对链接的命令，并使用 CommandTimeout()属性对执行进行配置。
- 可使用 BeginTrans、CommitTrans 和 RollbackTrans 方法及 Attributes 属性管理打开的链

接上的事务（如果提供者支持，则包括嵌套的事务）。

- 使用 Errors 集合检查数据源返回的错误。
- 通过 Version 属性读取使用中的 ADO 执行版本。
- 使用 OpenSchema()方法获取数据库模式信息。

2. ADO 链接对象属性

- Attributes 可读写 Long 类型，通过两个常数之和指定是否使用保留事务（retainningtransactions）。常数 adXactCommitRetaining 表示调用 CommitTrans()方法时启动一个新事务；常数 adXactAbortRetaning 表示调用 RollbackTrans()方法时启动一个新事务。默认值为 0，表示不使用保留事务。
- CommandTimeout 可读写 Long 类型，指定中止某个相关 Command 对象的 Execute 调用之前必须等待的时间,默认值为 30 秒。
- ConnectionString 可读写 String 类型，提供数据提供者或服务提供者打开到数据源的链接所需要的特定信息。使用 ConnectionString 属性，通过传递包含一系列由分号分隔的 argument = value 语句的详细链接字符串可指定数据源。ADO 支持 ConnectionString 属性的 4 个参数，任何其他参数将直接传递到提供者而不经过 ADO 处理。ADO 支持的参数如下：

Provider：指定用来链接的提供者名称。

File Name：指定包含预先设置链接信息的特定提供者的文件名称（如持久数据源对象）。

Remote Provider：指定打开客户端链接时使用的提供者名称。(仅限于远程数据服务)。

Remote Server：指定打开客户端链接时使用的服务器的路径名称。(仅限于远程数据服务)。

- ConnectionTimeout 可读写 Long 类型，指定中止一个失败的 Connection.Open()方法调用之前必须等待的时间，默认值为 15 秒。
- CursorLocation 可读写 Long 类型，确定是使用客户端（adUseClient）游标引擎，还是使用服务器端（adUseServer）游标引擎，默认值是 adUseServer。
- DefaultDatabase 可读写 String 类型，如果 ConnectString 中未指定数据库名称，就使用这里所指定的名称。
- IsolationLevel 可读写 Long 类型，指定和其他并发事务交互时的行为或事务。IsolationLevel 可选值如表 13.5 所示。

表 13.5 IsolationLevel 可选值

常　量	值	说　明
adXactUnspecified	-1	指示提供者使用的隔离级别与指定的不同，并且该级别无法确定
adXactChaos	16	指示不能覆盖来自更高级别隔离事务的挂起更改
adXactBrowse	256	指示可以从一个事务中查看其他事务中未提交的更改
adXactReadUncommitted	256	与 adXactBrowse 相同
adXactCursorStability	4096	指示只能从一个事务中查看其他事务中提交的更改
adXactReadCommitted	4096	与 adXactCursorStability 相同
adXactRepeatableRead	65536	指示不能从一个事务中查看其他事务中所做的修改，但是重新查询可以检索新的 Recordset 对象
adXactIsolated	1048576	指示该事务与其他事务隔离执行
adXactSerializable	1048576	与 adXactIsolated 相同

● Mode Long 类型，指定对 Connection 的读写权限。可选值如表 13.6 所示。

表 13.6　Mode Long 类型的可选值

常　量	值	说　明
adModeRead	1	指示只读权限
adModeReadWrite	3	指示读/写权限
adModeRecursive	0x400000	与其他*ShareDeny*值（adModeShareDenyNone、adModeShareDenyWrite 或 adModeShareDenyRead）一起使用，以将共享限制传播给当前 Record 的所有子记录。如果 Record 没有子记录，将没有影响。如果它仅和 adModeShareDenyNone 一起使用，将产生运行时错误。但是，与其他值结合后，它可以和 adModeShareDenyNone 一起使用。例如，可以使用“adModeRead Or adModeShareDenyNone Or adModeRecursive”
adModeShareDenyNone	16	允许其他人以任何权限打开链接。不拒绝其他人的读访问或写访问
adModeShareDenyRead	4	禁止其他人以读权限打开链接
adModeShareDenyWrite	8	禁止其他人以写权限打开链接
adModeShareExclusive	12	禁止其他人打开链接
adModeUnknown	0	默认值，指示尚未设置或不能确定权限
adModeWrite	2	指示只写权限

● Provider 指定用于链接的提供者的名称。可读写 String 类型，如果 ConnectionString 中未指定 OLEDB 数据或服务提供者的名称，就使用这里指定的名称。默认值是 MSDASQL（MicrosoftOLEDBProviderforODBC）。

● State 可读写 Long 类型，指定链接是处于打开状态，还是处于关闭状态或中间状态。可选值如表 13.7 所示。

表 13.7　State 类型的可选值

常　量	值	说　明
adStateClosed	0	指示对象已关闭
adStateOpen	1	指示对象已打开
adStateConnecting	2	指示对象正在链接
adStateExecuting	4	指示对象正在执行命令
adStateFetching	8	指示正在检索对象的行

● Version 只读 String 类型，返回 ADO 版本号。

3．ADO 链接对象方法

ADO Connection 对象具有以下方法。

● BeginTrans：开始新事务。

● CommitTrans：保存任何更改并结束当前事务。它也可能启动新事务。

● RollbackTrans：取消当前事务中所做的任何更改并结束事务。它也可能启动新事务。

● Cancel：取消执行挂起的异步方法调用。

● Close：关闭打开的对象及任何相关对象。

● Execute：执行指定的查询、SQL 语句、存储过程或提供者特有的文本。

● Open：打开到数据源的链接。

● OpenSchema：从提供者获取数据库模式信息。

本书重点介绍链接对象的常用方法 Open()方法、Execute()方法和 close()方法。

（1）Open()方法

其语法格式如下。

```
connection.Open ConnectionString, UserID, Password, Options
```

Open()方法的参数说明如表 13.8 所示。

表 13.8　Open()方法的参数说明

参　数	描　述
ConnectionString	可选，指定链接信息字符串
UserID	可选，指定建立链接时所使用的用户名
Password	可选，指定建立链接时所使用的密码
Options	指定该方法是在链接建立之后（异步）还是链接建立之前（同步）返回，adConnectUnspecified （默认）同步打开链接，adAsyncConnect 异步打开链接。ConnectComplete 事件可以用于决定链接何时可用

说明：使用 Connection 对象的 Open()方法可建立到数据源的物理链接。在该方法成功完成后链接是活跃的，可以对它发出命令并且处理结果。使用可选的 ConnectionString 参数指定链接字符串，它包含由分号分隔的一系列 argument = value 语句。ConnectionString 属性自动继承用于 ConnectionString 参数的值，因此可在打开之前设置 Connection 对象的 ConnectionString 属性，或在 Open()方法调用时使用 ConnectionString 参数设置或覆盖当前链接参数。如果在 ConnectionString 参数和可选的 UserID 及 Password 参数中传送用户和密码信息，那么 UserID 和 Password 参数将覆盖 ConnectionString 中指定的值。在对打开的 Connection 的操作结束后，可使用 Close()方法释放所有关联的系统资源。关闭对象并非将它从内存中删除；可以更改它的属性设置并在以后再次使用 Open()方法打开它。要将对象完全从内存中删除，可将对象变量设置为 Nothing。

远程数据服务用法：当在客户端的 Connection 对象上使用 Open()方法时，在 Connection 对象上打开 Recordset 之前，Open()方法其实并未建立到服务器的链接。

（2）Execute()方法

对于非按行返回的命令字符串，语法格式如下。

```
connection.Execute CommandText, RecordsAffected, Options
```

对于按行返回的命令字符串，语法格式如下。

```
Set recordset = connection.Execute (CommandText, RecordsAffected, Options)
```

Execute()方法的参数说明如表 13.9 所示。

表 13.9　Execute()方法的参数说明

参　数	描　述
CommandText	String 值，包含要执行的 SQL 语句、存储过程、URL 或提供者特有的文本。此外，仅当提供者被 SQL 识别时才可使用表名称。例如，如果使用“Customers”作为表名称，则 ADO 将自动预先根据标准 SQL Select 语法构成“SELECT * FROM Customers”，并将其作为 T-SQL 语句传递给提供者
RecordsAffected	可选。Long 变量提供者向其返回操作影响的记录数目
Options	可选。Long 值指示提供者计算 CommandText 参数的方式。该值可以是一个或多个 CommandTypeEnum 或 ExecuteOptionEnum 值的位掩码

说明：使用 Connection 对象的 Execute()方法可以执行在指定链接的 CommandText 参数中传递给该方法的查询。如果 CommandText 参数指定按行返回的查询，那么执行产生的任何结果都将存储在新的 Recordset 对象中。如果此命令不用于返回结果（如 SQL UPDATE 查询），则只要指定了 adExecuteNoRecords 选项，提供者就将返回 Nothing；否则，Execute 将返回已关闭的 Recordset。

返回的 Recordset 对象始终是只读的、仅向前的游标。如果需要具有更多功能的 Recordset 对象，应先创建具有所需属性设置的 Recordset 对象，然后使用 Recordset 对象的 Open()方法执行查询，并返回所需的游标类型。

CommandText 参数的内容是提供者特有的，可以是标准的 SQL 语法或提供者支持的任何特殊命令格式。此操作结束时将发出 ExecuteComplete 事件。

（3）Close()方法

其语法格式如下

```
object.Close
```

说明：使用 Close()方法关闭 Connection、Record、Recordset 或 Stream 对象以便释放任何相关联的系统资源。关闭对象不会将其从内存中删除；随后可以更改其属性设置并再次将其打开。要从内存中彻底清除对象，请在关闭对象后将对象变量设置为 NULL。

13.2.2　ADO 记录集对象

ADO 记录集（Recordset）对象用于操作来自提供者的数据，使用 ADO 时，将几乎全部使用 Recordset 对象来对数据进行操作。所有 Recordset 对象均由记录（行）和字段（列）组成。

1．ADO 记录集对象的操作

- 指定游标类型。在打开 Recordset 之前设置 CursorType 属性来选择游标类型，或使用 Open()方法传递 CursorType 参数。
- 使用 Open()方法打开记录集，使用 Close()方法关闭记录集。
- 使用 AddNew()方法增加记录，使用 Update()方法更新记录，使用 Delete()方法删除记录。

2．ADO 记录集对象的属性

ADO 记录集具有以下属性。

- AbsolutePage：指示当前记录所在的页。设置或返回从 1 到 Recordset 对象所含页数（PageCount）的 Long 值，或者返回 PositionEnum 值（即以下值），如表 13.10 所示。

表 13.10　PositionEnum 值及说明

常　量	值	说　明
adPosBOF	−2	指示当前记录指针位于 BOF（即 BOF 属性为 True）
adPosEOF	−3	指示当前记录指针位于 EOF（即 EOF 属性为 True）
adPosUnknown	−1	指示 Recordset 为空，当前位置未知，或者提供者不支持 AbsolutePage 或 AbsolutePosition 属性

- AbsolutePosition：设置或返回 Recordset 对象的当前记录的序号位置。设置或返回从 1 到 Recordset 对象（PageCount）中的记录数的 Long 值，或者返回一个 PositionEnum 值。
- ActiveCommand：指示 Command 对象，用于创建相关联的 Recordset 对象。如果没有

使用 Command 对象创建当前 Recordset，将返回一个 Null 对象引用。

- ActiveConnection：确定 Connection 对象，将在该对象上执行指定的 Command 对象或打开指定的 Recordset。
- BOF 和 EOF 属性：BOF 用于指示当前记录位置位于 Recordset 对象的第一个记录之前。EOF 用于指示当前记录的位置在 Recordset 对象的最后一个记录之后。BOF 和 EOF 属性返回 Boolean 值。
- Bookmark：指示唯一标识 Recordset 对象中的当前记录的书签，或者将 Recordset 对象的当前记录设置为由有效书签标识的记录。
- CacheSize：指示在内存中本地缓存的 Recordset 对象的记录数目。设置或返回必须大于 0 的 Long 值，默认值为 1。
- CursorLocation：指示游标服务的位置。此属性允许在可以访问提供者的多个游标库之间选择。通常情况下，可以选择客户端游标库中的游标或者选择位于服务器上的游标。
- CursorType：指示 Recordset 对象中使用的游标的类型，可选以下值，如表 13.11 所示。

表 13.11　CursorType 可选值

常　量	值	描　述
adopenforwardonly	0	只能用 MoveNext 读取,并且打开的同时建立数据库的备份，不能即时体现数据库记录状态，如记录的编辑和增删
adopenkeyset	1	可上下滚动的游标，给打开的记录创建了一个关键字列表，类似记录集的描述，访问的时候才取得数据值，就是说可以即时看到修改信息，但是不能即时得到数据是否删除的信息，因为这个关键字列表是事先初始化好的
adopendynamic	2	完全可滚动，可得到数据的最新状态，执行效率也会有所降低
adopenstatic	3	完全可滚动，但是和 adOpenKeyset 类似，它先将数据库备份文件之后进行操作，可以断开数据库链接后继续使用

- DataMember：指示要从 DataSource 属性所引用的对象中检索的数据成员的名称。
- DataSource：指示对象，其中包含要被表示为 Recordset 对象的数据。
- EditMode：指示当前记录的编辑状态。其值如表 13.12 所示。

表 13.12　EditMode 可选值

常　量	值	说　明
adEditNone	0	指示没有进行编辑操作
adEditInProgress	1	指示当前记录中的数据已修改但未保存
adEditAdd	2	指示已调用 AddNew()方法，而复制缓冲区中的当前记录是个尚未保存到数据库的新记录
adEditDelete	4	指示当前记录已被删除

- Fields：包含 Recordset 或 Record 对象的所有 Field 对象。
- Filter：指示 Recordset 中的数据的过滤器。
- Index：指示对 Recordset 对象当前生效的索引的名称。
- LockType：指示编辑过程中记录上的锁定类型。
- MarshalOptions：指示要调度回服务器的记录。
- MaxRecords：指示由查询返回给 Recordset 的最大记录数目。
- PageCount：指示 Recordset 对象包含的数据页数。

- PageSize：指示 Recordset 中一页包含的记录数目。
- Properties：包含对象特定实例的所有 Property 对象。
- RecordCount：指示 Recordset 对象中的记录数目。
- Sort：指示一个或多个作为 Recordset 排序基准的字段名，并指示按升序还是降序对每个字段进行排序。
- Source：指示 Recordset 对象的数据源。
- State：对所有适用的对象，指示该对象状态是打开的还是关闭的。指示对所有可应用的对象执行异步方法，指示对象的当前状态是正在链接、正在执行还是正在检索。
- Status：指示有关批更新或其他大量操作的当前记录的状态。
- StayInSync：指示在分级 Recordset 对象中，当父行位置更改时，对基本子记录（即“子集”）的引用是否会更改。

3．ADO 记录集的方法

以下列出 ADO 记录集的方法，在开发中最常用的方法主要有 Open()、AddNew()、Update()及 Delete()方法。

- AddNew：创建可更新的 Recordset 对象的新记录。其语法格式如下。

```
recordset.AddNew FieldList, Values
```

参数介绍如下。

Recordset：Recordset 对象。

FieldList：可选。新记录中字段的单个名称、名称数组或序号位置数组。

Values：可选。新记录中字段的单个值或值的数组。如果 FieldList 是数组，那么 Values 也必须是具有相同数目的成员的数组，否则将发生错误。字段名称的次序必须与每个数组中的字段值的次序相匹配。

- Cancel：取消执行挂起的异步 Excute()或 Open()方法的调用。
- CancelBatch：取消挂起的批更新。
- CancelUpdate：在调用 Update()方法之前，取消对 Recordset 对象的当前行或新行或者 Record 对象的 Fields 集合所做的更改。
- Clone：从现有 Recordset 对象创建一个相同的 Recordset 对象。可选择指定该副本为只读。
- Close：关闭打开的对象和任何相关的对象。
- CompareBookmarks：使用 Close()方法关闭 Connection、Record、Recordset 或 Stream 对象，以便释放任何相关联的系统资源。
- Delete：删除当前记录或记录组。

其格式如下。

```
recordset.Delete AffectRecords
```

参数 AffectRecords 为 AffectEnum 值，确定 Delete()方法影响的记录数目，默认值为 adAffectCurrent。

- Find：查找满足条件的记录。
- GetRows：将 Recordset 对象的多个记录检索到数组中。
- GetString：将 Recordset 作为字符串返回。
- Move：移动记录集对象中当前记录的位置。该方法有两个参数：第一个参数指定要向前或向后移动多少条记录；第二个参数指定一个相对书签位置，表明从当前记录还是从第 1 条或最后 1 条记录开始算，默认为 0 从当前记录开始移，将指针从当前位置向前（负数）或向后（正数）移动指定条记录（第二个“按书签移动”参数设置为 0-adBookMarkCurrent，从当前记录开始，默认）或将指针从第 1 条记录算起移动指定条记录（第二个参数设置为 1-adBookMarkFirst 从首记录）。或将指针从最后 1 条记录算起移动指定条记录（第二个参数设置为 adBookMarkLast）。例如，Adodc1.Recordset.Move -12 将指针从当前位置向前移动 12 条记录。再如，Adodc1.Recordset.Move 6 中 1 表示指针从首记录开始后移 6 条记录，即使指针移到第 7 条记录。

- Movefirst：记录集指针移到第 1 条记录。
- Movelast：记录集指针移到最后 1 条记录。
- Moveprevious：记录集指针移到上一条记录。
- Movenext：记录集指针移到下一条记录。
- NextRecordset：通过执行一系列命令清除当前 Recordset 对象并返回下一个 Recordset。
- Open：打开游标。

其语法格式如下。

```
recordset.Open Source, ActiveConnection, CursorType, LockType, Options
```

参数说明如表 13.13 所示。

表 13.13 参数说明

参　数	描　述
Source	可选。Variant，计算有效的 Command 对象、SQL 语句、表名、存储过程调用、URL 或包含持久存储 Recordset 的文件名或 Stream 对象
ActiveConnection	可选。Variant，计算有效的 Connection 对象变量名，或包含 ConnectionString 参数的 String
CursorType	可选。CursorTypeEnum 值，确定在打开 Recordset 时提供者应使用的游标类型。默认值为 adOpenForwardOnly
LockType	可选。LockTypeEnum 值，确定在打开 Recordset 时提供者应使用的锁定（并发）类型。默认值为 adLockReadOnly
Options	可选。Long 值，指示提供者计算 Source 参数的方式（如果该参数表示除 Command 对象之外的某些内容），或者指示 Recordset 应该从以前保存过的文件中恢复。可以是一个或多个 CommandTypeEnum 或 ExecuteOptionEnum 值，这些值可以用位 AND 操作符组合

- Requery：通过重新执行对象所基于的查询来更新 Recordset 对象中的数据。
- Resync：从基本数据库刷新当前 Recordset 对象中的数据或 Record 对象的 Fields 集合。
- Save：将 Recordset 保存在文件或 Stream 对象中。
- Seek：搜索 Recordset 的索引以快速定位与指定的值相匹配的行，并使其成为当前行。
- Supports：确定指定的 Recordset 对象是否支持特定类型的功能。
- Update：保存对 Recordset 对象的当前行或者 Record 对象的 Fields 集合所做的更改。

其语法格式如下。

```
recordset.Update Fields,Values
```

或

```
record.Fields.Update
```

参数说明如下。

Fields：可选。Variant 或 Variant 数组，Variant 表示单个名称，Variant 数组则表示要修改

的字段的名称或序号位置。

Values：可选。Variant 或 Variant 数组，Variant 表示单个值，Variant 数组表示新记录中字段的值。

- UpdateBatch：将所有挂起的批更新写入磁盘。

13.2.3　ADO 命令对象

ADO 命令（Command）对象：用于执行传递给数据源的命令。使用 Command 对象查询数据库并返回 Recordset 对象中的记录，以便执行大量操作或对数据库结构进行操作。

1．ADO 命令对象操作

使用 ADO 命令对象的集合、方法和属性可执行下列操作。

- 用 CommandText 属性定义命令（如 SQL 语句）的可执行文本。
- 用 Parameter 对象和 Parameters 集合定义参数化查询或存储过程参数。
- 在适当的时候，用 Execute()方法执行命令并返回 Recordset 对象。
- 执行前用 CommandType 属性指定命令类型以优化性能。
- 用 Prepared 属性控制执行前，提供者是否保存准备好（或编译过）的命令版本。
- 用 CommandTimeout 属性设置提供者等待命令执行的秒数。
- 通过设置 ActiveConnection 属性使打开的链接与 Command 对象相关联。
- 设置 Name 属性以便将 Command 对象标识为与之关联的 Connection 对象的方法。
- 将 Command 对象传递给 Recordset 的 Source 属性以获取数据。
- 使用 Properties 集合访问提供者特有的属性。

2．ADO 命令对象属性

- ActiveConnection：指示指定的 Command、Recordset 或 Record 对象当前所属的 Connection 对象。
- CommandText：指示要根据提供者发出的命令文本。
- CommandTimeout：指示执行命令期间在终止尝试和产生错误之前需等待的时间。
- CommandType：指示 Command 对象的类型。可取表 13.14 中的值。

表 13.14　CommandType 的取值

常　量	值	说　明
adCmdUnspecified	-1	不指定命令类型的参数
adCmdText	1	按命令或存储过程调用的文本定义计算 CommandText
adCmdTable	2	按表名计算 CommandText，该表的列全部是由内部生成的 SQL 查询返回的
adCmdStoredProc	4	按存储过程名计算 CommandText
adCmdUnknown	8	默认值。指示 CommandText 属性中命令的类型未知
adCmdFile	256	按持久存储的 Recordset 的文件名计算 CommandText。只与 Recordset.Open 或 Requery 一起使用
adCmdTableDirect	512	按表名计算 CommandText，该表的列被全部返回。只与 Recordset.Open 或 Requery 一起使用。若要使用 Seek()方法，必须通过 adCmdTableDirect 打开 Recordset；该值不能与 ExecuteOptionEnum 的值 adAsyncExecute 组合

- Name：指示对象的名称。
- Prepared：指示执行前是否保存命令的编译版本。
- State：对所有适用的对象，指示该对象状态是打开的还是关闭的。返回值可能是表 13.15 中之一。

表 13.15　State 的取值

常　量	值	说　明
adStateClosed	0	指示对象已关闭
adStateOpen	1	指示对象已打开
adStateConnecting	2	指示对象正在链接
adStateExecuting	4	指示对象正在执行命令
adStateFetching	8	指示正在检索对象的行

3．ADO 命令对象的方法

- Cancel：取消执行挂起的异步方法调用。
- CreateParameter：创建具有指定属性的新的 Parameter 对象。

其语法格式如下。

```
Set parameter = command.CreateParameter (Name, Type, Direction, Size, Value)
```

返回值：返回 Parameter 对象。

参数说明如下。

Name：可选。String 值，包含 Parameter 对象的名称。

Type：可选。DataTypeEnum 值，指定 Parameter 对象的数据类型。

Direction：可选。ParameterDirectionEnum 值，指定 Parameter 对象的类型。

Size：可选。Long 值，指定参数值的最大长度（以字符或字节为单位）。

Value：可选。Variant，指定 Parameter 对象的值。

说明：使用 CreateParameter 方法创建具用指定的名称、类型、方向、大小和值的新的 Parameter 对象。在参数中传送的任何值都将写入相应的 Parameter 属性。

此方法不会将 Parameter 对象自动追加到 Command 对象的 Parameters 集合。这样就可以设置附加属性，在将 Parameter 对象追加到集合时，ADO 将使这些附加属性的值生效。

如果在 Type 参数中指定变长数据类型，在将其追加到 Parameters 集合之前必须传送 Size 参数或者设置 Parameter 对象的 Size 属性，否则将发生错误。

如果在 Type 参数中指定数字型数据类型（adNumeric 或 adDecimal），也必须设置 NumericScale 和 Precision 属性。

- Stream 对象：Stream 流对象主要用来处理记录集中的二进制数据流的，如文件内容或者图片对象等。
- Fields 集合和 Field 对象：Fields 集合处理记录中的各个列。记录集中返回的每一列在 Fields 集合中都有一个相关的 Field 对象。Field 对象使得用户可以访问列名、列数据类型以及当前记录中列的实际值等信息。
- Parameters 集合 Parameter 对象：Command 对象包含一个 Parameters 集合。Parameters 集合包含参数化的 Command 对象的所有参数，每个参数信息由 Parameter 对象表示。
- Properties 集合和 Property 对象：Connection、Command、Recordset 和 Field 对象都含有 Proiperties 集合。Properties 集合用于保存与这些对象有关的各个 Property 对象。Property

对象表示各个选项设置或其他没有被对象的固有属性处理的 ADO 对象特征。

- Errors 集合和 Error 对象：Connection 对象包含一个 Errors 集合。Errors 集合包含的 Error 对象给出了关于数据提供者出错时的扩展信息。

以上为 ADO 对象模型的各对象间的概要描述，对于各个对象的具体使用方法和使用场合，我们将在后面进行讲解，并给出实际的使用例子。

13.3　ADO 数据库编程技术

ADO 数据库编程技术可使程序员更容易控制对数据库的访问和操作，在这一节我们将对 ADO 操作数据库进行介绍。

1. 导入动态链接库

在 Visual C++中使用 ADO 技术时，需要使用# import 把动态链接库 msado15.dll 导入 Visual C++应用程序，该文件位于“C:/program files/common files/system/ado”文件夹下。通常情况，在 Stdafx.h 中使用如下指令引入类型库。

```
#import "C:\Program Files\Common Files\System\ADO\msado15.dll" \
no_namespace  rename("EOF", "adoEOF"),rename("BOF","adoBOF")
```

根据操作系统的不同，msado*.dll 的版本不同。rename(" EOF " , " adoEOF ")是为了防止和其他结束标示重名。

在编译过程中如果出现下面的编译警告请注意。

```
warning: unary minus operator applied to unsigned type, result still
unsigned。
```

如果不想此警告出现，可以在 StdAfx.h 文件中加入这样一行代码以禁止此警告。

```
#pragma warning(disable:4146)
   对于指定ADO版本
//如果使用 ADO 2.0 加入下面代码
#import "C:/Program Files/Common Files/System/Ole DB/msdasc.dll"
no_namespace
//如果使用 ADO 2.1 加入下面代码
#import "C:/Program Files/Common Files/System/Ole DB/oledb32.dll" no_namespa
```

2. 初始化环境

在 MFC 的应用程序里需要使用 ADO 动态，所以应该在程序中初始化 COM 环境。代码如下。

```
::CoInitialize(NULL);  //初始化OLE/COM库环境
```

使用结束后释放环境。代码如下。

```
::CoUninitialize();  //释放环境
```

本实例中将初始化环境和清理环境分别定义为类的函数，即 OnInitDBConnect()函数和 ExitConnect()函数。

3. 链接数据库

ADO 链接数据库是通过 Connection 的 Open()方法实现的。其语法格式如下。

```
connection.Open ConnectionString, UserID, Password, Options
```

其中，ConnectionString 字符串很关键不能错，我们可以从官方网站获取相关资料，也可通过以下方法获取链接字符串。其步骤为：

1）创建一个扩展名为.udl 的文件，任意命名文件名，如 stu.udl。

2）双击该文件打开，弹出“数据链接属性”对话框，如图 13.2 所示。

3）选择“提供程序”选项卡，如图 13.3 所示。

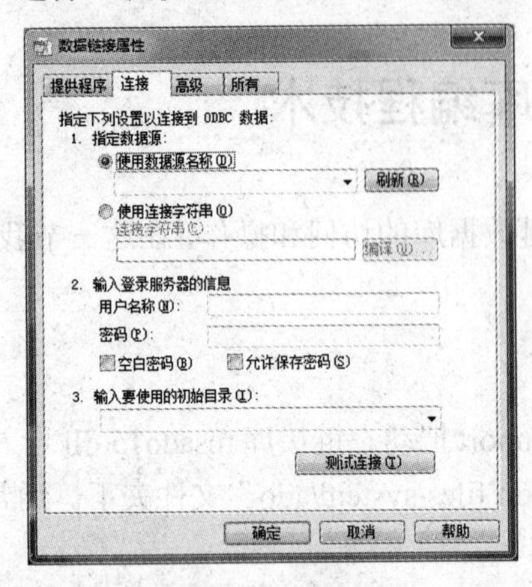

图 13.2 “数据链接属性”对话框

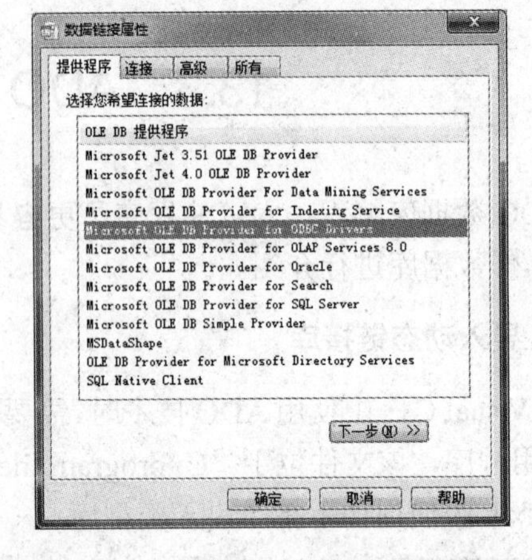

图 13.3 选择“提供程序”选项卡

4）选择一个 OLDB 提供程序，单击“下一步”按钮，如图 13.4 所示。

5）输入数据库链接信息，单击“测试链接”按钮，如果弹出如图 13.5 所示提示框，表示链接信息输入正确。

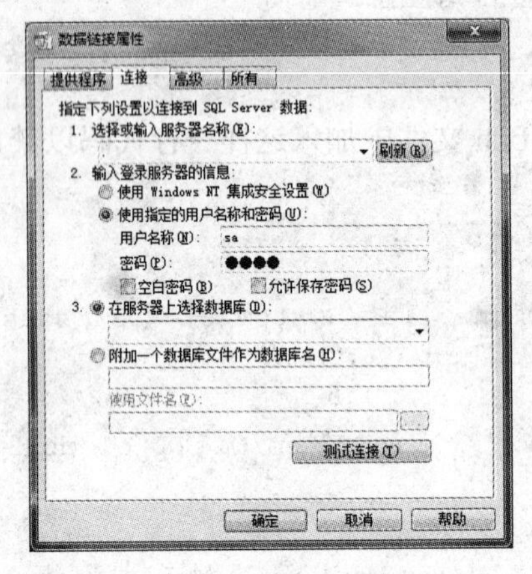

图 13.4 “链接”选项卡

图 13.5 提示框

6）单击“确定”按钮，返回“数据链接属性”对话框，单击“确定”按钮。

7）用记事本打开 stu.udl 文件，如图 13.6 所示。

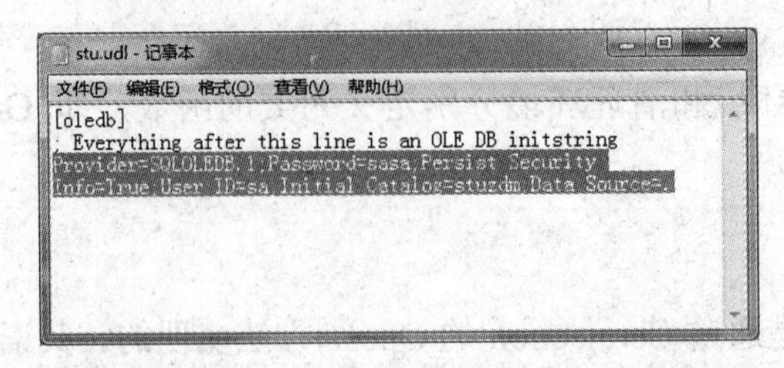

图 13.6 打开 stu.udl 文件

4. 打开记录集

通过 Recordset 的 Open 成员函数打开记录集，其语法格式如下。

```
recordset.Open Source, ActiveConnection, CursorType, LockType, Options
```

详细参数见前面 Recordset 对象。

5. 数据库对象的封装

ADO 中数据库的链接是通过 Connection 对象的 Open()方法来实现的。为简化操作可将数据库的操作进行封装。本例封装了一个 ADOCon 类，该类实现对数据库打开、关闭及对记录集的操作。其头文件（ADOCon.h）的关键代码如下。

```
class ADOCon
{
   public:
   ADOCon();
   virtual ~ADOCon();
   _ConnectionPtr m_pConnection;   //添加一个指向Connection对象的指针
   _RecordsetPtr m_pRecordset;     //添加一个指向Recordset对象的指针
   void OnInitDBConnect();         //初始化——链接数据库
   int GetRecord(CString bstrSQL);
   _RecordsetPtr &GetRecordSet(_bstr_t bstrSQL);//执行查询
   BOOL ExecuteSQL(_bstr_t bstrSQL);//执行SQL语句,Insert Update_variant_t
   void ExitConnect();             //清理环境

};
```

现将各成员函数介绍如下（ADOCon.cpp）。

1）OnInitDBConnect 成员函数，用于初始化 OLE/COM 库环境和建立数据库链接，代码如下。

```
void ADOCon::OnInitDBConnect()
{
   ::CoInitialize(NULL);  //初始化OLE/COM库环境
   try
   {
       //创建connection对象
          m_pConnection.CreateInstance("ADODB.Connection");
   //打开链接
          m_pConnection->Open("driver={SQL Server};Server=127.0.0.1;
          Database=stuzdm;","sa","sasa",adModeUnknown);
       //该类链接字符串中，127.0.0.1为本机链接，可将IP改为局域网IP或计算机名；sa为
         登录用户名，sasa为登录密码，可将其改为数据库中已创建的用户；stuzdm为本例中
         数据库的名称。设置的链接字符串,必须是BSTR型或者_bstr_t类型
   //m_pConnection->Open("driver={SQL Server};Server=127.0.0.1\\EXPRESS;
     Database=stujlufe;UID=sa;PWD=","","",adModeUnknown);
     //此链接用于创建的实例为EXPRESS
   }
   catch(_com_error e)  //捕捉异常
   {
       AfxMessageBox(e.Description());//显示错误信息
```

```
    }
}
```

2）GetRecordSet 成员函数，用于获取记录集，代码如下。

```
_RecordsetPtr& ADOCon::GetRecordSet(_bstr_t bstrSQL)
{
    try
    {
        if(m_pConnection==NULL)
    //链接数据库,如果Connection对象为空,则重新链接数据库
            OnInitDBConnect();
            m_pRecordset.CreateInstance(__uuidof(Recordset));
    //创建记录集对象
    m_pRecordset->Open(bstrSQL,m_pConnection.GetInterfacePtr(),adOpenDynamic,a
dLockOptimistic,adCmdText);  //取得记录集
    }
        catch(_com_error e)  //捕捉异常
    {
        AfxMessageBox(e.Description());  //显示错误信息
    }
    return m_pRecordset;  //返回记录集
}
```

3）ExecuteSQL 成员函数，用于执行不返回记录集的 SQL 语句（如修改、增加、删除语句），返回值为布尔型，true 代表执行成功，false 代表不成功。代码如下。

```
BOOL ADOCon::ExecuteSQL(_bstr_t bstrSQL)
{
    try
    {
        if(m_pConnection==NULL)  //是否已经链接到数据库
            OnInitDBConnect();
        m_pConnection->Execute(bstrSQL,NULL,adCmdText);
        return true;
    }

    catch(_com_error e)  //捕捉异常
    {
        AfxMessageBox(e.Description());  //显示错误信息
        return false;
    }
}
```

4）GetRecord 成员函数用于获取记录数，代码如下。

```
int  ADOCon::GetRecord(CString bstrSQL1)
{
    int count=0;
    m_pRecordset=NULL;
    _bstr_t sql=(_bstr_t)bstrSQL1;
```

```
    try
    {
        if(m_pConnection==NULL) OnInitDBConnect();
        //链接数据库,如果Connection对象为空,则重新链接数据库
        m_pRecordset.CreateInstance(__uuidof(Recordset));
  //创建记录集对象
   m_pRecordset->Open(sql,m_pConnection.GetInterfacePtr(),adOpenDynamic,adLoc
kOptimistic,adCmdText);  //取得集中的记录
    }
        catch(_com_error e)  //捕捉异常
    {
        AfxMessageBox(e.Description());  //显示错误信息
    }

    if( m_pRecordset!=NULL)
    {
        try
        {
        m_pRecordset->MoveFirst();
        }
        catch(…)
        {
            return 0;
        }
        if(m_pRecordset->adoEOF)return 0;
        while(!m_pRecordset->adoEOF)
        {
            m_pRecordset->MoveNext();
            count++;
        }
    }
     m_pRecordset->MoveFirst();
    return count;
}
```

5）ExitConnect 成员函数用于关闭链接和释放环境，代码如下。

```
void ADOCon::ExitConnect()
{
    if(m_pRecordset!=NULL)  //关闭记录集和链接
    {
        m_pRecordset->Close();
        m_pConnection->Close();
    }

    ::CoUninitialize();  //释放环境
}
```

13.4 综合案例——学生成绩管理系统

本节以学生成绩管理系统为例，介绍使用 ADO 对数据库中的数据进行增加、删除、修改、查询，重点介绍登录模块和成绩管理模块。

学生成绩管理系统实现了学生信息管理、成绩管理、课程管理及系统用户管理功能。本系统采用 Visual C++6.0 sp5 为开发工具，数据库采用 SQL Server 2005，系统在 Windows 7 和 Windows XP 操作系统环境下均调试成功。

13.4.1 建立数据库和相关数据表

编写代码前我们需要先创建数据库和数据表。学生成绩管理系统中创建 stuzdm 数据库并在其中创建 4 张表，表的结构如表 13.16～表 13.19 所示。

1）loginuser 表为系统用户表，如表 13.16 所示。

表 13.16 loginuser 表

字 段 名	类 型	长 度	说 明
ID	int		标识规范
Username	nvarchar	50	用户名 主键
Password	nvarchar	50	密码

2）studetn 表为学生信息表，如表 13.17 所示。

表 13.17 studetn 表

字 段 名	类 型	长 度	说 明
ID	int		标识规范
Sno	nvarchar	10	学号 主键
Sname	nvarchar	50	姓名
Ssex	nvarchar	1	性别
Sage	int		年龄
Sdept	nvarchar	50	系

3）course 表为课程信息表，如表 3.18 所示。

表 13.18 course 表

字 段 名	类 型	长 度	说 明
ID	int		标识规范
Cno	Nvarchar	10	课程号 主键
Cname	Nvarchar	50	课程名
Cpno	Nvarchar	50	选修课
Ccredit	Int		学分

4）sc 表为成绩信息表，如表 13.19 所示。

13.19　sc 表

字段名	类　型	长　度	说　明
ID	int		标识规范 主键
Sno	Nvarchar	10	学号
Cno	Nvarchar	50	课程号
Grade	Int		成绩

13.4.2　创建工程

在 VisualC++中创建 MFC AppWizard(*.exex)工程，工程名为 stuzdm，应用程序类型为单文档步骤如下。

1）单击文件的“新建”选项后，弹出“新建”对话框，选择“工程”选项卡，选择“MFC AppWizard[exex]”选项，如图 13.7 所示。

2）输入工程名，本例中用 stuzdm，单击“确定”按钮进入步骤 1 界面，设置创建的应用程序类型是单文档，单击“下一步”按钮进入步骤 2 界面，选择默认项，再单击“下一步”按钮进入步骤 3 界面，选择默认项，单击“下一步”按钮进入步骤 4 界面，将取消勾选隐藏工具栏和打印、打印预览复选框，再单击“高级”按钮，弹出“高级选项”对话框，如图 13.8 所示。

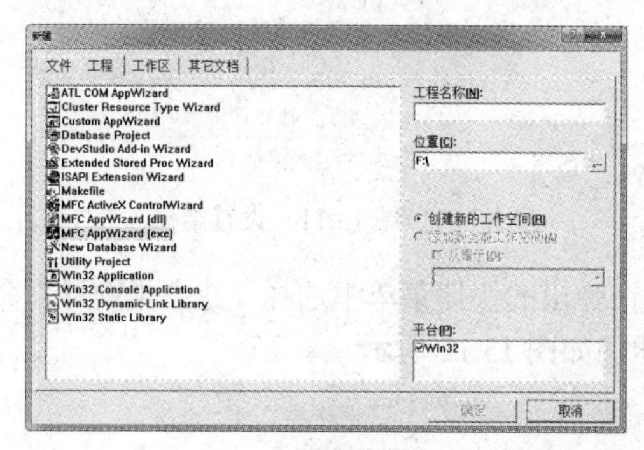

图 13.7　“新建”对话框

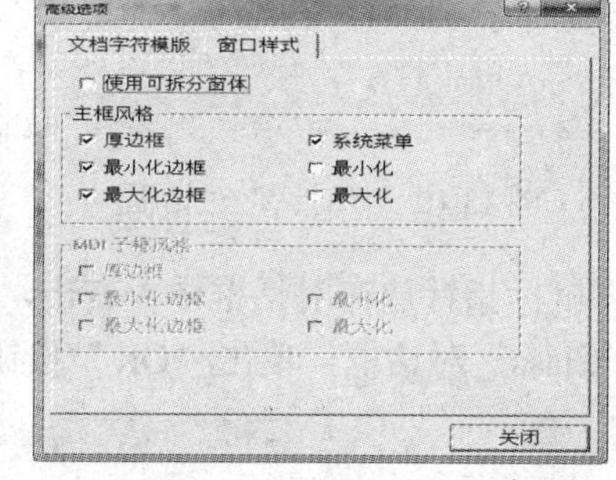

图 13.8　“高级选项”对话框

3）取消勾选“系统菜单”复选框，单击“关闭”按钮，返回步骤 4 界面，单击“下一步”按钮进入步骤 5 界面，选择默认项即可，单击“下一步”按钮，单击“完成”按钮即建立了工程文件 stuzdm。

13.4.3　封装数据库

在已建的工程中插入类，如图 13.9 所示。

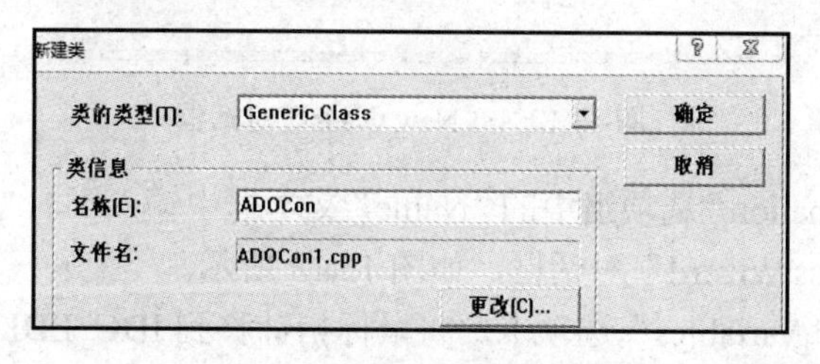

图 13.9　插入类

选择 Generic class，并把类的名称定义为 ADOCon，单击“确定”按钮。返回工程，打开 ADOCon.h 头文件，输入 13.3.5 中所列(ADOCon.h)的代码；打开 ADOCon.cpp 文件并将 13.3.5 中所列（ADOCon.cpp）的代码输入。注意数据库的链接字符串要正确。

13.4.4 增加记录

增加记录是管理信息系统中不可缺少的操作，我们通过增加记录采集管理所需要的信息。这里我们以用户登录管理为例介绍如何增加记录。开发步骤如下。

1）将鼠标指针移到工程的“Resource”选项卡的 Dialog 上，右击，在弹出的快捷菜单中选择“插入 Dialog”命令，弹出“对话”对话框，如图 13.10 所示。

2）将鼠标指针放在新插入的对话框里并右击，在弹出的快捷菜单中选择“属性”命令，将 ID 设置为“IDD_adduser”（方便记忆），标题设置为“添加用户”，然后关闭对话框。

3）在对话框中添加 3 个静态文本，分别将其标题设置为“用户名”、“密码”,“确认密码”；分别插入 3 个编辑框，将其中涉及密码的两个编辑框的样式设置为“密码”；再将确定按钮的标题改为“添加”，接下来调整位置，如图 13.11 所示。

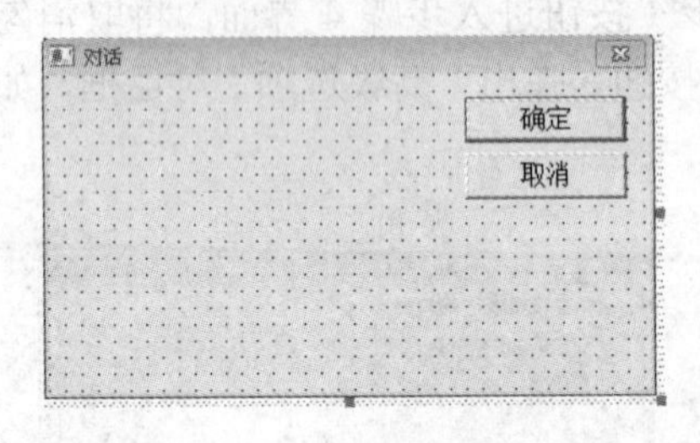

图 13.10 “对话”对话框

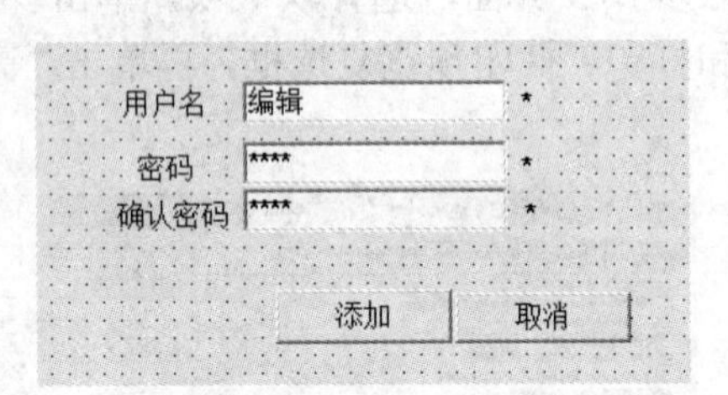

图 13.11 设置结果

4）将鼠标指针放在对话框中，右击，在弹出的快捷菜单中选择“建立类向导”命令，弹出“New Class”对话框，单击“OK”按钮，如图 13.12 所示。

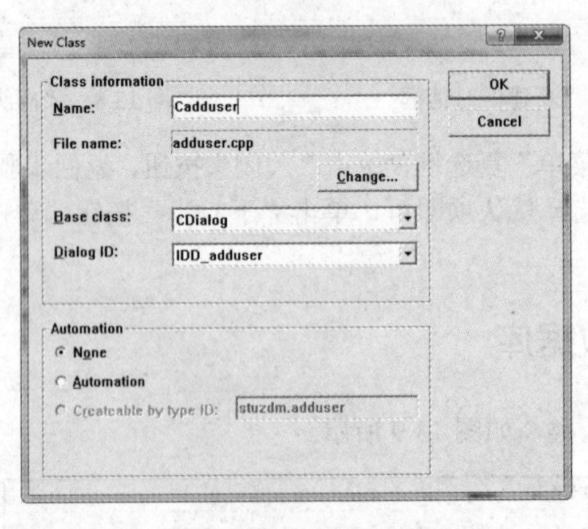

图 13.12 “New Class”对话框

5）在“Class information”选项组中的“Name”文本框中输入类名“Cadduser”，单击“OK”按钮，弹出“MFC Class Wizard”对话框，如图 13.13 所示。

6）选择“Member Variables”选项卡，将鼠标指针移到 IDC_EDIT1 上，然后单击“Add

Variables”按钮，弹出“Add Member Variables”对话框，如图 13.14 所示。

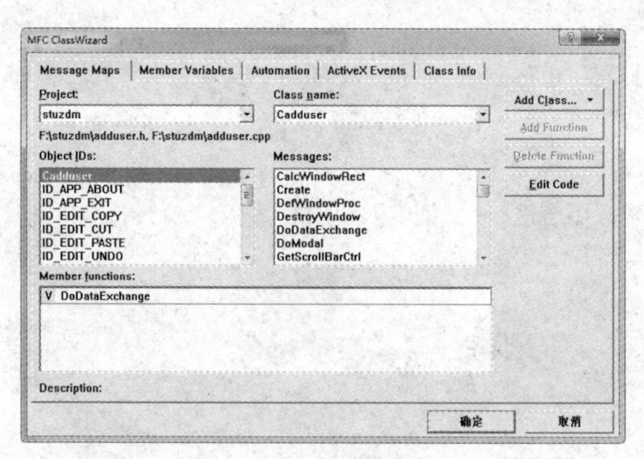

图 13.13　“MFC ClassWizard”对话框

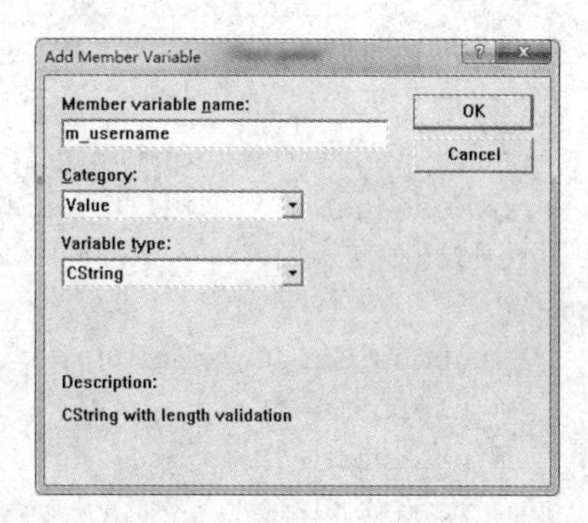

图 13.14　“Add Member Variables”对话框

7）将“Member variable_name”设置为“m_username”，单击“OK”按钮，这样就将输入文本框 IDC_EDIT1 与变量 m_username 建立了关联，用相同的方法将 IDC_EDIT2、IDC_EDIT3 分别与变量 password、password2 建立关联，最后单击“确定”按钮返回用户添加对话框。

8）双击对话框中的“添加”按钮，弹出“Add Member Function”对话框，如图 13.15 所示。

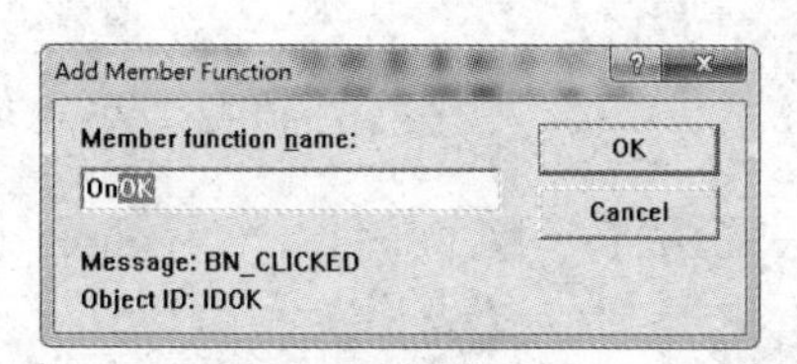

图 13.15　“Add Member Function”对话框

9）单击“OK”按钮后打开 OnOK()方法，在其中输入代码，OnOK()方法的最终代码如下。

```
void Cadduser::OnOK()
{
    UpdateData(true);//建立变量获取文本框的值
    if (m_password!=m_password2){
            AfxMessageBox("两次输入密码不一致!");
            return;
    }
    if (m_username==""||m_password==""){
        AfxMessageBox("星号项必填");
        return;
    }
    ADOCon stuconn;
  CString str;
  _bstr_t sql;
  str.Format("insert into loginuser(username,password) values('%s',
  '%s')",m_username,m_password);
  AfxMessageBox(str);//测试SQL语句
  sql=(_bstr_t)str;
```

```
    try{
          stuconn.ExecuteSQL(sql);
     }catch(…)
    {
    stuconn.ExitConnect();
    AfxMessageBox("^^用户已存在或输入不合法！^^ 请输入合法的值");
    return;
    }
     stuconn.ExitConnect();
     m_username="";
     m_password="";
     m_password2="";
     UpdateData(false);
     }
```

10）在 cadduser.cpp 文件中的 " #ifdef _DEBUG " 代码前面一行加入代码#include " ADOCon.h "，将数据库类的头文件包含进来，保存文件。

11）打开 stuzdm.cpp 文件，将 InitInstance 方法代码修改为以下形式。

```
BOOL CStuzdmApp::InitInstance()
{
   AfxEnableControlContainer();
   #ifdef _AFXDLL
   Enable3dControls();         // Call this when using MFC in a shared DLL
   #else
   Enable3dControlsStatic();  // Call this when linking to MFC statically
   #endif
   SetRegistryKey(_T("Local AppWizard-Generated Applications"));

   LoadStdProfileSettings();  // Load standard INI file options
                                  (including MRU)


   Cadduser dlg1;
   int kk=dlg1.DoModal(); //打开用户增加对话框(这里只是测试，最终应该放的用户是登录
                            对话框)
   return true;

}
```

12）保存文件，运行后界面如图 13.16 所示。

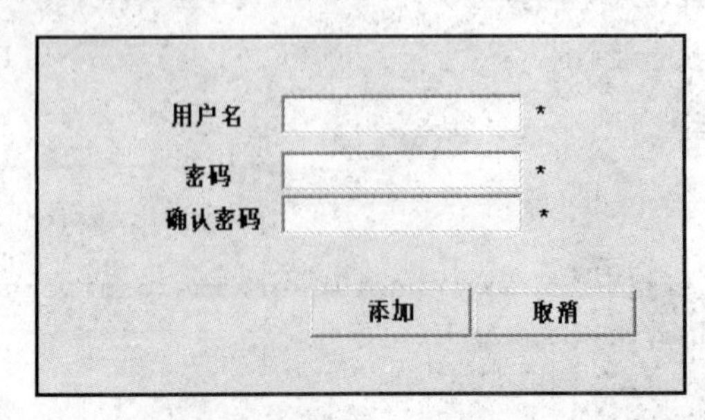

图 13.16　程序运行后的界面

输入数据单击“添加”按钮即可完成用户的添加。

13.4.5　查询记录

查询是管理信息系统中用得最多的功能，没有查询和数据显示功能的系统是不可想象的。接下来将实现系统的登录和用户的显示。

1．用户登录

一个涉及信息安全和保密的系统必须进行用户身份确认并记录操作以便审计，本系统的用户登录仅是简单的验证。实现的方法：在 loginuser 数据库表中查找用户输入的用户名和密码。如果有符合的记录，则认为是合法利用，将进入系统，否则停留在登录页面。操作步骤如下。

1）在工程 stuzdm 中按上面添加用户的方法添加登录页面对话框“login”，并建立类 clogin，取消勾选“login”对话框中“样式”的“标题栏”，然后添加控件，主要属性如表 13.20 所示。

表 13.20　主要属性

ID	属　性	关联变量	变量类型	备　注
IDC_STATIC	Caption：学生成绩管理系统 stuzdm V1.0			
IDC_STATIC	Caption：用户名			
IDC_STATIC	Caption：密码			
IDOK	Caption：登录			登录按钮
IDCANCEL	Caption：退出			
m_yhm		m_yhm	CString	用户名输入文本编辑框
m_yhm		m_yhm	CString	密码输入文本编辑框 式样：密码

2）在 OnOK()方法添加代码，最终代码如下。

```
void clogin::OnOK()
{
    ADOCon conc;

    CString str;
    UpdateData(true);

    if (yhmm==""||yhmm==""){
           AfxMessageBox("用户名和密码均不能为空!");
           return;
           }
           str.Format("select * from loginuser where username='%s' and
           password='%s'",yhm,yhmm);

           if (conc.GetRecord(str)==0){;
           MessageBox("用户名或密码不正确!");
           }else
           {
```

```
            CDialog::OnOK();
        }
    }
```

3）将 stuzdm.cpp 的 InitInstance 方法代码修改为以下形式。

```
    BOOL CStuzdmApp::InitInstance()
    {
        AfxEnableControlContainer();
        #ifdef _AFXDLL
        Enable3dControls();
        #else
        Enable3dControlsStatic();
        SetRegistryKey(_T("Local AppWizard-Generated Applications"));
        LoadStdProfileSettings();

        clogin dlg1;
        int kk=dlg1.DoModal();
        if(kk==IDOK)
        {
          CSingleDocTemplate* pDocTemplate;
          pDocTemplate = new CSingleDocTemplate(
          IDR_MAINFRAME,
          RUNTIME_CLASS(CStuzdmDoc),
          RUNTIME_CLASS(CMainFrame),       // main SDI frame window
          RUNTIME_CLASS(CStuzdmView));
          AddDocTemplate(pDocTemplate);
          CCommandLineInfo cmdInfo;
          ParseCommandLine(cmdInfo);
          if (!ProcessShellCommand(cmdInfo))
          return FALSE;
          m_pMainWnd->ShowWindow(SW_SHOW);
              m_pMainWnd->ShowWindow(SW_SHOWMAXIMIZED);
          m_pMainWnd->UpdateWindow();
          m_pMainWnd->SetWindowText("学生成绩管理系统--stuzdm 1.0");
           return TRUE;
        }else
        {   return FALSE;}

    }
```

4)在 cadduser.cpp 文件中的＂#ifdef_DEBUG＂代码前一行加入代码#include＂clogin.h＂，保存文件。运行后的界面如图 13.17 所示。

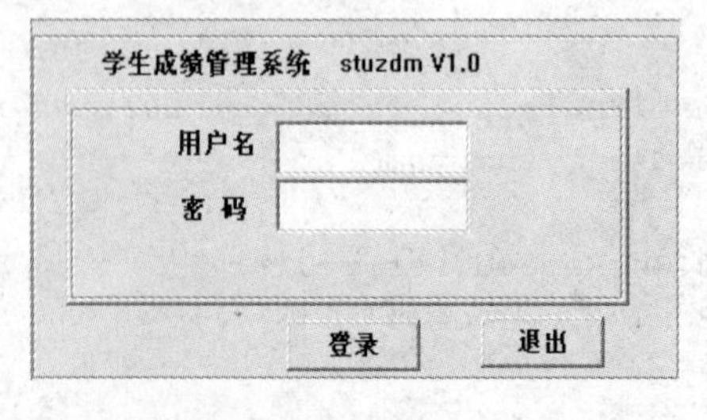

图 13.17 程序运行后的界面

2．用户信息显示

简单显示用户信息的操作步骤如下。

1）在工程 stuzdm 中按上面添加用户的方法添加用户查看页面对话框(ID 为 IDD_viewuser)，并添加类 cviewuser。添加列表控件，然后建立关联变量 m_list2，再将列表控件属性设置为如图 13.18 所示。

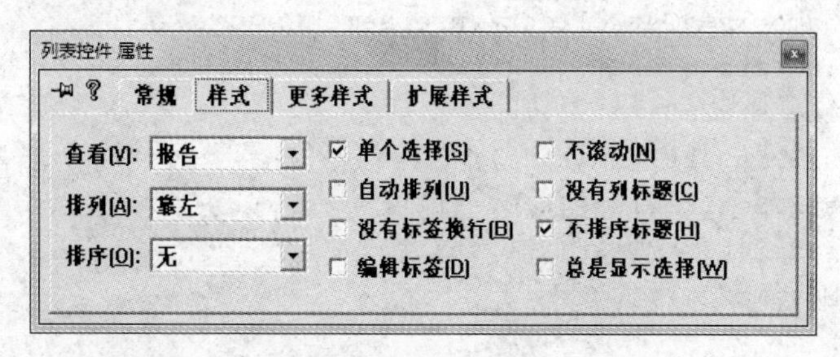

图 13.18　属性设置

2）在已建的类中添加 OnInitDialog()方法。添加界面如图 13.19 所示。

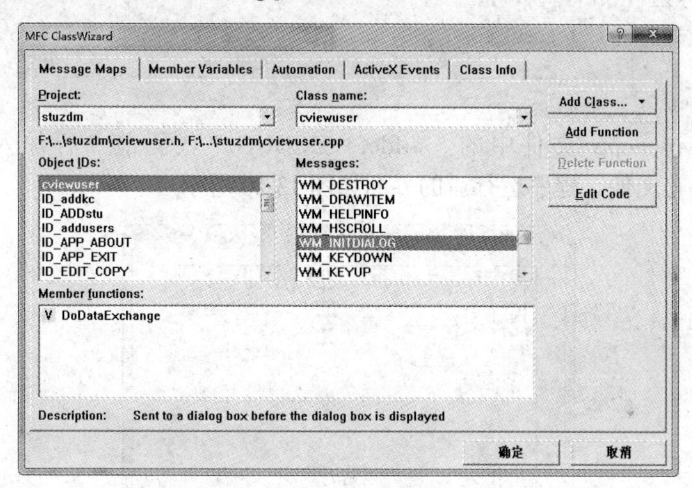

图 13.19　添加界面

3）打开 viewuser.cpp 并在 OnInitDialog 成员函数中编写代码，最终代码如下。

```
BOOL cviewuser::OnInitDialog()
{
   CDialog::OnInitDialog();
       m_list2.SetExtendedStyle(LVS_EX_GRIDLINES|LVS_EX_FULLROWSELECT);
   //设置list控件风格
   m_list2.InsertColumn(0,"用户名",LVCFMT_CENTER,120);  //添加列标题
   m_list2.InsertColumn(1,"密码",LVCFMT_CENTER,80);
   CString sqlstr;
   sqlstr.Format("select * from loginuser  order by username");
   //通过查询方式进行模糊查询
   ADOCon m_ado1;
   _RecordsetPtr rs;
   _bstr_t vSQL;
```

```
    vSQL=(_bstr_t)sqlstr;
    rs=m_ado1.GetRecordSet(vSQL);  //获取记录集
    int k=0;
        _variant_t cno,username;
    while(!rs->adoEOF)  //通过循环记录集指针显示所有查询结果到list控件并记录条数
    {
        username=rs->GetCollect("username");
        CString str1=(LPCTSTR)(_bstr_t)username;
        CString str2="***";
        m_list2.InsertItem(k,"");
        m_list2.SetItemText(k,0,str1);
        m_list2.SetItemText(k,1,str2);
        rs->MoveNext();
        k++;
    }
    UpdateData(false);
    m_ado1.ExitConnect;
    return TRUE;  // return TRUE unless you set the focus to a control
                 // EXCEPTION: OCX Property Pages should return FALSE
}
```

4）在 cviewuser.cpp 文件中的 " #ifdef _DEBUG " 代码前一行加入代码#include " ADOCon.h "，保存文件。程序运行后的界面如图 13.20 所示。

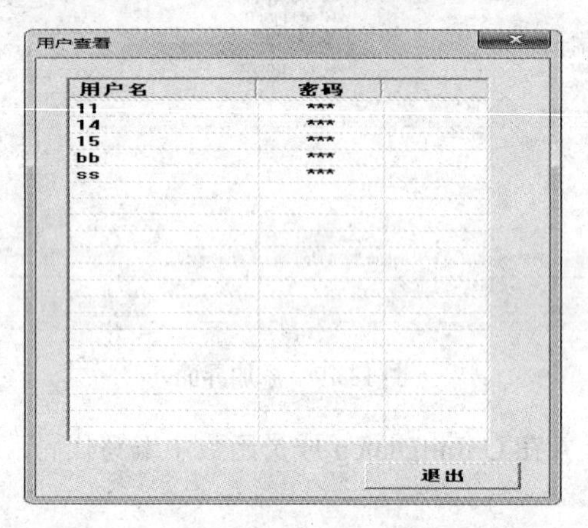

图 13.20　程序运行后的界面

13.4.6　编辑和删除

编辑和删除同样也是信息系统中的重要功能。以下实现用户信息的修改和用户的删除，其步骤如下。

1）按上面介绍的方法建立对话框“IDD_xguser”，并建立类 cxguser，其界面和主要属性分别如图 13.21 和表 13.21 所示。

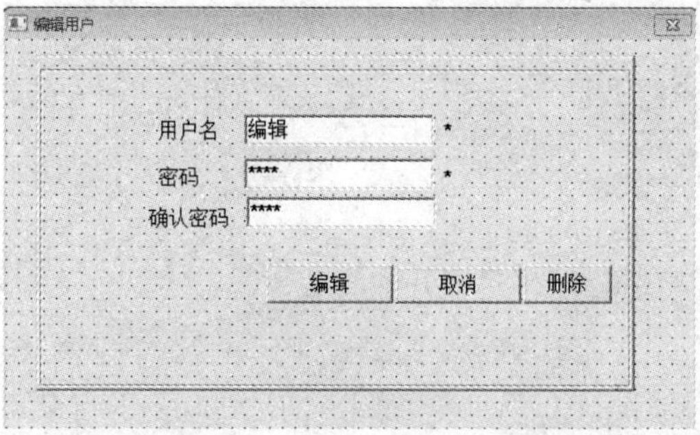

图 13.21　“编辑用户”界面

表 13.21　主要属性

ID	属　性	关联变量	变量类型	备　注
IDC_STATIC	Caption：学生成绩管理系统 stuzdm V1.0			
IDC_STATIC	Caption：用户名			
IDC_STATIC	Caption：密码			
IDC_STATIC	Caption：确认密码			
IDC_EDIT1		Username	CString	
IDC_EDIT2		Password	Cstring	样式为密码
IDC_EDIT3		Password2	Cstring	样式为密码
IDC_BUTTON1	Caption：修改			登录按钮
IDCANCEL	Caption：退出			
IDC_BUTTON2	Caption：删除	m_yhm	CString	用户名输入文本编辑框

2）添加并编写修改按钮 OnButton1 函数，代码如下。

```
void cxguser::OnButton1()
{
    UpdateData(true);
    if (m_password!=m_password2){
    AfxMessageBox("两次输入密码不一致!");
    return;
}
if (m_password==""||m_username==""){
    AfxMessageBox("用户名和密码均需输入!");
    return;
}
CString str;
_bstr_t sql;
ADOCon stuconn;
str.Format("update loginuser set password='%s' where username='%s'",
m_password,m_username);
sql=(_bstr_t)str;
BOOL tsf=false;
```

```
    try{
        tsf=stuconn.ExecuteSQL(sql);
    }catch(…)
    {
        stuconn.ExitConnect();
        AfxMessageBox("请输入合法的值");
        return;
    }
        stuconn.ExitConnect();
        if (tsf){
                AfxMessageBox("修改成功!");
                m_username="";
                m_password="";
                m_password2="";
                UpdateData(false);
        }
    else AfxMessageBox("修改未成功!");
```

3）添加并编写修改按钮 OnButton2 函数，代码如下。

```
    void cxguser::OnButton2()
    {
        if(MessageBox("要删除吗?","注意",MB_YESNO|MB_ICONINFORMATION)!=IDYES)
        return;
            CString str;
        _bstr_t sql;
        ADOCon stuconn;
        UpdateData(true);
        str.Format("delete  from loginuser  where username=%s",m_username);
        sql=(_bstr_t)str;
        try{
            stuconn.ExecuteSQL(sql);
        }catch(…)
        {
            stuconn.ExitConnect();
            AfxMessageBox("请输入合法的值");
            return;
        }
        stuconn.ExitConnect();
        AfxMessageBox("删除成功!");
        m_username="";
        m_password="";
        UpdateData(false);
    }
```

4）在 cxguser.cpp 文件中的 " #ifdef_DEBUG " 代码前一行加入代码#include " ADOCon.h " ，保存文件。程序运行后的界面如图 13.22 所示。

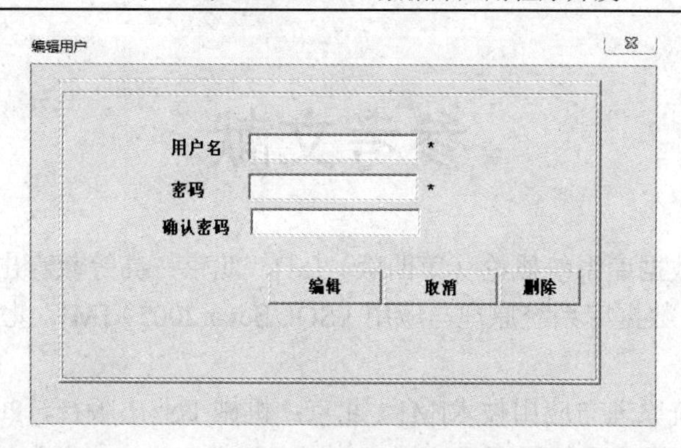

图 13.22　程序运行后的界面

至此，完成了对数据表的查询、增加、删除、修改功能，其他模块功能及菜单等其他更多功能的实现请看本系统源代码。

参考文献

[1] 王珊，萨师煊．数据库系统概论（第四版）[M]．北京：高等教育出版社，2006．

[2] 刘志成，宁云智．数据库系统原理与应用（SQL Sever2005）[M]．北京：机械工业出版社，2010．

[3] 陈漫红．数据系统原理与应用技术[M]．北京：机械工业出版社，2010．

[4] 李晓峰，李东．数据库系统原理及应用（普通高等教育“十二五”规划教材）[M]．北京：水利水电出版社，2011．

[5] 刘先锋．数据库系统原理与应用（普通高等教育“十二五”规划教材 高等院校计算机系列教材）[M]．武汉：华中科技大学出版社，2012．

[6] 刘升，曹红苹．数据库系统原理与应用（现代信息管理与信息系统系列教材）[M]．北京：清华大学出版社，2012．

[7] 刘玉宝．数据库原理与应用：基础·开发技术·实践 [M]．北京：电子工业出版社，2010．

[8] 李俊山，罗蓉，叶霞，李建华．数据库原理及应用（SQL Server）（第二版）[M]．北京：清华大学出版社，2009．

[9] 麦凡中，何玉洁．数据库原理及应用 [M]．北京：人民邮电出版社，2008．

[10] 刘金岭，冯万利．数据库原理及应用实验与课程设计指导（21 世纪高等学校计算机专业实用规划教材）[M]．北京：清华大学出版社，2010．

[11] 仝春灵．数据库原理与应用——SQL Server 2005（普通高等教育“十一五”国家级规划教材）[M]．北京：水利水电出版社，2009．

[12] 程云志．数据库原理与 SQL Server 2005 应用教程 [M]．北京：机械工业出版社，2009．

[13] 申时凯，戴祖诚，佘玉梅．数据库原理与技术（SQL Server 2005）[M]．北京：清华大学出版社，2010．

[14] 钱雪忠，甸海驰，陈国俊．数据库原理及技术课程设计（计算机课程设计与综合实践规划教材）[M]．北京：清华大学出版社，2009．

[15] 严冬梅．数据库原理（21 世纪高等学校规划教材·计算机科学与技术）[M]．北京：清华大学出版社，2011．